日本の水産資源管理

漁業衰退の真因と復活への道を探る

Katano Ayumu　Sakaguchi Isao
片野歩《Katano Ayumu》　阪口功《Sakaguchi Isao》［著］

慶應義塾大学出版会

まえがき

2018年12月の臨時国会で、漁業法の改正が70年ぶりに行われた。これまでの漁業法は、主に漁業者間の調整を目的とした法律であり、そこには現在世界が漁業において最も重視している「科学的根拠に基づく資源管理」や「資源の持続性（サステナビリティ）」に関する規定が十分には盛り込まれていなかった。

この法律が成立した少し前の第二次世界大戦時には、事実とは大きく異なる「大本営発表」が繰り返され、国民の大多数は、実際には日本の戦況が敗退の一途をたどっていることを知らされてこなかった。残念なことに、漁業に関する情報公開においても、戦後これと同様の状況が続いてきたのである。

戦後、食糧難を乗り切りながら、世界有数の漁業大国へと成長していった日本。水揚げが盛んだった全国の港の周りには、漁業を主体として水産加工、資材、物流、流通などの産業が発達していった。そしてそこで働く人の家族・子供のための学校、住宅、金融業など様々な産業も発達してきた。しかし、魚の水揚げの減少とともに、多くの漁業者は仕事を求めて都会へ行かざるを得なくなり、地方創生が求められているにもかかわらず、地方の衰退が進む要因の一つとなってしまった。

日本人の多くは、魚が減った原因を1977年に設定された200海里漁業専管水域（EEZ）の設定や、その後のマイワシの減少が原因と教わってきた。さらに近年では、地球温暖化や、近隣諸国の乱獲のせいと思わせる報道が流れている。1988年に世界の水揚量は約1億トンに達したが、そのときの日本の水揚量は1300万トン弱と、世界の13％を占めていた。それが2016年に世界では2億トンへと倍増する一方で、日本は沿岸漁業も含めて、現在では30年前の3分の1（436万トン）にまで減少している。

世界に視野を広げると、世界銀行やFAO（国連食糧農業機関）の2025年や2030年の水揚げ予測は、日本とその周りの海だけが突出して悪く、後者の悪化予想値はすでに2015年に到達してしまった。SDGs（持続可能な開発目標）における第三者の複数の評価においても、その目標の一つである「目標14　海の豊かさを守ろう」への取り組みに対する日本の評価は低い。

「マメ」「ローソク」などと呼ばれている食用にならない小さなサバが、非食用（養殖魚のえさなど）や途上国への輸出向けに大量に獲られている。一方、資源管理が進むノルウェーでは、同じサバでも対照的に、99％が食用となり、まだ価値が低い未成魚は漁獲しない制度がしっかりしている。そのちがいは労働環境や所得、漁業者の満足度にも大きく関係している。ノルウェーでは99％の漁業者が満足しているという調査結果が出ている。漁業は成長産業なのだ。

筆者たちは、日本がかなり漁業で追い込まれてしまった理由には、大きく二つの問題があると考えている。一つは、水産資源管理の問題。科学的根拠に基づいてTAC（漁獲可能量）を設定し、それを個別割割当方式（IQ、ITQ、IVQなど）で厳格に運用することだ。もう一つは、情報セグメントの問題。世界の資源管理に関する正しい情報が伝えられていないために、間違った前提に基づいて判断してしまうことだ。本書では漁業法改正の柱の一つであるTACと個別割当方式について、ノルウェー、アメリカなどと日本の運用のちがいと改善すべき点を、具体的な数字とともに詳述している。

歴史は繰り返す。近年では、中国や韓国など近隣諸国のせいで水産資源が減ったという報道を耳にする機会がある。しかしながら、歴史を繙《ひもと》いてみれば、わが国そして、イギリスといった、かつて遠洋漁業で栄えた国々も、外交や行動で同じようなことを繰り返してきた。そこで根本的に重要なのは資源管理なのである。

漁業者が心配していることに対して農水省がアンケートを実施している。そのほとんどは、手遅れになる前であれば、海外の資源管理をわが国に適用することで解決できると考えている。魚がいなくなれば元も子もない。自国の漁業を優先し、EEZから外国漁業の影響を排除しているのが、世界の漁業の趨勢だ。そして、漁船もしくは企業ごとのシェアの上限が設けられることも当然だ。

また、悪いとわかっていても、本当のことを言えない雰囲気であることも、筆者たちは知っている。これは、日本独特の問題が背後にある。多くの方々の具体的な論拠として本書を利用していただければ、望外の喜びである。なお、担当章の執筆にあたっては、Jostein P. Storoy 氏（ノルウェー産業科学研究所：ＳＩＮＴＥＦ)、Gunvar L. Wie氏（ノルウェー輸出審議会：ＮＳＣ)、Knut Torgnes氏（ノルウェー青魚漁業協同組合：Norge Sildesalgslag)、Christian Espersen氏（デンマークSkagerak Group）をはじめ、国内外の多くの方々から貴重な情報と確信を頂いた。ここに感謝の意を表したい。

片野歩（1〜4章担当）

日本の水産資源管理　**目次**

2　日本の漁業者のいま――126

第5章　国際海洋秩序の構築と日本の水産外交……181

装丁・坂田　政則

第1章　いま世界と日本の漁業・水産業はどうなっているのか

1　国際的視点からみた日本の漁業・水産業

(1)　成長する世界、衰退する日本

21世紀も、はや20年が過ぎようとしている今日、世界人口は休むことなく増え続け、SDGs(1)（持続可能な開発目標）のゴールである2030年には85億人にのぼると言われている。このため、食糧の需要は確実に増える。増加が続く世界の水産物の年間消費量は、2016年で一人当たり20・5kg。2016年の人口75億人に対して、2030年には10億人増加×20・5kgの計算となり、最も少なく見積もっても新たに2000万トンもの水産物が必要という計算になる。その数字は、日本の総水揚げ430万トン（2017年）の約5倍だ。一人当たり需要量が減っている日本は例外だが、世界全体では一人当たりの需要量が毎年増加しているためである。その分を考慮すると、さらに多くの水産物供給が必要になってくるだろう。

日本は、漁場の縮小と国内水産資源の減少を、輸入によって賄ってきた。漁場の縮小は1977年

に設定された200海里漁業専管水域(EEZ)の設定に端を発する。水産資源の減少は、海水温の上昇等による環境の変化、近年では中国をはじめとする沿岸国が、日本に回遊する前のサンマ、サバ、イカなどを獲ってしまうことに起因するなど、外的要因にされることが多い。また、マスコミもそのように報道するために、国民の多くが、魚が減っていく真の原因を誤解してしまっている。

もちろん、それらも要因の一つではある。しかしながら、世界中の水揚数量が、FAO(Food and Agriculture Organization)の統計が示しているように1960年代から現在に至るまで右肩上がりで上昇しているのに対し、日本の水揚げは逆に1980年代のピークから三分の一程度に激減してしまっている。この事実からはっきりわかることがある。日本の海の周りだけ、海水温の上昇やレジームシフトをはじめとする環境の変化が起こっているわけではないことは、冷静に考えれば当然そうだとわかる。

また、日本の周りで漁をしている外国船についてだが、中国船がサンゴの密漁で2014年に起こした日本の200海里内での操業は違法なので問題だ。しかしEEZ(排他的経済水域)の外側の公海での操業には「公海自由の原則」が適用される。IUU漁船(違法・無報告・無規制)のように、違法な漁船の操業は別であるが、そうでなければ、必ずしも違法とは言えない。しかも、もともとわが国の漁業は「公海自由の原則」を盾に、これまで積極的に遠洋漁業を展開してきたのだ。今頃になって、過去に自国が推し進めてきたことを、外国に対して批判するのには無理がある。

過去にはニシン、ハタハタなど、近年ではホッケといった激減している魚資源は、中国や韓国、台湾などの沿岸国によって獲り尽くされて減ってしまったわけではないケースがほとんどである。自国の乱獲による要因を、自然や他国のせいにしても何も解決しない。

近年、日本の資源管理による政策が、過剰な漁獲枠の設定やＭＳＹ[2]（最大持続生産量）の軽視など、国際的にみて大きな問題があることがわかり始め、海外で関心が高まっている。それは「外圧」といったものではなく、ＳＤＧｓ（持続可能な開発目標）やＥＳＧ投資[3]に関連する場合が少なくない。

たとえばＳＤＧｓの17のゴールのうち14番目は「海の豊かさを守ろう」であり、その中のターゲットである４項目めに、資源を２０２０年までにＭＳＹレベルにしなければならないとある。ＭＳＹレベルの維持については、国連海洋法、１９９２年のリオデジャネイロ宣言でも合意されており、漁業先進国はすでにそれを目指してきた[4]。１９４９年の北大西洋漁業条約、１９５２年日米加の北太平洋漁業条約等の前文に謳われている。日本は50年ほど後れをとっており、それが、資源や漁獲量の数字にもはっきりと表れている。次項でもう少し詳しく見てみよう。

ＭＳＹ理論に基づく持続性に関する２０２０年という目標期限は、東京オリンピック開催の年と同じである。このため、今後２０２０年に向けて、水産資源管理の話題については、確実に増加していくことが予想される。現時点での日本のＳＤＧｓ14での評価は１００点満点中の29点である[5]。青、黄、赤という三段階評価で最も低い「赤」。これを２０２０年までに改善していかねばならないが、その達成は容易なことではない。また、このような低評価であることを国民の多くが知らないことも大きな問題である。

本章では、世界と日本の水産資源に関する比較を行いながら、その明確な結果について紹介していく。合わせてサンマの資源を守るために行うべき、マイワシの国別ＴＡＣ[6]（Total Allowable Catch）宣言、及び国内の水産資源を守り、高いリターン及び、地方再生に貢献するＥＳＧ投資の活用等についての戦略的な提案を行う。

(2) 数字で現実を直視する——ＦＡＯや世界銀行が示す実態

世界と日本の水揚数量をグラフにして比較すると、その問題の根本が浮き出てくる（図１－１）。だが、日本の学校教育では、日本の水揚げ推移しか出てこない。このため、教育する立場であっても、日本の深刻な傾向はほとんど知られていないのである。

世界の水揚げは１９８８年に約１億トンに達し、２０１６年には2億トンへと倍増している。これに対し、日本の水揚げは、88年の１２７８万トンに対し２０１６年には三分の一（４３６万トン）にまで減っており、減少が止まらない。１９７７年の２００海里漁業専管水域の設定で遠洋漁業の衰退が始まるが、実際には水揚げは、イワシの漁獲量が急増したこともあり、その後１９８０年代にピークを迎える。しかしここから減少一辺倒となり、現在に至っている。２０１７年の水揚げは４３０万トン。統計が今のかたちとなった１９５６年以降の最低量を4年連続で更新している。

これを、マイワシが減ったことが主因であるという説明がなされることがある。ところが、東日本大震災があった２０１１年以降、マイワシの水揚げは10万トン以上に回復しており、２０１７年は51万トンと、逆に近年では水揚げ減少の歯止めをする位置づけとなっている。

水揚げは天然と養殖に分かれる。図１－２を見れば、実際には、天然の漁獲は横ばいで、伸びてい

図１－１　世界と日本の水揚量推移

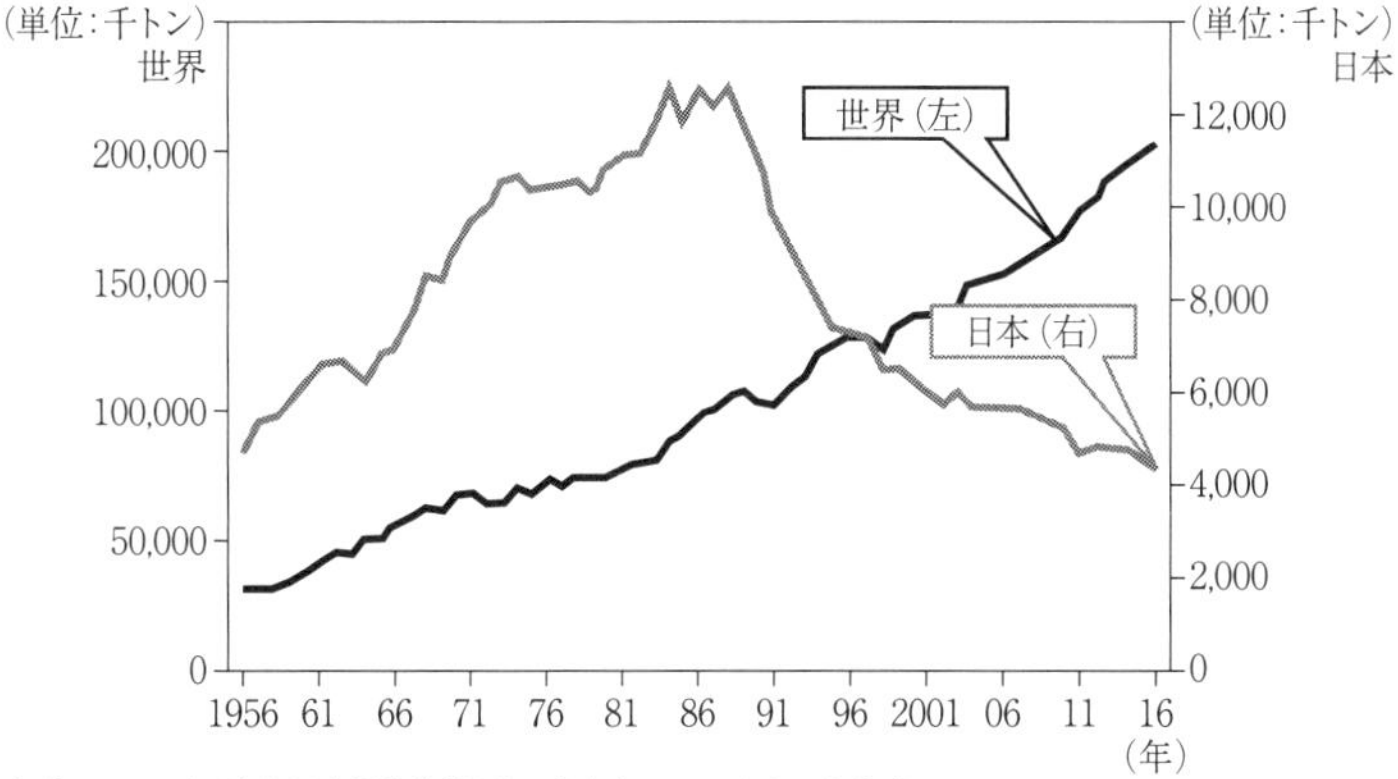

出所：FAO（国連世界食糧農業機関）、農水省データなどより作成

るのは養殖であることがわかる。

　天然の水揚げをさらに解説してみよう。天然の水揚げは横ばいに見えるが、これは獲れる魚の量が横ばいだからではない。欧米、オセアニアといった漁業先進国では、資源の持続性（サステナビリティ）を考慮し、実際に漁獲できる量より、大幅にセーブしているのだ。漁業にとって肝心なのは水揚量ではなく水揚金額だ。たくさん獲ることが、必ずしも経済的ではないことがよく理解され、小型の魚や旬ではない時期の水産物は漁獲しないように、個別割当制度[7]（IQ、ITQ、IVQ等）により、漁業者みずからが考えて漁獲する仕組みができあがっているケースが多い。

　一方で、日本は、漁期や漁具等の制限は行っているものの、大漁を願い、大漁貧乏となっても、漁業者が価値の低い単価が安い魚までも、争って獲ってしまう。このように漁業者の自主管理に任せて、実質的に放置しているケースは、世界では例外となってきている。

　天然の水揚量の横ばいは、長期的展望に立ち、漁業を成長産業にしている国々と、日本のように獲れるだけ獲ろう

図1－2　世界の水産物総生産量推移

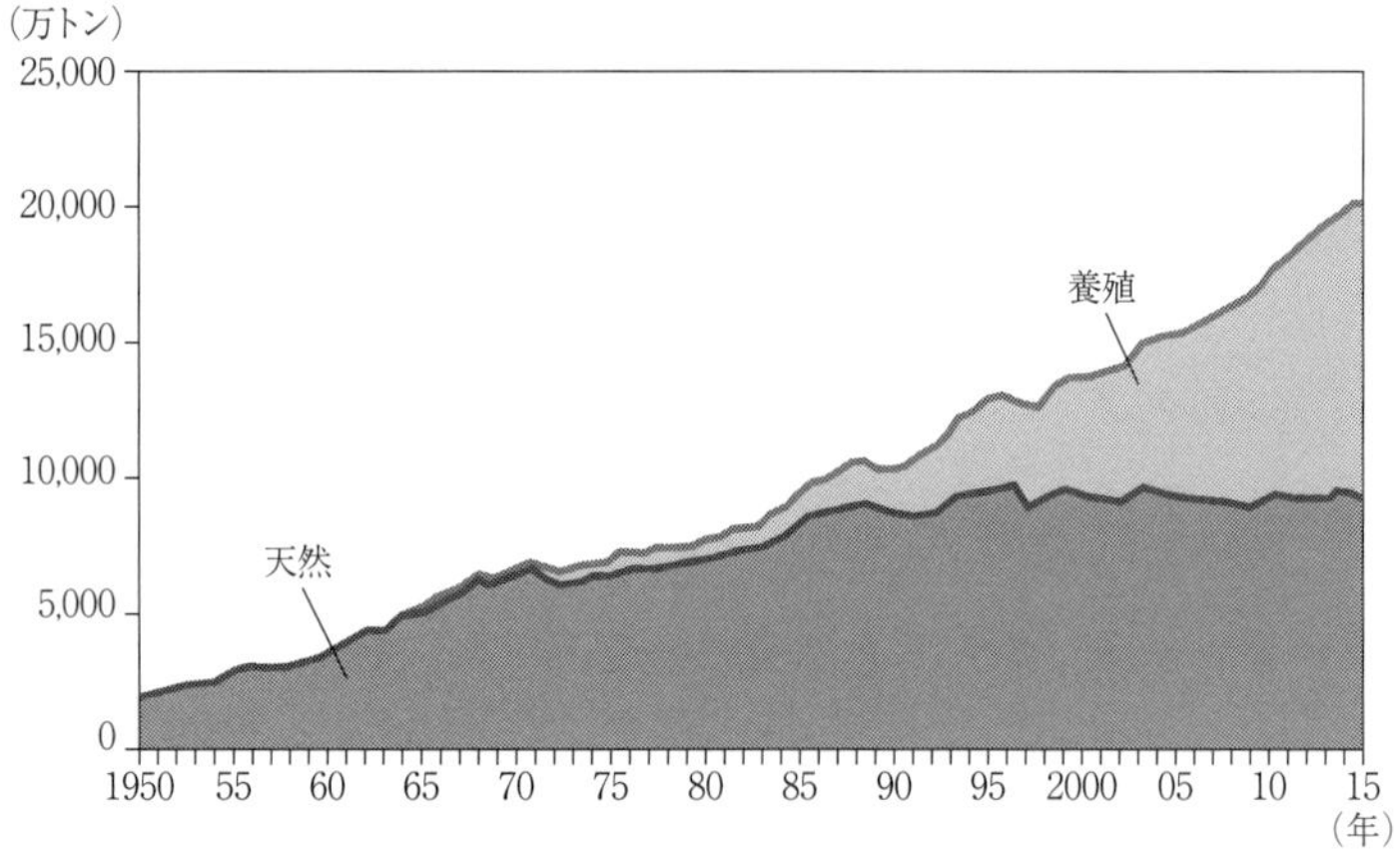

注：FAO（国連世界食糧農業機関）による。世界の水揚量は増加が続く。

として資源を減らして衰退を続ける国とが入り混じっているので、それぞれの考察が必要だ。一方で、養殖の魚に関しては、中国を主体とするコイ類、ベトナムで盛んなナマズといった淡水魚から、日本でも人気が高いアトランティックサーモンやギンザケといった鮭類も重要な位置を占める。

海藻類も２０１６年時点で、養殖量１億１０００万トンのうち、３０００万トンを占めている。なお、ＦＡＯの統計では、海藻類を外して統計を出している場合もある。海藻類を含ませると、天然と養殖の比率は、ほぼ1対1となる。

日本と世界のちがいは、以下のＦＡＯ（世界食糧農業機関）や世界銀行の分析を見ても、世界と日本の海、そしてその魚の将来がどのようにみられているのかよくわかる。ＦＡＯが２０１３～15年の水揚げ量平均をもとに２０２５年の水揚量の予測を発表した（海藻類除く）。全体では17・4％の増加が予想されている。各国が均衡もしくは増加を予想されている中で、

表１－１　2013－15年の水揚量から推測した2025年の漁獲量

単位（千トン）

	平均水揚量 2013－2015	予想水揚数量 2025年	差異（%）
北米	6,582	6,617	0.5%
ヨーロッパ	16,637	17,362	4.4%
オセアニア	778	816	4.8%
アフリカ	9,699	11,208	15.6%
地中海・南米	14,424	16,245	12.6%
アフリカ	113,748	139,154	22.3%
日本	**4,318**	**3,728**	**▲13.7%**
韓国	2,039	1,980	▲2.9%

注：日本の水揚減少率は「最低」の見積り。減少要因とされるマイワシは、減少どころか、東日本大震災以降、増加要因。海藻類除く。

出所：FAO による、2013－2015年の平均水揚数量から、2025年の水揚予想。

日本は13・7％のマイナスと、主要国の中で突出して悪く予想されている。次に悪いのが韓国で２・９％のマイナス。一方で、漁業先進国として本書でしばしば引用するノルウェーは18・９％の増加となっている（表１－１）。

日本の水揚げ減少は、前述したように、１９７０年代半ばころからマイワシが急激に増え、それが減ったことによるのだとの説明がなされることがある。しかしながら、ＦＡＯの予測は、２０１３～15年の平均値という数年の水揚げ動向に基づいている。また、沿岸漁業の水揚げも右肩下がりの減少が止まらない。近年そして未来の減少の原因は、マイワシの減少に起因するものではない。

世界銀行も、世界の漁業について２０１０年と２０３０年時点での漁獲数量を海域ごとに比較している（表１－２）。平均で23・６％の増加予想。これは世界全体の水揚げ動向のグラフと比較しても、容易に増加傾向は予測できるはずである。その中で、世界を12海

表1－2　20年後の地域別漁獲量予想

	漁獲量（千トン）		2010～30年の漁獲量の伸び率（%）
	2010年	2030年	
欧州・中央アジア	14,954	15,796	5.6
北米	6,226	6,472	3.9
ラテンアメリカ・カリブ	19,743	21,829	10.6
日本	**5,169**	**4,702**	**－9.0**
中国	52,482	68,950	31.4
その他東アジア・太平洋	3,698	3,956	7.0
東南アジア	21,156	29,092	37.5
インド	7,940	12,731	60.4
その他南アジア	7,548	9,975	32.1
中東・北アフリカ	3,832	4,680	22.1
サブサハラアフリカ	5,682	5,936	4.5
その他	2,696	2,724	1.0
世界全体	151,129	186,842	23.6

注：2008年時点の予測値。日本の海域だけがマイナスの予想。
出所：世界銀行の資料を基に作成

域に分けた予想で1カ所だけ減少（マイナス9％）を示している海域がある。それが日本の海域なのだ。さらに、残念なことに、2030年時点での予想量を待たず2015年ですでに469万トンと、470万トンに減少するという予想を前倒しして下回ってしまっている。

また、極端に悪い一方で、しっかりと改善計画を立てて実行すれば、最も改善率が高くなることが示されている。まさに、手遅れにならないうちにしかるべき政策を実行すれば、日本の水産業は復活できるはずだ。

(3) 資源回復のための三度目の機会がめぐってきた

東京オリンピックとSDGs（持続可能な開発目標）の「14　海の豊かさを守ろ

う」の資源の持続性に該当する箇所の目標期限は、ともに２０２０年となっている。またＥＳＧ投資の話題が増えることで、水産資源の持続性についての話題が急激に増えてきた。魚資源を減らし続ける日本に対して世界の目が厳しくなってきており、同時に、これまでになく資源管理への機運は高まりつつある。

これまで日本には、資源を回復させる大きな機会が三度あった。一度目は１９７７年の２００海里漁業専管水域の設定時。２００海里は、日本の遠洋漁業に壊滅的なダメージを与えた。日本の漁業会社は、世界に類を見ない大船団を持ち、南北アメリカ、欧州、オセアニア、アフリカ西海岸、アジア等、世界中で漁業の開拓に大きく貢献してきた。

だが、もしも２００海里の適用がなく、日本がそれまで通りのやり方で、科学的根拠に基づく漁獲枠の設定もないままに魚を続けていたら、世界の魚の量は間違いなく今よりかなり減っていただろう。一方で漁業先進国は、資源管理政策が、２００海里以前から日本と異なっていた。２００海里が適用された時点で、将来の資源のことを考えた政策を行っていれば、世界第６位の広大でかつ豊饒なＥＥＺ（排他的経済水域）を持つ日本には、今頃は膨大な魚が残っていたはずだ。だが、現実には、輸入というかたちで、慢性的に海の魚に借金する体制が続いている。

二度目は１９９６年　国連海洋法の批准時。国連海洋法では、沿岸国に対してＥＥＺを設定する権利を与えるとともに、締結国はその水域における生物資源の保存・管理措置をとる義務を課せられ、これを受けて同年にＴＡＣ法が成立した。しかし、このときにできたＴＡＣは、本来の目的である資源管理のためのものとは言い難いものだった。たった７魚種[8]しかないＴＡＣ魚種に対して、サバ類、マイワシ、マアジ、スケトウダラとABC（生物学的漁獲許容量）[9]を超えたTACの設定が続いてしまった。そしてようやく最近になってTACはABCを上回らなくなってきたが、TACが実際の漁獲量を大きく超えて設定されている状態は変わらず、資源管理は機能していない。

獲りきれないほどの大きなTACは、漁獲量の制限がほぼかからないので、漁業者からの不満は少ない。しかし結果的に魚が減っていき、漁業者を苦しめ、地方を衰退させ続けてきている。将来、日本で資源管理制度が機能し始めたときにわかることがある。それは国連海洋法上の「沿岸漁業社会の経済上のニーズを勘案」という部分が、過剰漁獲を放置させた原因だったということだ。このことは、とても悔やまれることだろう。しかし、時計の針は元には戻らない。

そして三度目が今だ。皮肉なことに2011年に起きた東日本大震災と放射性物質の問題は、漁業補償も合わせて、漁業者が魚を獲ることを抑制させた。その結果として、マサバ、マダラ、ヒラメなど、一時的に急回復している魚種がある。しかし、ふたたび震災前のように漁を続けるようになれば、わずか数年でまた元通りの魚の減少が起きてしまうだろう。

いまこそ、形式的なサバ類のIQ、TACなしで漁獲を続けるマダラ、ヒラメ等、現状の制度を見直し、世界の成功例を取り入れて、魚が残っているうちに、有効な資源管理を始めるべき、ぎりぎりのタイミングとなっている。

2　ノルウェーの成功

(1)　ノルウェーの漁業――「日本とはちがう！」というミスリード

本書では成功例として、ノルウェーの資源管理をたびたび引用する。ノルウェー型の資源管理は、近年マスコミでの露出も増えてきて、認知が広まりつつあるのは喜ばしいことだ。一方で、これまでノルウェーは日本とはちがうという誤った情報も流されてきた。「ノルウェーの漁船には外国人を乗せてコストを下げている」「ノルウェーの漁船は乗員30人程度の規模。日本のように小さな漁船が多いと管理は無理」「漁船が古い」「漁村が崩壊する」「緯度が高いので魚種が少ないから管理できる」「北海油田の発見により漁業者を油田関連の仕事にシフトできたから」などだ。これらは、いずれも事実及び問題の本質から大きく逸脱している。アイスランド、デンマークといった非産油国も同様に成長を遂げている。資源管理に必要な基本は同じなのである。ノルウェーの関係者に、日本では上述のように言われていると話をすると、一様に「それはどこの国のことか？」と驚かれる。

(2)　好調を支えるノルウェーの養殖業

ノルウェー漁業の好調さは、その数字を見ると一目瞭然だ。天然と養殖を合計した図１－３にある水揚量は１９８５～88年の３カ年平均値と２０１４～16年の直近の平均値の数字（ＦＡＯ）を比較す

図1－3　ノルウェー―水産物の漁獲量・生産量

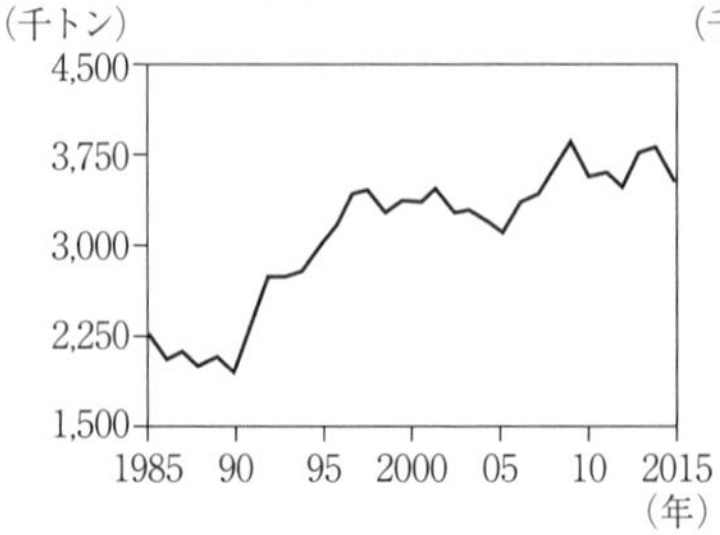

図1－4　ノルウェー―水産物の養殖生産量

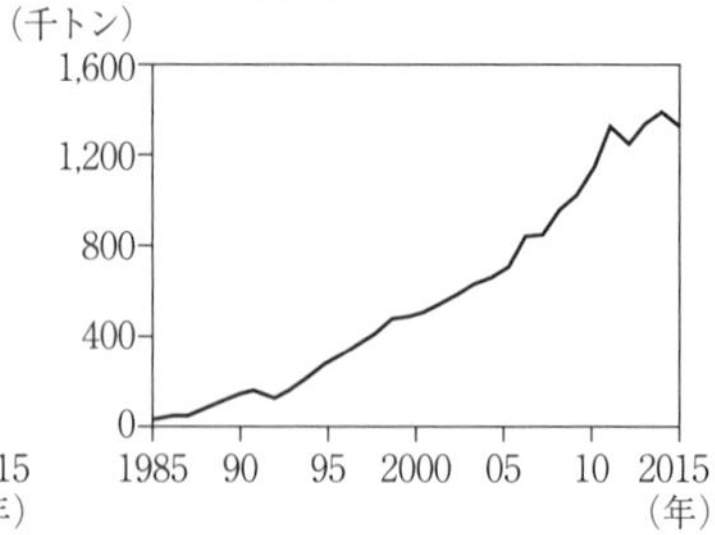

注：国の政策と技術革新により養殖サーモンの生産量は大幅に増加していく見通し。
出所：図1－3、図1－4ともにFAO Global Noteより作成

ると、約5割増加している。養殖の大半はアトランティックサーモンだが、現在の養殖量130万トンに対し2050年には500万トンが計画されており、とどまるところを知らない勢いである。

図1－4を見ると、近年養殖生産数量が鈍化しているように見えるが、これは一時的なことである。環境への配慮から、フィヨルド内での養殖ライセンスを増やさない政策を取ったためだ。現在、外洋での巨大養殖設備が着々と準備されている。1隻で1万トンのサーモンを養殖できる移動可能な生け簀や、卵型の閉鎖型の養殖場、石油採掘技術を使ったステーション型の生け簀等、次々と革新的な巨大な設備ができあがってきている。また、養殖数量が減ると、需要増に対する供給が追いつかなくなり、価格が上がりやすくなるという傾向が続いている。

(3) ノルウェーの天然魚とその真髄

ノルウェーの水揚げ増加の要因は、一見すると養殖次第のように見えるが、天然魚の水揚・資源・そして水揚金額の動向を分析すると、その実力が見えてくる。図1－5を見てわかる

図1−5　ノルウェー天然魚の水揚数量・金額・単価推移
（単位：百万トン・百万ノルウェークローネ
単価：ノルウェークローネ／kg）

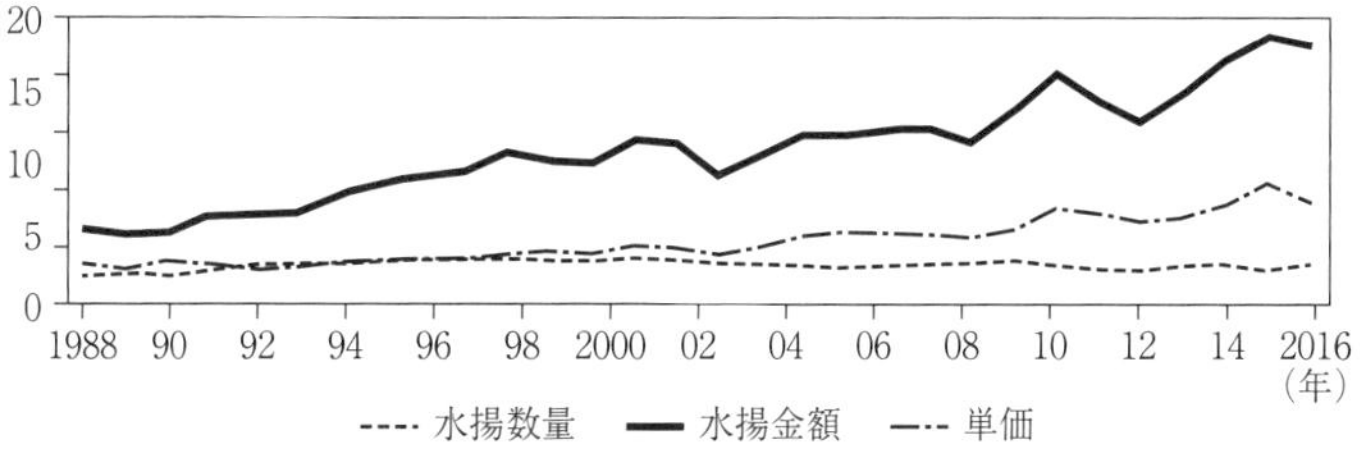

注：水揚数量が増えなくても肝心の水揚金額は増加。
出所：ノルウェー漁業省資料より作成

図1−6　主要底魚の産卵親魚量資源推移・1985−2017年

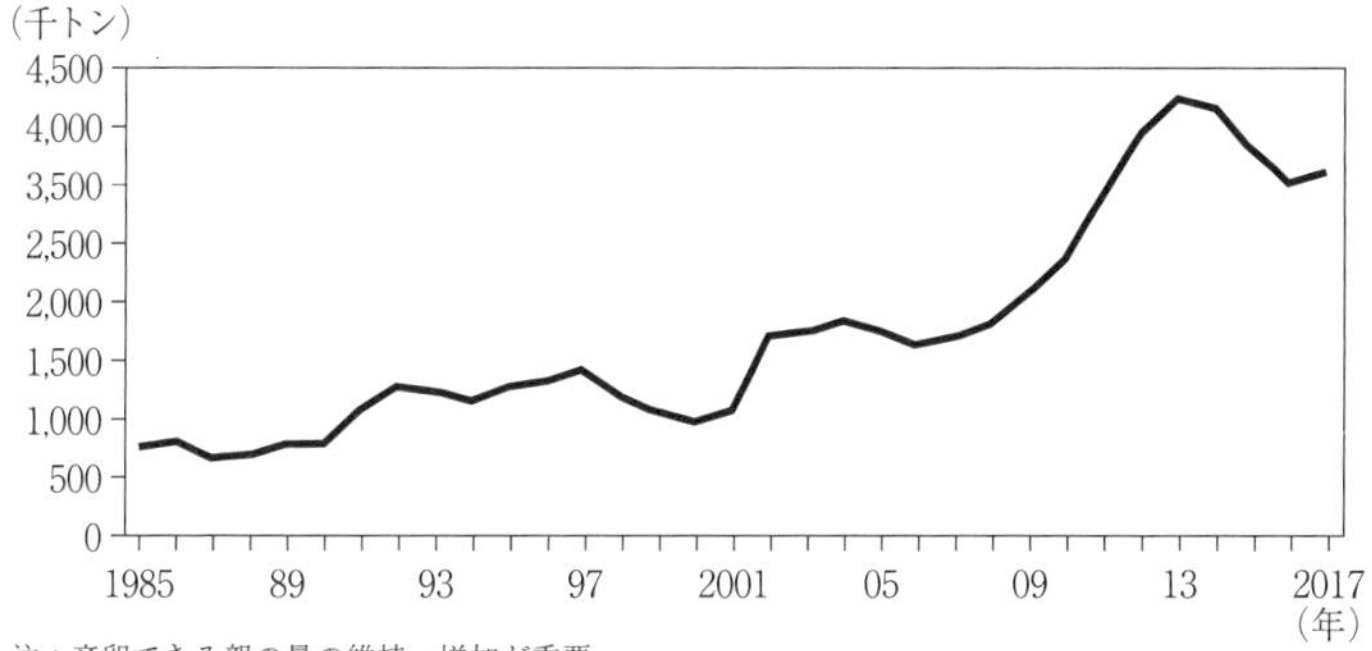

注：産卵できる親の量の維持・増加が重要。
出所：ノルウェー漁業省資料より作成

通り、天然魚の水揚量はそれほど増加していない。だが、漁業省の統計から最も古い3年（1988〜90年）の平均と最近の3年（2015〜17年）の平均値の数字を比較すると、数量では約3割程度の増加であるのに対し、水揚金額は実に4倍弱に増加している。単価は約3倍となっている。

　また、主要底魚5種（図1−6）と同青魚の資源推移（図1−7）とともに（産卵親魚）を見ると、ともに大きく右肩

図１－７　主要青魚の産卵親魚量資源推移・1985－2017年

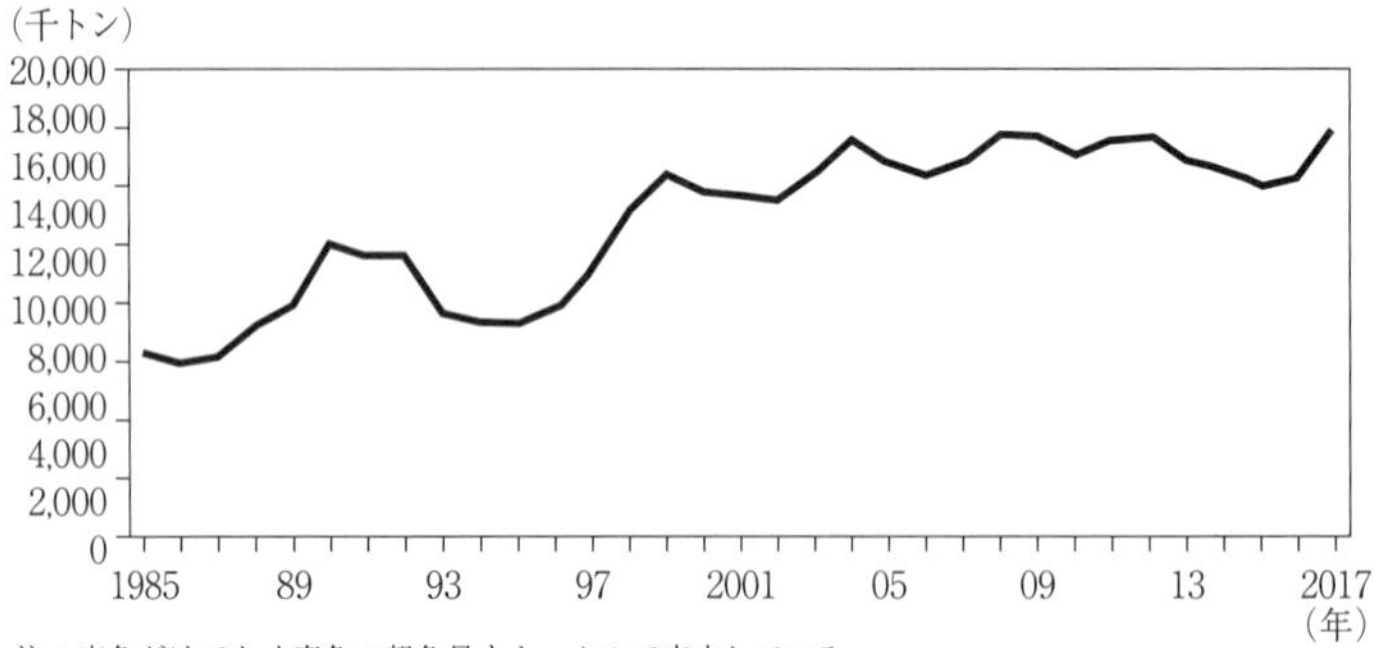

注：底魚だけでなく青魚の親魚量もトータルで安定している。
出所：ノルウェー漁業省

上がりの上昇をみせている。資源量の増加の割合に比べて、実際の水揚量はそれほど増加しておらず、むしろ横ばいに近い。にもかかわらず、水揚げ量を増やさずに、肝心の水揚げ金額を大幅に上げている。これが、ノルウェー漁業の真髄なのである。資源の持続性を考え、ただたくさん獲ることをよしとせず、価値がない小さな魚は獲らない、産卵する魚を十分残すという、基本的な管理の繰り返しが様々な魚種で行われている。

(4) 輸出も好調

ノルウェーの水産業は世界第二位の輸出を誇り、２０１７年には９４５億ノルウェークローネ（約１・３兆円）と、過去最高を記録している（図１－８）。日本は同２７５０億円の輸出金額だ。統計上の輸出の第1位は中国だが、中国の場合は、ノルウェーをはじめ世界中から水産物の原料を輸入して、それを加工して輸出している量が少なくない。ノルウェーから運び込まれたサバやカラフトシシャモ、アカウオ、サーモン類等が中国で加工され、日本に搬入されている分も含

図１－８　ノルウェー水産物の輸出推移

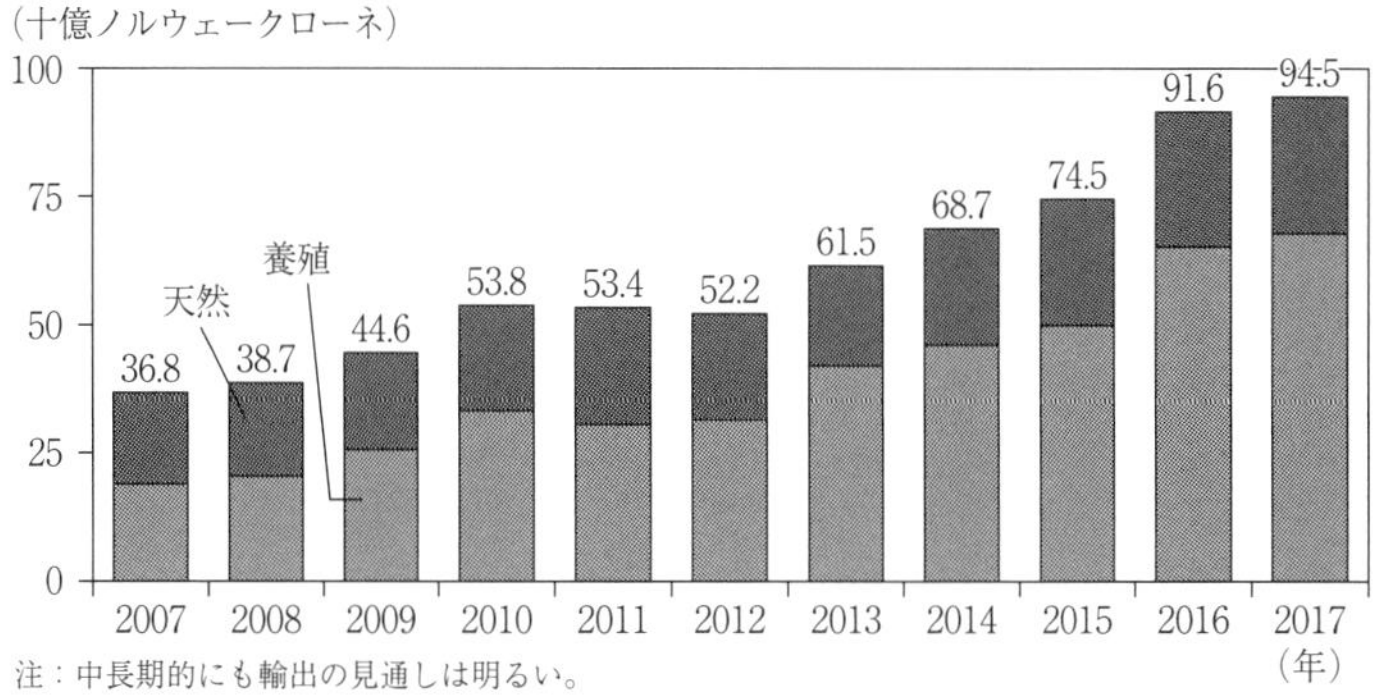

注：中長期的にも輸出の見通しは明るい。
出所：ノルウェー水産物審議会

まれている。自国の水産物だけでの輸出として捉えた場合は、ノルウェーの水産物輸出の位置づけはさらに高まることだろう。図１－８を見てわかる通り、10年前の２００７年の３６８億ノルウェークローネ（約５０００億円）から約２・６倍増加している。

ノルウェー水産物は、ノルウェーのトロムソを拠点とするノルウェー水産物審議会（Norwegian Seafood Council）がマーケティングを行っており、市場分析から販売促進等、積極的な活動を行っている。日本にはノルウェー大使館内に設置され、そのコストは、輸出金額の中から（１％以内で魚種により異なる）徴収され運営されている。

３　活発化する世界の水産貿易と日本のポテンシャル

(1)　新しい国際基準への適応

ＥＰＡ（経済連携協定）、ＦＴＡ（自由貿易協定）そしてＴＰＰなど、関税をはじめとした貿易の障壁は、自由化に向けて減少傾向にある。2019年に発効する日本とEUのEPAでは、最終的に15年間の経過期間後に99%の関税が撤廃されるという。

EUの水産物輸入は、世界最大だ。水産物の輸出入は右肩上がりで上昇を続けている。東南アジア、アフリカといった国々も、経済の発展とともに、ますます需要が増加していく。アメリカもTPPから離脱をしたものの、二国間によるFTAとして交渉が進むことだろう。一時期の活発な水産物輸入は、輸入の停止や、経済の低迷で影を潜めているが、ロシア・東欧市場もポテンシャルは高い。

貿易に対する需要が増加していく環境下で、日本のポテンシャルは何だろうか。まず言えることは、日本の水産物に対する需要は大きいということだ。しかしながら、そのためには、以下のことに対応していくことが不可欠だろう。

実は、日本は水産物をはじめ、食糧輸入に関する規制が比較的緩い。メロ、マグロ類やロシアからのカニには輸入の際、事前通関時に確認事項があるものの、水産物の輸入では、相手国からの請求書(invoice)、パッキングリスト、そしてB/L(船荷証券)などがあれば輸入できる国が多い。

一方、輸出となると、国により規制は異なるが、いくつかの要求を満たさねばならず、各国の輸入障壁が立ちはだかる。EUを例にとって説明しよう。第一に、輸出するためには、EU・HACCP(10)というライセンスが必要になる。現在、日本ではEU向けの輸出に備えEU・HACCPの認可を進めているが、中国や東南アジアといった国々に比べると大幅に少ない(認定施設数は2017年で56。図1-9参照)。

厚生労働省による認可に加え水産庁でも認可できるようになり、取得が進んではいる。しかし、日

図１−９　水産加工業等における対ＥＵ・米国輸出認定施設数の推移

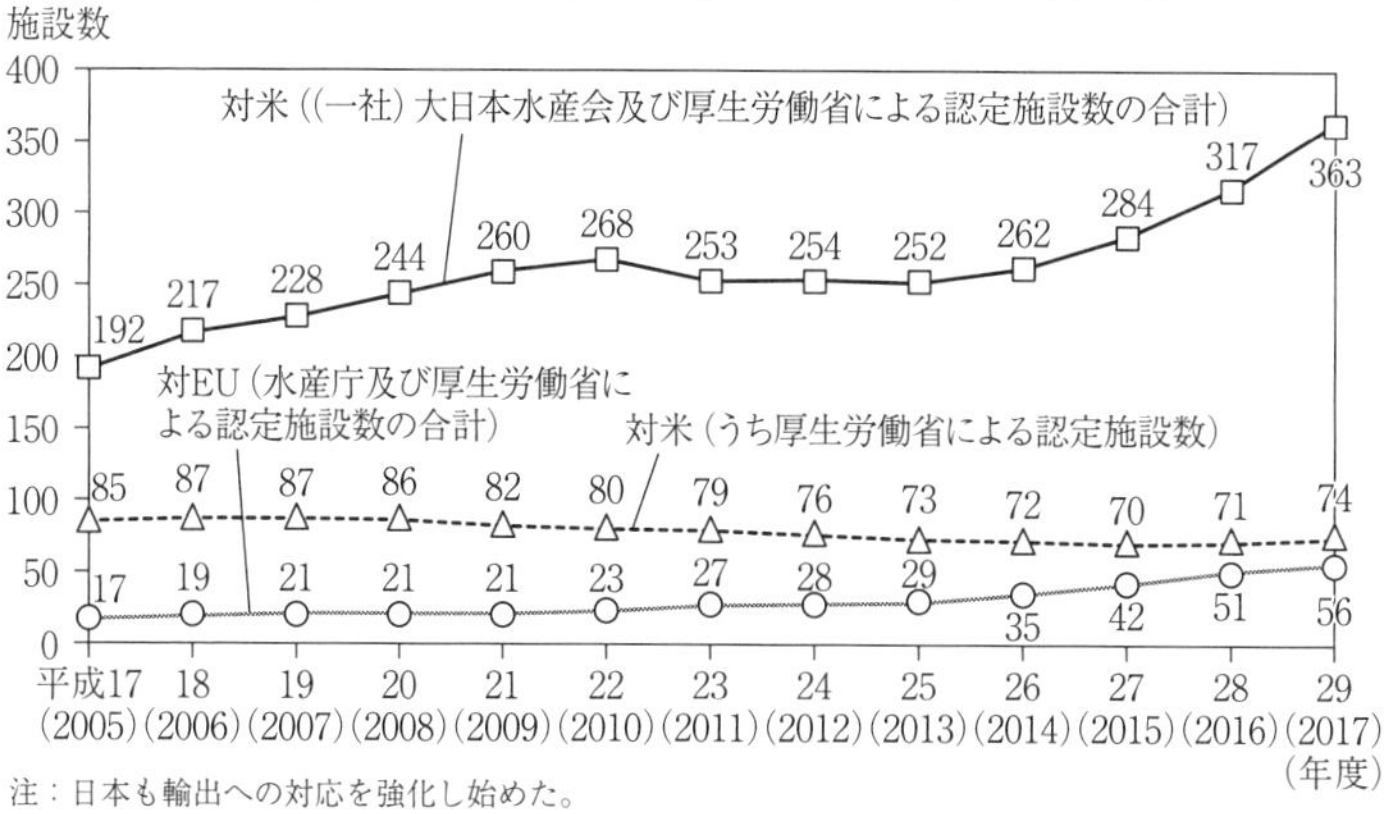

注：日本も輸出への対応を強化し始めた。
出所：水産白書2018年版

本の設備は古く、ＥＵの求めに応じて改築するのは容易でない場合が少なくない。中国・東南アジアといった国々は、日本に比べて工場が新しく、最初からＥＵ・ＨＡＣＣＰを前提に工場が作られているという背景のちがいがある。

第二に、漁獲証明書とトレーサビリティー[11]の確立だ。輸出国の政府が、正当に漁獲したことを示す漁獲証明（catch certificate）がないと、ＥＵでは２０１０年より輸入を許可していない。

そして、日本の水産物流通の落とし穴と考えられるのがトレーサビリティーである。写真で比較して見れば一目瞭然だ。市場に流通している国産の鮮魚の発泡スチロールや、サンマやサバなどの冷凍魚の原料が入ったカートンには、生産日や産地等の情報が記載されていないことが多い（写真1A）。これに対し、ノルウェーから空輸されてくるサーモンをはじめ、海外から輸入されてくる水産物には、品名、生産日、規格等細かく記載されており、バーコードで管理されているケースも少なくない

写真1A

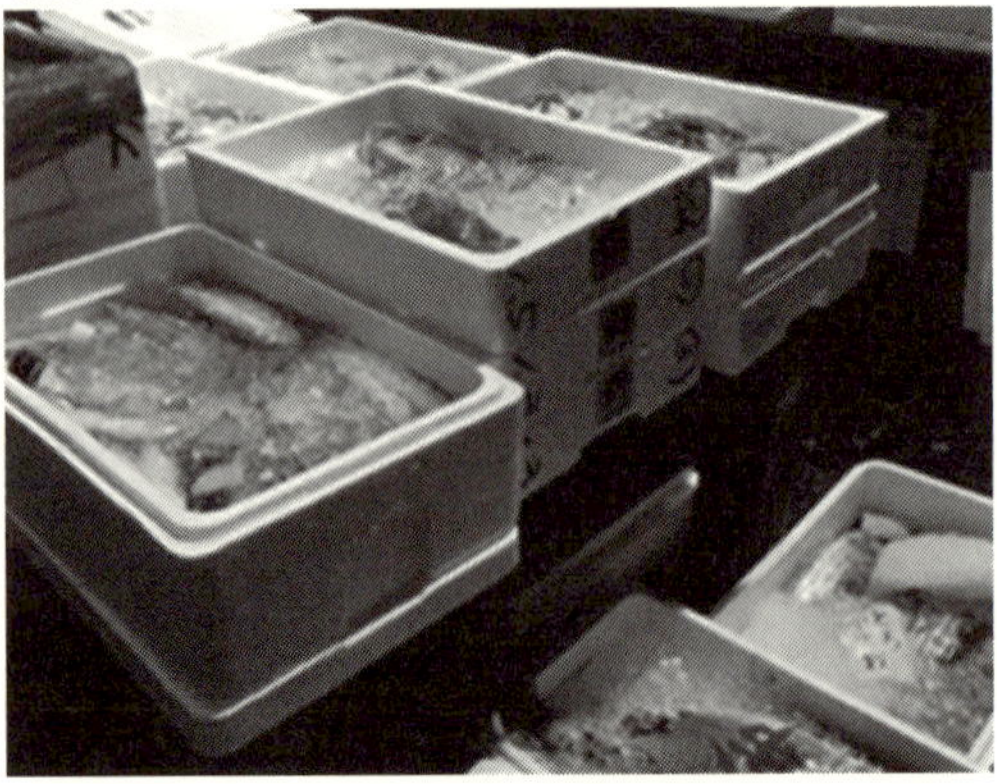

写真1B

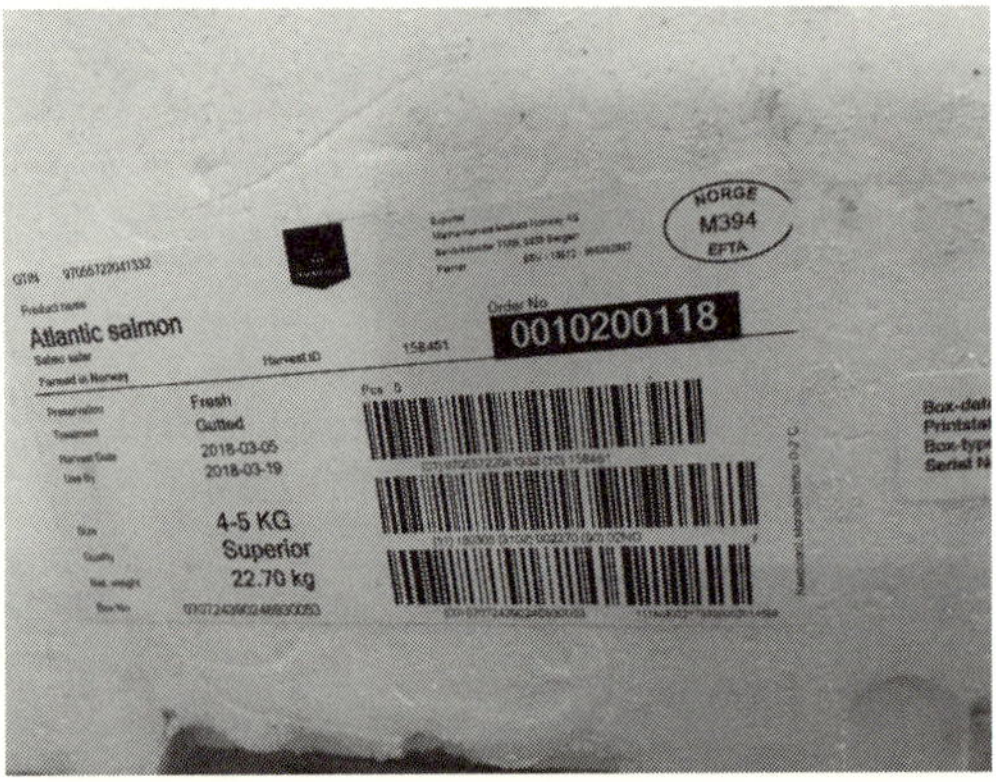

生産日等の表示がない日本の水産物（1A）と、詳細な情報が添付されているノルウェー産水産物（1B）。

（写真1B）。現状のままでは、事故で汚染物等が流出し、その海域で漁獲した水産物が危険であると宣告されても、表示が不備であるがため、その安全性を客観的に担保するすべがない。どこの海域で、いつ漁獲したと説明しても後の祭りである。

政府は、2019年までに水産物の輸出金額を3500億円に到達させるという目標を掲げているが、輸出した水産物にはトレーサビリティーが不可欠だ。相手国が要求してくることは無論のこと、万一海外でクレームが出た場合に、何が原因なのか、個々のケースに詳細な表示がないと対応できない。EUの基準は他の地域より厳しいが、あえてそれに合わせたものをつくることで、日本の魚も世界の市場に向けて輸出しやすくなり、ポテンシャルが拡がるはずである。

第三に、資源管理された持続的な水産物であることが求められている。アメリカのウォルマートやイギリスのセインズベリーといった大手量販店や、ハイアット・リージェンシーのような高級ホテルまでが、持続可能な水産物であることが証明されないと取り扱わないことを宣言し、同様の宣言が増えている。そして、実際にその通りにしているかどうかを、グリーンピースのような環境NGOが厳しくトレースしている。[12] いまや、ある魚が持続的になるように管理されていて、かつそれが漁獲証明やエコラベル[13]により、客観的に持続可能なものであることを証明することが、EUやアメリカ向けの輸出には不可欠なのである。そしてそれが、SDGsやESG投資にも関連し、世界で中長期的に広がる見通しである。

(2)　魚種の多さは資源管理ができない理由にはならない

北欧のように緯度が高い国では魚種の数が少なく、一方で日本のように中緯度に位置する国では魚種の数が多いため、漁獲枠のような管理については、環境が異なるといわれることがある。しかし、

表1－3　漁獲量80％を達成する魚種数と、漁獲魚種上位25種が占める割合

	北海道	北海道・青森県・岩手県・宮城県	日本（農水省）	ノルウェー	アメリカ	アイスランド	カナダ	日本（FAO）
漁獲量が80％に達する魚種数	7種	11種	15種	8種	16種	5種	16種	16種
漁獲魚種上位25種が総漁獲量に占める割合（％）	99.8	97.5	93.0	99.2	88.7	99.4	88.6	89.7

注：日本のデータは農林水産省より入手した2016年度の数値を利用した。また海外のデータはFAOより入手した2015年の数値を利用した。魚種が多いから日本でのTAC管理が難しいというのは誤り。

出所：農林水産省「漁業養殖業生産統計年報」、FAO「Fishery and Agriculture statistics Global capture production 1950－2015」第二次水産業改革委員会（日本経済調査協議会）中間提言より。

表1－3を見ると、決してそうではないことがわかる。北緯と南緯は異なるものの、TACでの管理は、同じ緯度であるニュージーランドでは98種、アメリカでは約500種となっており、日本では難しいという理屈は成り立たない。

また、漁獲量が80％に達する魚種数は、日本はアメリカと同じ16種。漁獲魚種上位25種が総漁獲量に占める割合は、表から、日本は89・7％（FAO）である（農林水産省の数字では93％）が、アメリカで88・7％、ノルウェーで99・2％。つまり25種のTACを設定すれば、日本の魚の約9割は管理できる。緯度の関係で、日本が特殊な条件というわけではない。

さらに、日本の場合は、異なる種類の魚が獲れる「混獲」については、とても寛容であり、獲れてしまった魚はやむを得ないという捉え方が一般的だ。しかし、この点についても、漁業先進国とは運用が大きく異なる。たとえば、日本でサバやイワシを巻き網で獲った際に、クロマグロが一緒に網に入れば、その分は儲けものと捉えられることだろう。だが、北欧では、サバやニシンを追いかけてくるクロマグロを避けて漁をしているのだ。これは「混獲」であるクロマグロの漁獲枠の数量が非常に少なく（２０１７年・混獲枠11トン）かつ厳格であり、「混獲枠」を超えてしまえば、肝心のサバやニシンが獲れなくなってしまうからだ。「獲れてしまった」は理由にならないからこそ、各国は混獲を避けることに真剣であり、その結果として資源が持続的になる好循環が続くのである。

(3)　漁業・水産業における日本の強みとは

四方を海で囲まれる日本は、漁業・水産業にとって理想的な環境にある。ＥＥＺ（排他的経済水域）は世界で第6位と広く、しかも三陸沖を含む北西太平洋海域は、世界三大漁場のひとつに属し、さらにその中でも最も生産性が高い海とＦＡＯに評価されている。

南北に長い国土は、様々な魚種を漁獲し、水揚げ、そして加工できる港を中心に地方都市を創り出し、発展してきた。北部太平洋では、釧路、八戸、石巻、塩釜、気仙沼、銚子。日本海では境港。九州地方では、下関、長崎など多くの町が魚を中心にして発展してきた。

しかし、魚を獲り過ぎてしまったために、全国で漁業と水産業の衰退が止まらなくなった。漁業者は、魚が減った分を、少しでも多く獲ろうと、未成魚でも容赦なく獲ってしまう。小さな魚は概して単価が安い。このため「獲れない、安い、売れない」という漁業者にとって最悪のパターンが続く。その結果、収入が低く後継者が育たないという悪循環から逃れられなくなってしまった。水産資源の減少とともに、地元での仕事が減り、仕事を求めて都会に出て行かざるを得なくなり、地方の衰退にますます拍車をかけてしまっている。

魚の減少に対し、当初は輸入水産物で、原魚不足を補ってきた。しかし、世界中で魚の需要が増加しているために「買い負け」[14]という現象が様々な水産物で起き、メロ、ギンダラ、カラスガレイなど、頼りの輸入水産物の輸入量は減少を続けている。代わりに単価が上昇して輸入金額が上昇するという、水産加工業者にとっては最も厳しい環境になっている（図1－10）。

加えて、輸入原料となると、もともと水揚げがあった地域でなくても加工はできるので事が足りてしまう。このため北欧・北米等の国々から原魚を直接輸入するのではなく、中国やタイ、ミャンマー等の人件費が安い国々で加工し、その加工品を輸入するケースが増加している。このため、日本の水産加工業者は、原料不足や海外加工品との競争激化で廃業を余儀なくされるケースが少なくない。

日本の強みを活かし、水産業を蘇らせる、最も効果的な戦略は何か。それは、すでに多くの結果が出ている漁業先進国での成功例をよく分析し、水産資源を回復させ、その資源を持続可能なものにしていく仕組みを構築していくことに尽きる。魚の水揚げが多い水揚げ地は、東京や大阪といった輸出入のための貿易の主要港から離れている場合が少なくない。たとえば銚子、石巻、境港といった日本を代表する漁港の周りでは、もともと前浜で揚がる魚を加工して全国に販売していた。これが輸入原料となると、貿易の主要港からの物流費がかかる。

輸入数量で最も多い水産物のひとつであるノルウェーサバを例に説明しよう。1990年代、国内のサバの水揚げが大きく減少してしまったのに伴い、原魚としてラウンド（元の姿）のままのサバの

図１－10　わが国の水産物輸入量・金額の推移

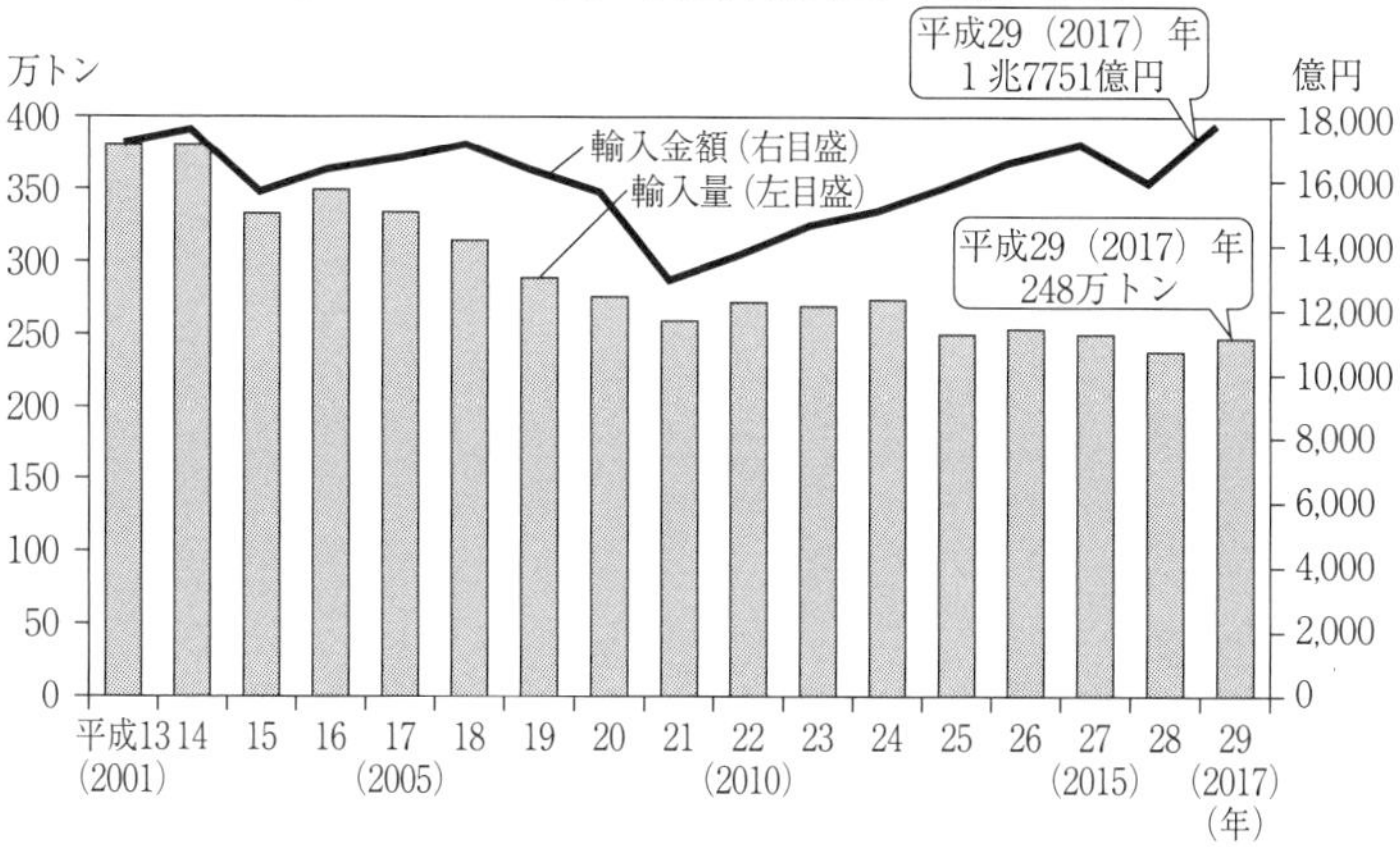

注：輸入数量は減少、単価の上昇で輸入金額は上昇という傾向が続く（水産白書2018年度版）。
出所：財務省「貿易統計」に基づき水産庁で作成

輸入が始まった。一大消費地は、塩サバとして消費される関西・九州だ。当初は、ラウンドのノルウェーサバが銚子で塩サバに加工されて、関西以西にトラックで運ばれていた。しかしながら２０００年前後から、ノルウェーのサバを日本の業者が中国に持ち込み、そこで加工を始めた。中国の青島・煙台といった主要加工地からは、九州までコンテナで運ぶことができる。そうなると、加工賃だけでなく物流費も安くなり、一大加工地である銚子地区の加工業者は、品質評価が高いブランドを除いて、安価な中国加工品に呑み込まれ、廃業や縮小が相次いでしまった。

銚子と同じく、水揚げ地として数量で上位を争う境港地区でも、前浜で揚がるサバは、ローソクとかマメと呼ばれる幼魚主体で、加工に回るサバの原料が当てにならない。このため主要な加工業者は、同じく漁獲の99％が食用のサバであるノルウェーから輸入して加工している。サバの主要な水揚げ港があるこれらの両地区は、ともに厳しい状況に直面しており、苦戦を強いられている。

こうした厳しい状況に対して、本来日本が持つべき強みは何か。それは、ほかならぬ地元で獲れる魚を「大きくなる前に獲らない」ということだ。そして前浜の原料を加工して、国内外に販売するところこそが強みなのである。前浜原料は、仮にそれを中国にいったん輸出したとしても、加工して日本に加工品を再輸入すると、往復の物流費や関税などの経費がかかるために、日本の加工は優位に展開できる。しかも印象が良い「日本産」だ。かつ、旺盛な海外需要を背景に、戦略的に加工品の輸出による攻勢を仕掛けることもできる。とにもかくにも、幼魚の内にサバを獲らせない仕組みづくりが不可欠なのだ。

その仕組み（個別割当制度）は、ノルウェーをはじめ、すでに漁業先進国での多くの成功事例とともに存在している魚の資源を回復させて、それを持続的にすることができるようになれば、水産業だけでなく、様々な経済の好循環が始まる。

(4) 産卵に来る魚を獲ってもよいのは資源を安定させる仕組みができている場合だけ

魚の資源が減少している時に、産卵に集まってくる魚を獲ってしまったら、その魚が枯渇してしまうおそれがあるのは、専門家でなくてもわかる。資源が減って供給が減ると魚価が上がる。また、魚が減ると獲りにくくなるが、そんな中でも獲りやすいのは、時期になると卵を産むために産卵場に集まってくる魚であろう。ニシン、ハタハタ等、数十年単位でみれば、資源状態が極めて悪い状態である魚でも、何とか漁獲できてしまうのが、皮肉なことに産卵期となる。一方で、量販店等で魚卵が売り場から消えるような様子はない。数の子、タラコ、子持ちシシャモ等、魚卵好きな日本人の食欲は満たされている。

ただ、そのほとんどは、国産ではなく輸入品である。数の子の親であるニシンは、もともと北海道で、１９５０年代以前の水揚げは50万トンを超えることも少なくなく、大量に獲れていた。現在は過去10年（２００８－17年）の平均で約５０００トンと、当時の１％程度の漁獲量しかない。一方で、数の子の主要輸出国であるアメリカ（アラスカ州）やカナダといった国々からの数の子の供給とその資源量は、安定している。そのちがいは、アメリカとカナダは、科学的根拠に基づく漁獲可能量（ＴＡＣ）を設定し、その範囲内で漁獲しているからだ。

資源の持続的な状態が維持されている環境下で、産卵にきたニシンを獲っても問題はない。もちろん、資源量は、環境の影響を受けても前後する。しかし、資源状態が良くなければ、それに合わせてＴＡＣを減らして調整し、資源の回復を待つだけである。そして、手遅れになる前であれば資源は一時的に減少しても必ず回復していく。

残念ながら日本は、ニシンに対して資源を持続的にしていく手段としてのＴＡＣすら設定されていない。ノルウェー、アイスランド、ＥＵと大西洋でも大量のニシンが獲れるが、ＴＡＣが設定されていないケースは見られない。ニシンをＴＡＣなしで獲り続けることは、漁業先進国と比較すると、まずあり得ないことなのだ。その結果、ニシンの漁獲量は、50万トン以上漁獲できていた時代のように回復する兆しは今日まで見られない。日本では非常にニシンが減って、分母が少なくなった数量に対して、少しでも水揚げが増えたら「豊漁」などと報道しているが、中・長期的な観点からみると、著しく客観性に欠けている。

タラコの場合は、主要供給先はアメリカとロシアである。アメリカでは、厳格にＴＡＣをコントロールしており、タラコの親である主要魚種のスケトウダラでは40年以上、ＴＡＣと漁獲量は、ほぼイコールで推移している。これはアラスカ湾、ベーリング・アリューシャン海域での底魚の漁獲量を年間２００万トンまでと規制しており、生物学的漁獲許容量（ＡＢＣ）では、２０１８年では約２７０万トンまでのＴＡＣ設定は可能であったが、スケトウダラのＴＡＣを増やしすぎると、ホッケをはじめ、他の魚種のＴＡＣ設定ができなくなってしまうため、実際に漁獲できる数量よりも、さらに制限した約１４０万トンのＴＡＣ設定になっているという事情がある。ロシアについてもＴＡＣでの管理を厳格化している。

両国とも、価値が高いタラコの多く獲れる産卵期を狙って操業する比率が高いが、科学的根拠をもとにしたＴＡＣ設定のため、日本のようにＴＡＣが大きすぎて、達しないといったケースは基本的に見られない。また、潤沢で持続可能な資源状態にしながらの、産卵期の漁獲になっているため、漁獲量がＴＡＣより大幅に少なかったり、毎年資源が減り続けたりというケースは起きていない。このあたりの方法は、両大国から学んでゆく必要があるのではないだろうか。

(5) 巻き網漁が悪いという誤解

「一網打尽と」いう言葉がある。サバやカツオなど、海の表層部を回遊する魚を網で囲んで巻き上げる漁法である。日本で水揚げされているサバ、アジ、イワシといった大衆魚は、巻き網で、沖合で一

表１－４　過去10年平均のサバ漁獲（2007－16年）

	漁獲量（千トン）	巻き網 漁獲比率（%）
日本	460	65
ノルウェー	172	88

注：巻き網という漁獲方法が資源に悪いのではない。問題は漁獲枠制度とその運用方法だ。

網打尽にされて水揚げされる場合が多い。一度に大量に水揚げされるため市場価格が下がり、消費者としては恩恵を受けている面もある。

われわれ消費者がスーパーや鮮魚店で目にする魚は、食用になる大きさの魚が選別されているので、並んでいる魚への違和感はほとんどないかもしれない。しかし、実際に漁獲されている魚は、食用に向かない小さな魚が大部分であることが少なくない。そして、その中で比較的に大きな魚が選別されて食用向けに販売される。残りの大部分は冷凍され、日本で食用に向かないために、養殖のエサや国際相場から比べてかなり安い価格で輸出されているのだ。

一方、沿岸の一本釣りや定置網業者は、沖合で一網打尽にされるために魚の資源が減り、かつ一度に市場に水揚げするので、相場が下がると憤る。そして沖合漁業者と沿岸漁業者のにらみ合いが起こるという構造になっている。

しかしながら、ノルウェーでの例を見れば、その問題の本質と解決方法が明らかになる。同国のサバは表１－４の通り、９割が巻き網によって漁獲される。漁船は日本よりはるかに大型（約80隻）で、日本の巻き網船が１隻当たり１００－２００トン程度の水揚げに対して、５００トンから１０００トン程度の水揚げができる大型巻き網船主体で漁を行っている。実際には、さらに２０００トン程度まで一度に水揚げできる漁船は少なくない。日本よりはるかに大きな規模で一網打尽にしているのだ。

同国では、大型の巻き網船以外に、釣りや小型の沿岸巻き網船でも同様に漁獲している。しかしサバ、ニシンなどの巻き網対象の資源は潤沢で持続的であり、沿岸の小規模の漁業者とも共存している。なぜだろうか。

まずは、漁獲枠（ＴＡＣ）の配分方法にある。基本的に漁船ごとに漁獲枠が厳格に決まっているので、大型巻き網船は、実際に一度に漁獲できる量よりかなりセーブして漁獲する。その年の1隻当たりの枠が２０００トン程度なのに、一度に全部水揚げしたらどうなるか。水揚げの集中により、魚価は下がりやすくなる。漁業者は、一網打尽にして一度にできるだけたくさん獲ろうとは考えない。できるだけ、分散して少しでも魚価が上がることを戦略的に考えていく。魚は潤沢にいて漁獲シーズン中はいつでも獲れる。したがって、一度に２０００トン獲れるだけ魚が周りにいても、あえて漁獲量を減らして水揚げするのだ。漁船が大型化しても、船ごとの漁獲枠が決まっているので、乱獲が進むことはない。

また、大型巻き網船と、沿岸の漁業者の漁獲枠は、カテゴリーをそれぞれ分け、厳格に枠の配分をしている。決して一網打尽の漁業が悪いのではなく、漁獲枠の配分方法が科学的、かつ適切に行われていれば、問題は解決できているのである。また所有できる枠が制限されているので寡占も起きていない。一網打尽が、魚が減っていく諸悪の根源であれば、世界第2位の輸出金額[15]を誇り、資源が持続的になっていて成長を続けるノルウェーの漁業の現在の繁栄はない。

(6) 日本の水産資源管理に海外からの関心が集まる本当の理由

ガラパゴス化してしまった日本の資源管理の問題は、海外の関係者の間で関心が高まっている。日本では、ＴＡＣ魚種がわずか8種しかなく、かつＴＡＣは実際の漁獲量よりかなり多く、また過去にはＴＡＣがＡＢＣを超えてきたなど、漁業先進国ではおよそ考えられないことが続いてきた。日本は世界最大級の市場であり、２００海里漁業専管水域が設定される以前は、北米、南米、オセアニア、アフリカ、南極、東南アジア、中国等、世界中の漁場を開拓し、１９７０年代から80年代後半までは、世界最大の漁業国であった。現在でも、日本の漁業機器は、魚群探知機をはじめ、北欧の最新鋭の漁船含め、搭載されている。その日本が、科学的知見が十分でないなどの理由でマダラ、ニシン、ホッケ等の主要魚種にＴＡＣを設定していないことは、同じ魚種を獲る国々から見れば異常だ。

そんな日本に対する関心が高い理由は、日本で起こっている過剰漁獲の問題は、漁業先進国の間でも潜在的に常にくすぶっている問題でもあるからである。漁業者が魚をたくさん獲りたいと考えるのは当然のこと。科学者が調査したデータに基づいて漁獲枠がアドバイスされて決定されていく過程においても、漁業者からは「もっと魚の資源は多い、獲らせてほしい」という意見も寄せられる。

だが、一方で獲りすぎればどうなるかも、北海（大西洋）でのニシン、大西洋クロマグロ、オセアニアでのオレンジラフィー等での苦い経験が知られている。そのような葛藤がある中で、資源の減少が止まらない日本の資源管理とその運用方法は、陥ってはならない悪いケース（反面教師）として皮肉にも参考になってしまう。

図１－11　大西洋・北海でのニシン漁獲推移

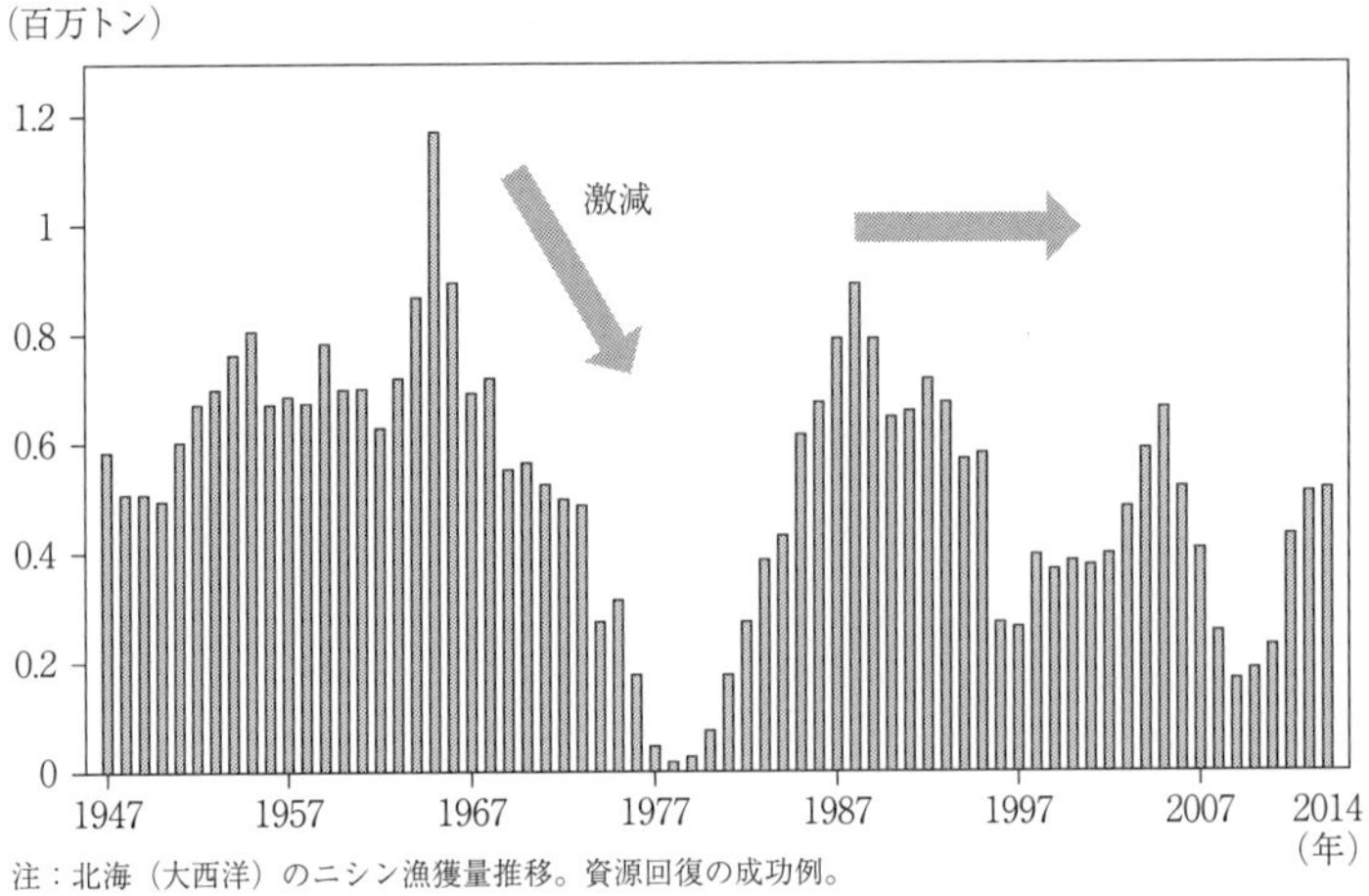

注：北海（大西洋）のニシン漁獲量推移。資源回復の成功例。
出所：ICES

北大西洋のニシンの系統に、通称、北海ニシン（North Sea Herring）と呼ばれるニシンがいる。筆者が激減してしまった北海道のニシンの話を、オランダの科学者に話した時に聞いた話は印象的だった。

「1970年代に北海ニシンは激減した（図１－11）。水揚げが減少することで魚価が上昇していった。しかしながら、このまま同じように獲り続けてしまえば、ニシンがいなくなってしまうおそれがあった。禁漁の提案を科学者として行い、当時のテレビや新聞社への対応は、自分（科学者）が行った。その時に挙げたのが、獲りすぎで激減してしまった北海道のニシンの例（後出図２－８を参照）だった。反対はすさまじかったが、1975年から実質的に５年間の禁漁を決定した」

現在、北海のニシン資源は安定しており、オランダ、イギリス、デンマーク、ノルウェー等の様々な国で漁獲、加工され地域経済に貢献し、その魚は広く欧州主体に食用になっている。ニシンは欧米そしてロシアでは主要魚種だ。そして、それらの国々で漁獲枠（ＴＡＣ）なしで管理している国はない。

【第1章　注と参考文献】

（1）Sustainable Development Goals の略。２０１５年９月の国連サミットで採択された、国連加盟国が２０１６～30年の15年間で達成するために掲げられた17の目標と、達成のための１６９の項目から成る。「貧困をなくそう」「飢えをゼロにしよう」「質の高い教育を平等に」「気候変動に対する具体的な対策を取ろう」など17の目標の中の14番目に「海の豊かさを守ろう」がある。

（2）Maximum Sustainable Yield の略。資源を減らすことなく、毎年獲り続けられる最大値のこと。

（3）環境（environment）、社会（social）、企業ガバナンス（governance）に配慮している企業を優先的に選別して行う投資。

（4）ＭＳＹの表現は第二次世界大戦前から使われていたが、定着して用いられるようになったのは大戦後である。

（5）SDG INDEX AND DASHBOARD GLOBAL REPORT に拠る。

（6）Total Allowable Catch：漁獲可能量、漁獲枠。一定期間に特定の魚種をどれくらいの量まで獲ってよいかを定める規約。後章で詳述。

（7）ＩＱ（Individual Quota：個別漁獲割当）、ＩＴＱ（Individual Transferable Quota：譲渡可能個別割当）、ＩＶＱ（Individual Vessel Quota：漁船別個別割当）。後章にて詳述。

（8）２０１８年にクロマグロが加わり８魚種となった。

（9）allowable（または acceptable）biological catch：生物学的漁獲許容量。

（10）ＥＵが認める生産工場・漁船・倉庫等の関連施設を使用した水産物でなければならないという証明。

（11）　traceability：追跡可能性。物品の流通経路を、最初の生産（捕獲）段階から加工を経て最終（消費者への到達ないしは廃棄）段階まで生産者、生産時期、生産地などをはっきり明記するシステム。

（12）　２０１１年イギリスの大手缶詰業者であるジョンウエスト社が調達しているツナ缶の原料が宣言通りにサステナブルな漁法で獲られていないことを指摘され、製品撤去の要請を受けた。

（13）　環境に配慮されてつくられた商品に貼るラベルで、消費者・流通業者がこのラベルの有無を見て環境保全への努力が見られる商品（または企業）かどうかの判断を行える基準のひとつとなる。

日本の消費者の水産エコラベルへの認知度は15・5％（２０１５年水産白書）とまだ低いが、欧米では急速な広がりを見せている。またＭＳＣ（Marine Stewardship Council：海洋管理協議会）が世界21カ国１・６万人を対象とした調査（２０１６年）では、全体で37％。最も高いのがスイスの71％。ドイツでは、同じ魚（たとえばニシン）を売るにしても、水産エコラベルで認証されている水産物でないと、流通業者や加工業者に環境保護団体等から苦情が来るため、認証を受けていない魚は、リスクがあるので売らないという。欧米の大手の量販店や外食産業などでは、期限を決め、具体的な数値目標とともに水産エコラベルの採用を宣言する企業が増えている。イギリスの大手量販店セインズベリーは、２０２０年までにＭＳＣ・ＡＳＣもしくはそれと同等レベルの管理がされている水産物のみの調達とすると宣言。顧客に買ってもらえなければ、魚価が下がる。漁業者は、経済的な要因が絡むため、資源管理を自分たちから、しっかりやろうとするようになってきている。

（14）　昨今の需要拡大や新規参入の増加で、物品（ここでの場合は水産物）の国際価格が以前と比べて大きく跳ね上がり、日本の輸入会社が国際市場で競り負け、買付が思うようにいかない状態のこと。

（15）　２０１６年、ＦＡＯ調べ。

・みなと新聞
・ノルウェー漁業省ホームページ
・Norges Sildesalgslag ホームページ
・第二次水産業改革委員会（日本経済調査協議会）中間提言
・The State of World Fisheries and Aquaculture（ＦＡＯ）

第2章　世界と日本の比較からわかる問題の本質

1　漁業で成功している国の資源管理法

漁業で成功している国々の共通パターン

大きくなる前の小さな魚より、価値が高い大きな魚を獲ったほうがよいことも、小さな魚を獲ってしまえば、魚は急に育たないし、資源が減ってしまうことも、漁業者は言われなくてもわかっている。しかしそれでも見つけたら獲ってしまうのは、生活がかかっていることはもちろんだが、獲ることをためらう制度がないからにほかならない。

漁業先進国には、TAC制度の下に個別割当制度（IQ・ITQ・IVQ他[1]）があり、年間（シーズン）を通して漁獲できる数量が厳格に決まっている。そしてその数量は、実際に物理的に漁獲できる量を下回っている。このため「たくさん獲ろう！」という概念はなくなり、代わりに「水揚げ金額をできるだけ高くしたい！」と考えているのだ。

個別割当制度で獲る量が決められているのに、小さな安い魚をわざわざ水揚げしてしまうことは賢明とは言えない。大きな魚を狙うことで、小さな魚には成長するチャンスが与えられ、また大きな魚も獲り残される魚の量が計算されて産卵ができるので、魚は減らない。一方で獲る量が決まっていなければ、まず大物の魚がいなくなる。そして成長する前に獲ってしまうので、小さな魚ばかりになり、最後にはそれらさえもいなくなってしまう。前者が漁業先進国の例で後者が日本だ。

漁業先進国では、漁獲量を科学的根拠に基づく科学者のアドバイスの指示に従って決めている。科学者がアドバイスした漁獲数量が少ないと、再調査を依頼することもある。しかし、最後にはおおむねアドバイスに従う。資源が減るリスクだけでなく、漁業が持続可能ではないと見なされて、国際的な水産エコラベルであるＭＳＣ(2)の漁業認証を失えば、需要が減少し、単価が下がるおそれがあるからだ。このため、最終的にアドバイスに従ったほうが経済的にもよいことを理解しているのである。

一方、日本の場合は、基本的に漁獲を漁業者の「自主管理」に任せている。漁業者の中には、資源量のことを真剣に考えて漁獲量を決めようとする人もいることだろう。しかし残念ながら、それは極めて稀なケースであり、かつ仲間を説得するのは並大抵のことではない。そこで、漁期や漁具を制限して、あとは競争 race for fish となってしまい、持続可能な漁業とはかけ離れた漁業になってしまう。漁業先進国で、自主管理のみによって漁獲量を管理して成功しているケースは、聞いたことがない。漁業者が決めるルールなので、仮に獲りすぎで魚がいなくなってしまったとしても、責任は漁業者にある。そしてかなり特異な例を除き、結局は資源回復ができないというケースに陥り、次に別の魚種を同じように獲り尽くしていく。

漁業先進国の管理でも難しいケースはある。魚はＥＥＺをまたいで回遊するので、自国が管理して

図２－１　大西洋イルミンガー海域でのアカウオ漁獲量

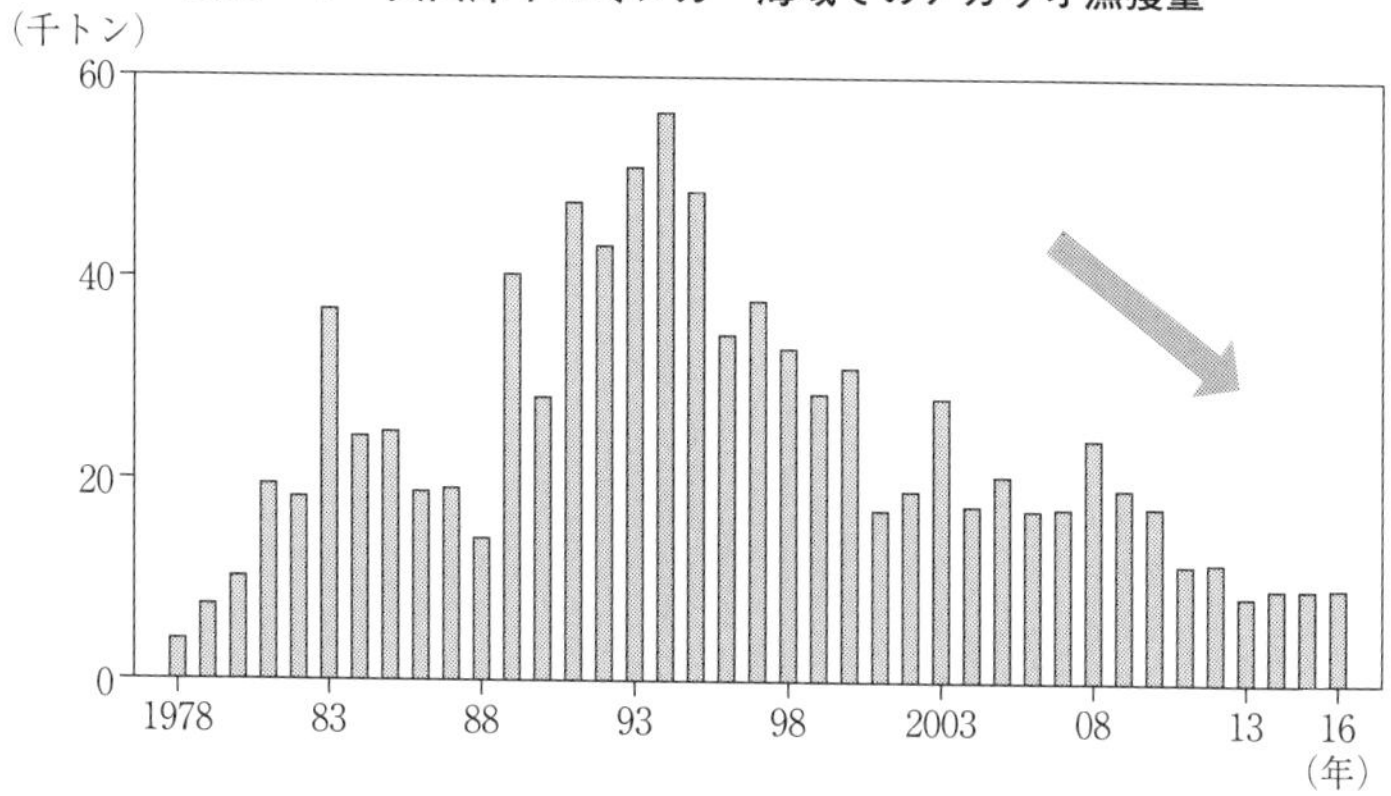

注：国別TACの合意がないと資源も漁獲量も減少してしまう。
出所：ICES

いても、他の国が獲りすぎて資源が減ってしまうケースがあるのだ。日本では主に粕漬などで食べられる大西洋のアカウオ[3]は、漁獲量と資源が激減している（図２－１）。北欧のイルミンガーと呼ばれる公海での漁場で、ＥＵ・アイスランドなどが漁獲枠を設定しているのに対し、ロシアなども同じ資源に対して独自の漁獲枠を設定して漁獲していることも原因であることが考えられる。独自で漁獲枠を決めてしまうパターンは、資源が減少している時には、特に悪影響を受けやすくなると考えられる。科学的根拠に基づかず、それぞれが自主的に魚を獲る方向になると、数量の設定が甘くなり、自分で自分の首を絞めてしまう。

「獲れてしまった」は理由にならない

漁業をする以上、意図していない魚が何種類か混じることがある。これを「混獲」という。日本では、定置網もそうだが、獲れてしまったものは仕方がないと考えてしまうのが一般的かもしれない。

しかし、漁業先進国は異なる。ノルウェーではシシャモ（カラフトシシャモ）漁をする際に、シシャモをエサとするマダラが獲れることがある。シシャモ漁にマダラが混獲で入ってくると、その近辺の漁場は禁漁区になる。シシャモ漁獲の際にマダラが混獲されると、禁漁区がネット上に表示される。漁船はＶＭＳ（衛星漁船管理システム）をつけているので証拠が残るので違反ができない。

サバの漁獲枠が終了した後、アジ漁をしていたらサバが獲れた場合でも同様である。禁漁区が設定された漁場には、漁船は、魚がたくさんいても行かないシステムになっている。ノルウェーではクロマグロの資源も回復し、２０１４年より約30年ぶりに漁を再開した。ノルウェー２０１７年のクロマグロの漁獲枠は52トンで、含まれている混獲枠はわずか11トンにすぎない。しかも、これは1隻ではなく、全漁船が対象。資源が増加しているクロマグロは、餌となるサバやニシンを追いかけている。1度に500トンでも1000トンでも巻いて魚を獲れる大型漁船が、クロマグロの混獲を避けて漁をしているのだ。日本であれば、巻き網でサバを獲っていてクロマグロが獲れればボーナスと思うことだろう。しかし、そんなことは許されないのだ。

アラスカの例をみてみよう。漁獲枠は魚種ごとに分かれている。ギンダラとオヒョウの漁獲枠を持っている漁船は、それぞれの魚種の漁獲枠を気にかけて漁をする。オヒョウの漁獲枠を獲り切ってしまえば、ギンダラの漁獲枠が残っていても終了になる。この場合は、たとえギンダラが多い好漁場であっても、たとえば枠の消化が早いオヒョウも多ければ、漁船は他の漁場に向かわざるを得ないのだ[4]。日本では「獲れてしまったのだから仕方がない」と思われることだろう。しかし、そんなことは漁業先進国で成長している国々では許されないのだ。

図２－２　漁獲場所、数量、サイズなどインターネットで更新

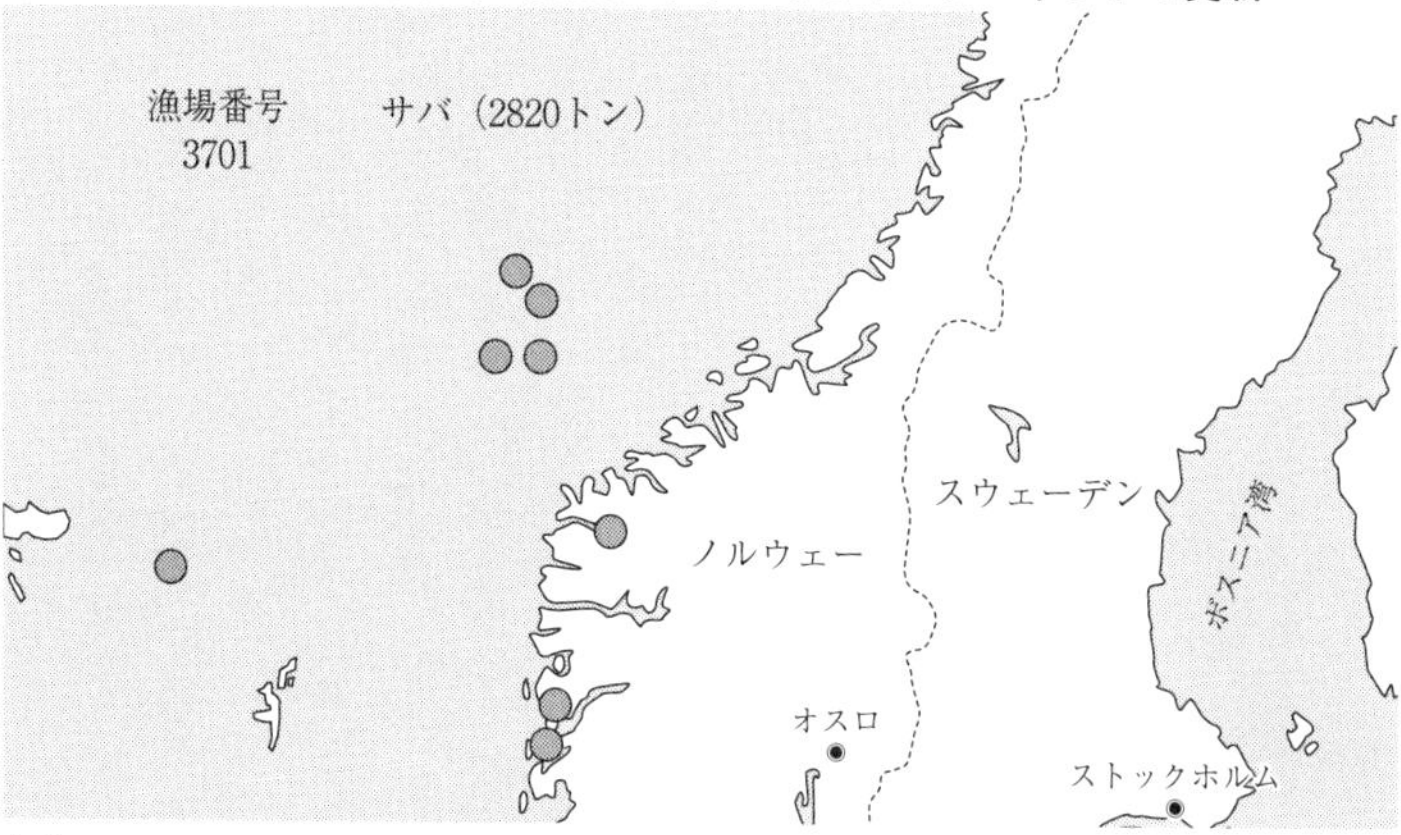

出所：Norges Sildesalgslagより作成

オークションシステムが意味すること

ほとんどの場合、漁獲物に対する市場での日本の入札は、実際に水揚げされた魚を見て行われる。これは、ある意味当然と思うことだろう。しかし、サバをはじめ、ノルウェーでの水揚げに対するオークションは異なる。オークションは原則、洋上で行われるのだ。漁船が、魚種、漁獲量、魚の大きさ、各水揚げ地に対する水揚げ時間を提示する。図２－２はサバの漁場図で、●は魚が獲れた場所、それをクリックすると詳細が表示される。漁船名、漁獲数量、魚の平均重量、水揚げ可能な範囲等、必要事項がインターネットで公開されている。

オークションは１日４回ほど。漁船ごとに一番高い入札先に落札される。洋上なので、入札者は魚を見ないで入札する。水揚げ後、落札した魚が入札情報と異なれば、クレームとなる。また、品質が悪いなど、評判が悪くなればその漁船の入札価格が下がる。したが

って、漁船はできるだけ正確な情報を発信し、品質の向上に努める。また、個別割当制度のため、魚の価値が高い「旬」の時期しか魚を獲りに行かないし、価値が低い小型の魚は避けて漁獲する。その結果、常に食用となるサバが、正確な水揚げ情報とともに水揚げされていく。その食用比率は日本の約70％に対して毎年99％と高い。

洋上入札は、加工する受け入れ側にもメリットをもたらす。それは、洋上での入札により、水揚げ後入札して原料を変えた場合に大急ぎで働き手を確保するのではなく、前日には入札結果がわかっているので、働き手の段取りは前日についている。これは加工場を管理する立場だけでなく、翌日の予定がわかっているので働きやすいという効果も生む。

新魚種・ズワイガニとノルウェーの漁業政策

ズワイガニにおける資源管理の比較は、その結果も含めてわかりやすい。ズワイガニはもともとノルウェーでの漁獲対象ではなかった。それが１９９６年に発見されたものの、すぐには漁獲をスタートさせず、２０１２年より年間２トンで漁獲を開始している。13年１８９トン、14年１８８１トン、15年３１０５トン、そして16年５４０６トンと、資源の持続性を考えながら漁獲を増やしており、日本の漁獲量（図２－３）をあっさり抜いている。そして、「10年以内に２・５万トンから７・５万トンが漁獲できる可能性があるという。

ズワイガニは、オスとメスで大きさが異なるので一目でわかる。メスのカニは小型で可食部分が少なく、価値が低い。また、水揚げされたものを海に戻しても生きている。卵を産んで資源を増やして

図２－３　日本のズワイガニ漁の漁獲量推移

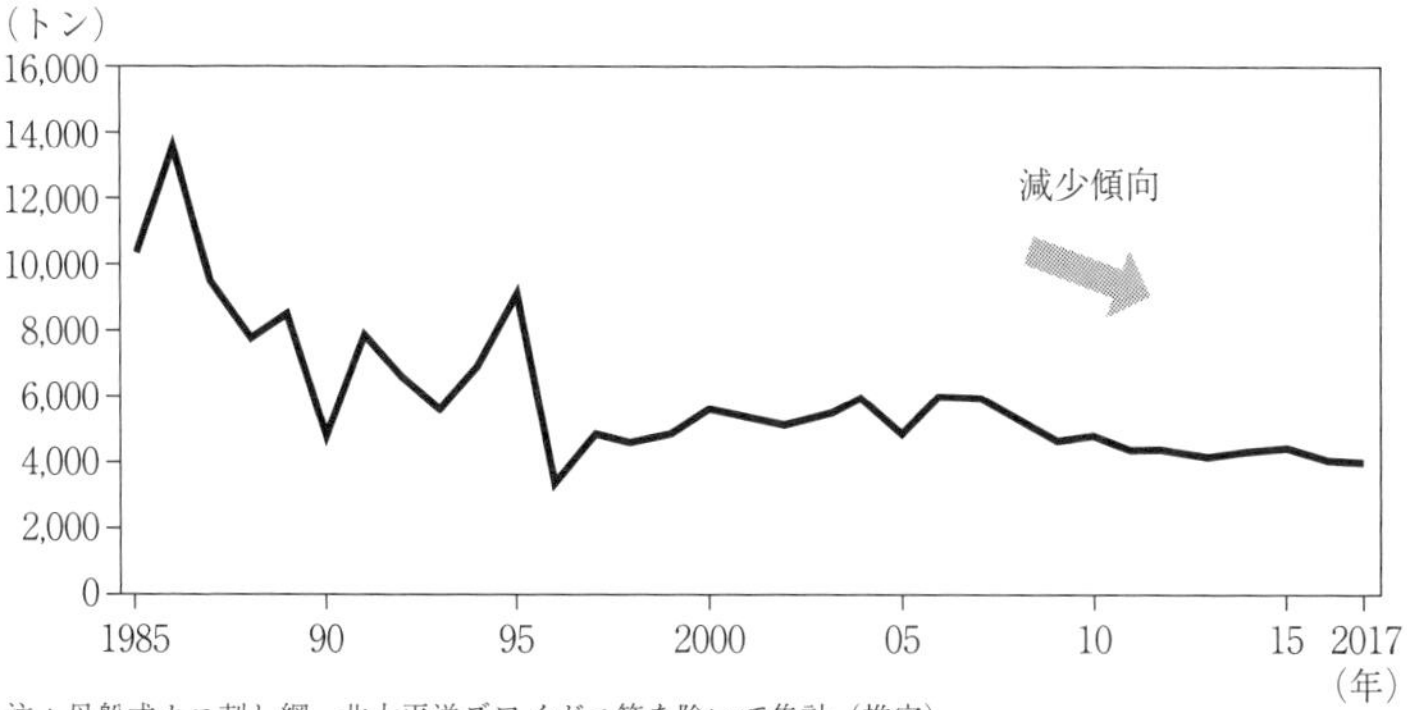

注：母船式カニ刺し網、北太平洋ズワイガニ等を除いて集計（推定）。
出所：農水省の統計より作成

いくメスの漁獲は禁止されている。ちなみに、アメリカ、カナダ、ロシアも同様に禁止している。

ところが日本では、日本海で漁獲が行われているが、資源を維持・増加させるために必要なメスも捕獲してしまっている。年間の漁獲量は4000トン（2017年）。過去10年の漁獲枠（平均5972トン）に対する実際の漁獲量は平均4500トンと、規定枠以下の獲れ高である。メスのカニは「セコガニ」と呼ばれる。漁期が始まると、産卵のために群れているメスも狙いに行く。それらのメスに卵を産ませ続ければ、資源動向が好転していくというのは想像に難くないはずなのだが。また、脱皮したての価値が低いミズガニ[5]と呼ばれる身の柔らかいカニも獲ってしまう。

日本でも、ズワイガニにTACが設定されている。しかしながらTACは実際の漁獲量より、他のTAC魚種同様に常に大きい。このため、メスガニでも、脱皮直後のカニでも多く獲った者勝ちになってしまいがちだ。一方で、ノルウェー（北米、ロシアも同様）のように、個別割当制度を適用すると、ガラッと状況が変わる。漁業者は、漁獲量が決まっているので、価値が低いメスのズワイガニは放流、同じく価格が安いミズガニの時期には漁獲をしなくなる。そして、資源は徐々に増加していくことになる。

同じ日本海で京都のズワイガニ漁業は、アジア初と言われたMSC認証を持っていた。しかしながら、5年後の再審査で更新ができず今では認証を持っていない。たとえ国のTACに従い、京都府が努力していても、周りの県も含めた資源管理で調査されると厳しい評価が下ってしまう。逆のケースとなるが、鹿を駆除する際に、大きなオスばかりを駆除した結果、メスは子供を生み続け数が減らなかったという理屈と同じだ。ズワイガニ資源管理の場合も、オスだけを漁獲し続ければ、資源は維持・増加が見込まれる。世界的にカニの需要も増えており、確実に買い負けが進んでいく。

資源が十分でかつ増加傾向であるのであれば別だが、メスやミズガニの漁獲が、資源にどのような悪影響を及ぼしているかを真剣に研究し、ズワイガニの資源を増加させることを考えるべきであろう。(6) 2018年の3年後に資源量が半分になると予想されているだけに、対策が不可欠だ。

バレンツ海にみるロシアとノルウェーの協調

ノルウェーとロシアの国境が接している北部にバレンツ海という漁場がある。マダラの世界最大の漁場であり、シシャモ(カラフトシシャモ)、アカウオ、カラスガレイなどが漁獲されている。

両国による資源管理はうまくいっており、海上投棄も禁止され、それぞれの資源の持続性が保たれている。代表魚種の一つであるシシャモは2016年禁漁になったが、両国からなぜ禁漁にするのかといったような議論は聞こえてこなかった。そして2年後の2018年には資源が回復し、12万2500トンの漁獲枠で漁獲が再開した。これまでも資源の十分な回復を待って再び解禁ということを繰り返している。(7) 資源管理のあたかも水揚げが回復した成功例のように誤解されて伝わってしまっているものの、実際には水揚げの低迷が止まらない秋田のハタハタの資源管理での失敗のように、獲れなくなり、手遅れになって禁漁というような真似はしない。

漁獲枠については、それぞれの国の需要状況に応じてシシャモであれば6対4、その分他の魚種の比率を増減する等で話し合って決められている。国同士で争えば、資源に悪影響を与えるだけでなく、販売に大きな影響力を持つ水産エコラベルの認証にも影響するので、資源に悪影響を与えるような漁業は行わないのだ。

2014年に起きたロシアのクリミア侵攻以降、ロシアは欧米等からの水産物の輸入を禁じている。このため、国内の水産物の供給が減少し、自国の漁獲量を増やしたい環境にある。しかしながら、たとえノルウェーからの水産物の輸入を禁じても、同国とのバレンツ海の資源管理の協力は続いている。

日本海、東シナ海そして太平洋、日本の沿岸国との資源管理における協調は、バレンツ海のケース同様に、魚の資源の持続性という点では利害が一致しているからできるはずである。

スケトウダラ資源激減は韓国のせいなのか

スケトウダラ資源の減少が深刻になっている日本海北部系群(8)の例をみてみよう。自国の乱獲を他国

図2－4　日本海北部系群のスケトウダラ漁獲量の推移

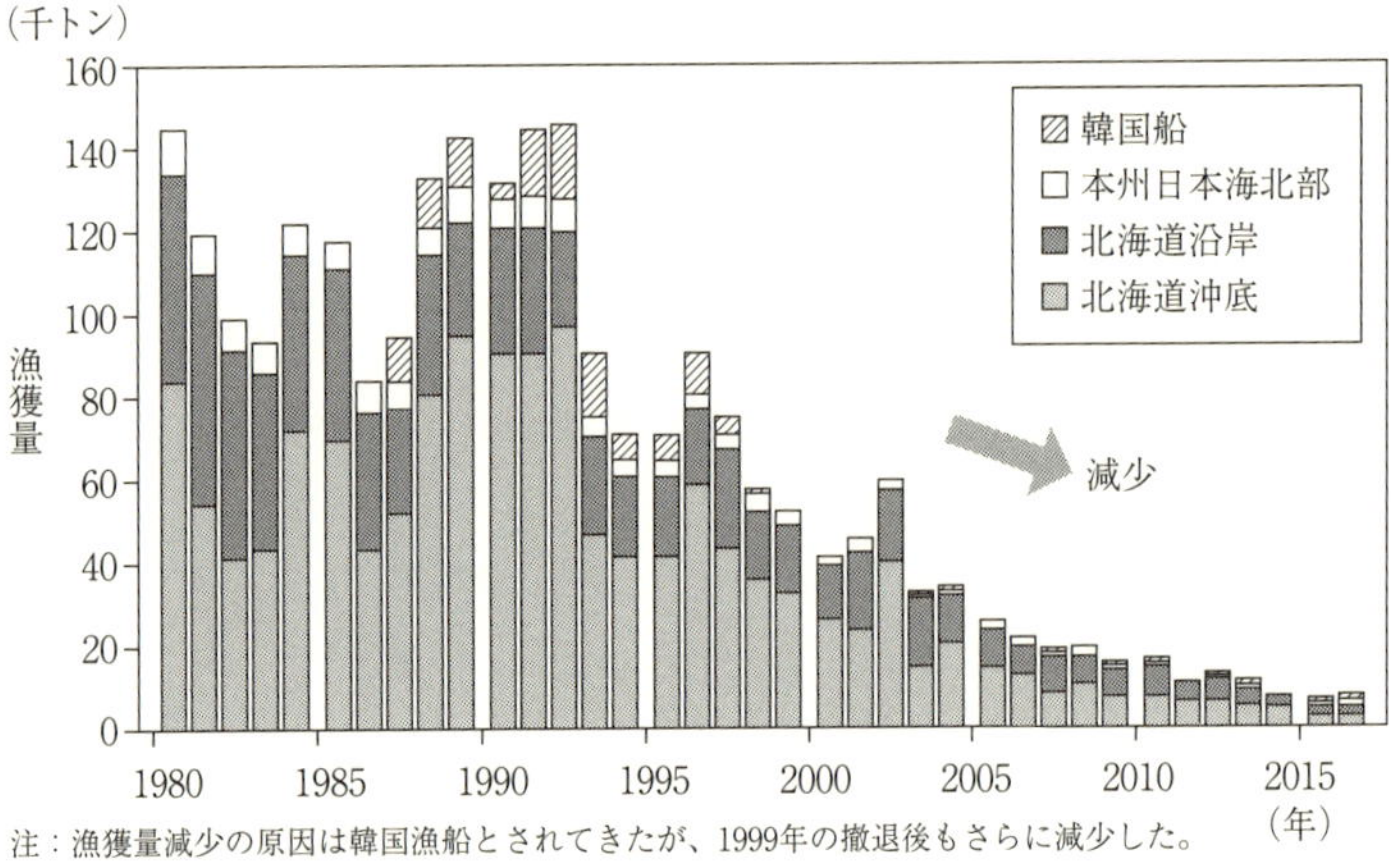

注：漁獲量減少の原因は韓国漁船とされてきたが、1999年の撤退後もさらに減少した。
出所：水産研究・教育機構

のせいにしても何も解決しないことがわかる。図2－4はその漁獲量推移だ。1977年の200海里設定後も、韓国漁船は北海道沖で操業を行うことができた。このため、漁獲量の減少は、主に「韓国船の漁獲圧が非常に大きいのが原因」とされていた。たしかに韓国漁船は漁獲をしていたので、多少の影響はあるだろう。しかし、図を見てわかる通り、斜線部の韓国船の漁獲量は、もともと日本船の漁獲量と比較してかなり小さい。さらに1999年に韓国船は完全撤退した。しかしその後も好転するどころか、漁獲はさらに悪化して最悪の状況となって現在に至る。

1996年に日本水産資源保護協会は「底曳き（船）による乱獲の兆候はない」としている。しかし、同年にTACができたものの、最初から形骸化しており、実際の漁獲量より多いTACが設定され続け、かつアメリカで禁止されているABC（生物学的漁獲許容量）より大きなTAC設定の常態化が

図２－５　北大西洋（東カナダ沖）のマダラ漁獲推移

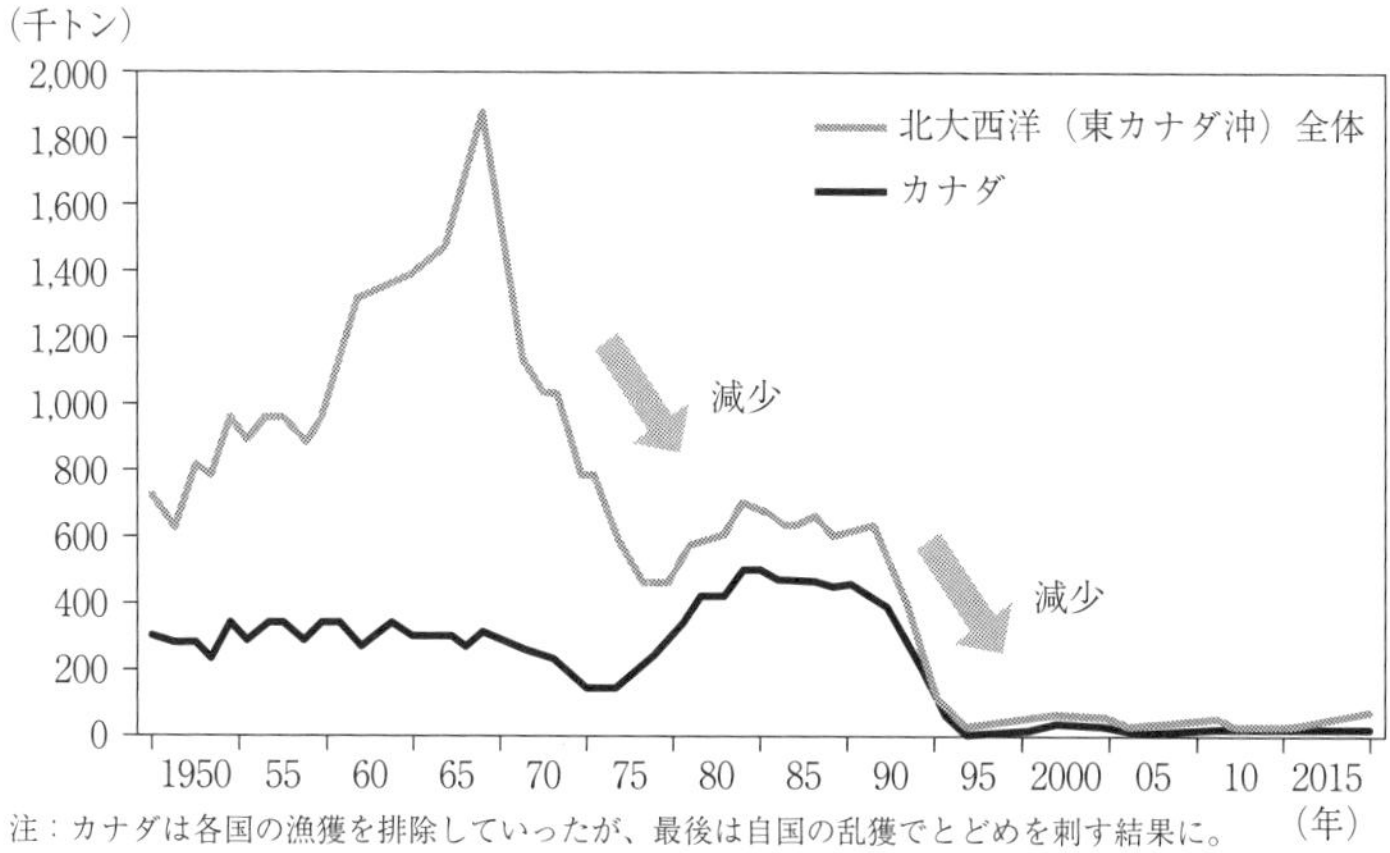

注：カナダは各国の漁獲を排除していったが、最後は自国の乱獲でとどめを刺す結果に。
出所：FAO データより作成

続いた。

以上から、現在の資源量は「低位のまま」だ。スケトウダラが減ってしまったのは、韓国船が主因でなかったことがわかる。皮肉にもアメリカ、ロシアとスケトウダラの資源管理に成功している国の資源は潤沢だ。対照的にわが国は、自国のスケトウダラがいなくなった分を、すり身やタラコとしてこれらの国からの輸入で補う状況が続く。

失業による社会的影響が大きかった東カナダでのマダラ禁漁とカナダの漁業

マダラの乱獲によりカナダ政府は、１９９２年に４００年続いたマダラ漁を禁漁とした。このため４万人といわれる多くの失業者を出した。そこで食品・家庭用食品メーカーのユニリーバが、ＷＷＦ（世界自然保護基金）と１９９７年に立ち上げたのが、水産エコラベル「ＭＳＣマーク」である。(9)

図２－５を見てわかる通り、１９６０年代には１

50万トン（ピーク時には190万トン近く）を超えていた漁獲量は77年までに約3分の1にまで激減。その後77年以降に減少は一時終息するが、1992年から実質的に禁漁となり、それ以降から2016年以前の過去10年間では平均2万トン弱の漁獲となっている。

注目すべきことは、200海里漁業専管水域の制定で外国船を排除したものの、その後カナダ自身が資源を崩壊させてしまったことがグラフから読み取れる。1950～77年にかけて、全体の漁獲に占めるカナダ漁船の比率は平均28％であった。63年に「カナダ東海岸に過去5ヶ年で外国漁船が急増し、漁業資源を減少させている」と首相が演説している。当時はわずか3海里の外側は「公海」となっていたため、外国漁船の遠洋漁業が世界各国で問題になっていた。

1977年、外国船の200海里外への排除が可能になった。カナダ漁船の77年から禁漁となる92年までのシェアは70％と、2・5倍となった。にもかかわらず、77年からわずか15年ほどで、カナダ船による乱獲でマダラは激減し、禁漁は現在に至る。前項で述べた、スケトウダラの日本海北部系群の激減の原因を韓国漁船とし、その後同国の漁船を排除した後に資源を大きく減らしてしまったケースと酷似している。

東カナダのマダラも、スケトウダラの日本海系群も、資源の減少を外国船の影響に押しつけてしまった。このため、本来自国で管理を行えば、それまで減少した資源を回復できる絶好の機会だったが、それをやらなかった。そして自国そして外国船の影響で主に減っていた資源に自国で止めを刺してしまうことになってしまったのである。

イギリスでクロマグロを見つけても獲れない理由

２０１５年、イギリス南西部の沖合に数百尾の大型クロマグロの大群が出現して話題になった。筆者もイギリスの漁業関係者から1尾３００kg位の大型のクロマグロの群れを見かけた話を聞いた。獲れば大金になると想像してしまうが、地元の漁業者の反応はそうではない。ＥＵの漁業規則では、ギリシャ、フランス、スペインを含む7カ国だけがマグロの水揚げを許可されており、イギリスの漁船はクロマグロについては、漁獲枠がないために獲れないのだ。偶然に獲ってしまっても海に戻さねばならない。それができずに水揚げしても販売してはいけない。

イギリスでクロマグロが見られるようになった理由としては、資源推移をみると地中海に産卵に来るクロマグロの資源管理を２０１０年から強化した結果である可能性が高い。しかし自国に泳いできても、漁業者のものにはならないのである。サバ狙いだったが、クロマグロがたまたま獲れてよかったというのは許されない。ちなみに、ノルウェーでもクロマグロが増えており、大型巻き網漁船は、エサとしてサバやニシンを追っているクロマグロを避けながら漁をしている。アイルランドでも、資源の回復に伴い、１００kg以上のクロマグロが沿岸に回遊するようになっている。それを狙ってレジャー目的で遊漁船が釣りをしているが、釣った魚は放流している。イギリス同様、アイルランドには漁獲枠がないからだ。

だが、釣ってそれを販売したり、食用にしたりできなくても「レジャー」や「観光スポット」というかたちで集客することで、新たな産業が生まれ、人が集まってくる。漁業先進国では、混獲に対す

図2−6　北欧アジ資源量（産卵親魚）の推移

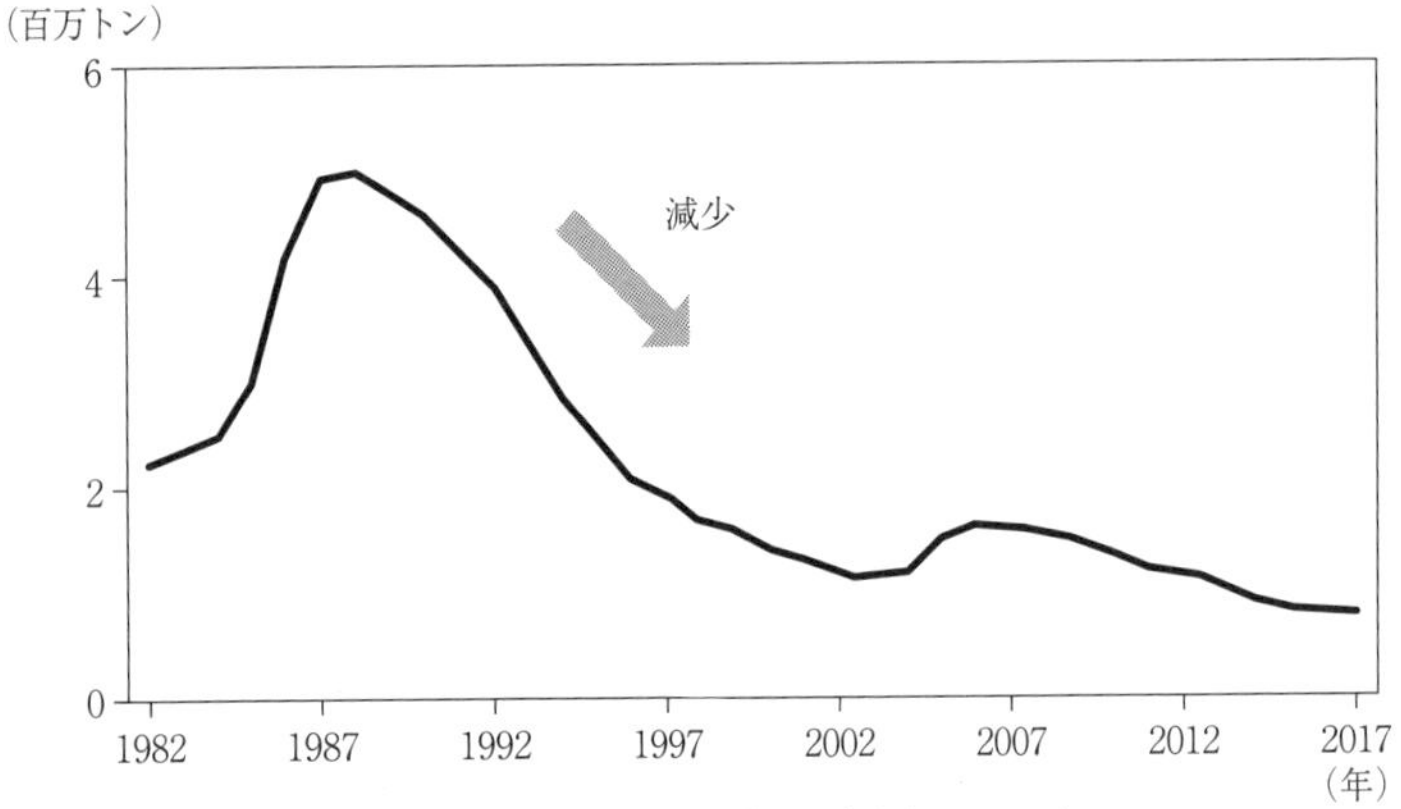

注：北欧のアジに関しては漁獲枠が大きすぎて、資源管理がうまくいっていない。
出所：ICES

る規制が非常に厳しく、漁獲枠がなければ獲れない。欧州でのこの例は、日本の魚を守る例として適用できる。外国が日本のＥＥＺの外側で獲っているサバやサンマ等に、国と魚種ごとに厳格なＴＡＣと混獲に対する規制を率先して設けることが必要だ。

北欧でのアジの資源管理の顚末

実は、ノルウェーを含めた北欧での資源管理がすべてうまくいっているわけではない。北欧でのアジの資源量は減少している（図２－６）。アジの資源管理に関しては、事情が異なるのだ。

ＥＵは、ノルウェーが漁獲枠を設定する前からアジに漁獲枠を設定していた。しかし、同じアジが、ノルウェーとＥＵの両方の海域を回遊しているわけで、ノルウェーが漁獲するアジは主にＥＵ海域を回遊しているものが10～11月頃にかけてノルウェー海域に回遊してくるのだ。ノルウェーがアジに10万トンもの漁獲枠を突然設定したのは２００９年（同年の漁獲は7万トン)。この年は、サバの回遊パターンが変わり、ノルウェー漁船のＥＵ海域でのサバ漁獲に対し、ＥＵがノルウェーのサバ漁を漁期の途中で認めないと言い出したのだ。

結果として、この年は唯一ノルウェー船がサバの漁獲枠を取り残した年となる。その後ノルウェーはアジに漁獲枠を設定、枠はノルウェーらしくなく、毎年実際の漁獲量を上回る量となっている。このためアジに関しては漁獲枠が機能していない。漁獲枠が大きいため、漁獲能力が高い最新鋭の大型巻き網船が、アジを見つけたら根こそぎ獲ってしまう。これでは資源回復は見込めない。ＥＵとしては、自分たちがＴＡＣを設定している資源に、ノルウェーに独自で枠を設定されたというかたちになっている。それぞれの国に理由はあるが、資源の獲り合いで起ることは資源の減少で、世界のどの海域でも同じ。勝者はおらず、共倒れとなる共有地の悲劇が起こる。

ＥＳＧ投資による解決法

水産資源をサステナブルにしていくためには、経済的な問題を解決せねばならない。漁業先進国は、補助金に頼らないどころか、税金を納める漁業になっている。一方でＴＰＰでの交渉の際に明らかだったように、漁業に関する補助金を撤廃しようという声がアメリカやオーストラリアなどから挙がったのと対照的に、日本は撤廃に反対している。30年ほど前のケースだが、ノルウェーでは、１９６０〜１９７０年頃に起こってしまった乱獲を反省し、補助金を使って減船し、ニシンの資源を復活させている。期間を区切った資源管理のための資金は必要だ。資源の持続性に関係がない補助金は、慢性的なものになりやすく、解決の糸口にはならない。

資金面の問題を解決するための有効な手段として考えられるのがESG投資だ。[10] 世界のESG投資の運用額は2500兆円と言われ、その金額は伸び続けている。2016年における欧州では全投資に占める割合が5割となっている一方で、日本は約3％と、潜在的な余地が大きい。たとえばGPIF（年金積立金管理運用独立行政法人）が、国内株の3％程度にあたる約1兆円の運用を2017年に開始し、これを3〜5年かけて3兆円に増やしていく計画だ。このため株式市場でもその存在感が高まってきている。資源管理の問題は、経済的な問題そのものという面がある。ESG投資はその問題を解決し得る手段にもなる。

現状では、多くの漁業者が経済的に苦しいから、余計に大きくなる前の小さな魚まで獲ってしまい、悪循環に陥っている。これを、小さな魚や産卵期の漁獲を我慢してもらう期間、その分の水揚げ金額の減少分をESG投資で補い、魚の資源が回復したら配当などのかたちでリターンすれば、これほど投資効果が高い投資もないだろう。日本の水揚げ高は1・6兆円（2016年）で、そのごく一部に投資するだけでも効果は大きい。そして国からも同じように金額面で、資源が回復したら戻すという条件付きで参入し、厳しく管理しながら資源の回復により大きなリターンを得る仕組みづくりは、日本の各地でモデルケースをつくることに役立てることができる。本来のESG投資の環境面での貢献も大きくできるポテンシャルも高い。

また、販売にあたっては流通業の協力が不可欠であるが、流通業としてもこのような取り組みを応援することで自社の社会的評価が向上する。宮城県のヒラメの漁獲量が震災前の344トンから2015年には1644トンと大幅に伸びており、資源量自体も急激に回復していることからも、東日本

図２−７　バレンツ海のマダラ資源の推移

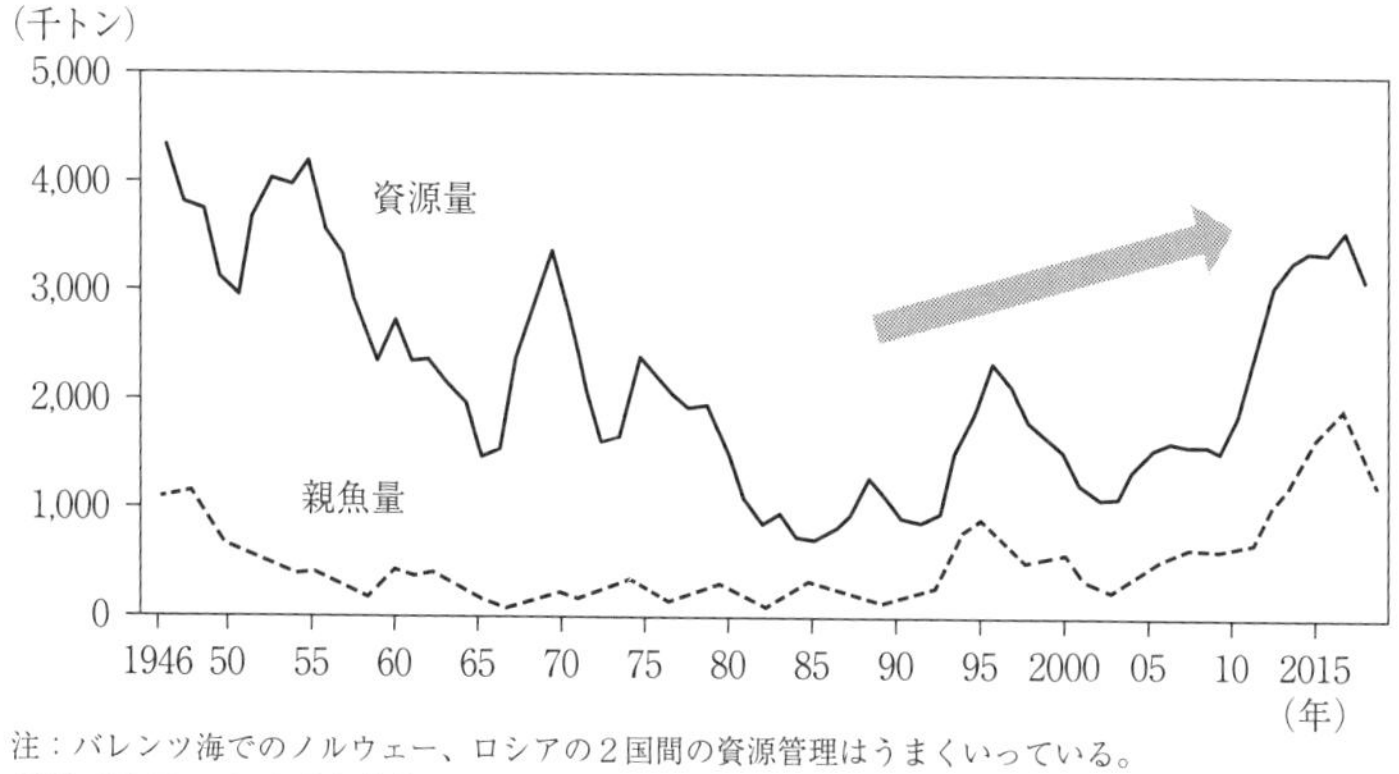

注：バレンツ海でのノルウェー、ロシアの２国間の資源管理はうまくいっている。
出所：ICESのデータより作成

大震災により、漁業が制限された結果回復していることを如実に示している。一方で、このままで漁獲枠も個別割当制度もなく漁が続けられれば、カレイを少し大きくしたような小さなヒラメの水揚げが増え、再び資源が減少に転じてしまう。

マダラ資源を救った漁業大臣

ノルウェー・ロシア（バレンツ海）のマダラ資源量は過去最高レベルを維持しており、漁獲枠は高水準、水揚げ金額も上昇を続けている（図２−７）。２０１７年41万トン、水揚金額９１０億円だ。日本は２０１６年で４万４０００トン、水揚金額１４５億円。ＥＵのマダラ資源は、資源管理政策の強化でようやく回復してきているが、両国の政策には「海上投棄」に関して、大きな政策のちがいがあった。ＥＵでは２０１９年までに海上投棄を禁止することが決定しており、それに向かって動き出している。しかし、これまでは小型のマダラをはじめとして底魚を棄てることが認められていた。大きくなる前に獲れてしまった小型のマダラ等を棄ててしまえば、資源環境は悪化する。

ノルウェーでは、1987年当時のビヤルネ漁業大臣がリーダーシップを発揮し、専門家から「マダラの海上投棄の禁止は不可能」と言われたにもかかわらずこれを断行。その後、対象魚種が増え続け、現在の全面投棄禁止に至る。83年に生まれたマダラの資源量は多く、86年になると法的に漁獲してよいサイズに達した。そこでそれまで小型だったために禁漁区となっていた海域が、マダラの成長とともに解放された。漁業者たちは、法的に問題がなかったので、価格が高い大きめのマダラを選別して漁獲枠の消化に使い、小型のマダラを棄てていた。

当時1984年以降に生まれていたマダラの資源量が乏しいことがわかっており、83年生まれの貴重な資源を、小さなマダラを棄てながら漁をすれば、将来の資源は確実に悪化することがわかっていた。小型魚の投棄が経済的にもモラル的にも悪いことは、漁業大臣も専門家も漁業者も認識していた。しかし法的に問題がなく、投棄を止められない。そこで大臣は「たとえ施行するのが難しいとしても、小型のマダラの投棄が合法であってはならない。議論はやめて海上投棄を禁止！」とマダラとハドック（モンツキダラ）の海上投棄を禁止。漁業者は、小型が獲れる漁場を避けて漁をしたと言われる。漁業大臣の英断が今日のノルウェーのマダラ漁業を救ったのだ。

ノルウェーには、当局に対してアドバイスを行うノルウェー海洋調査研究所（ＩＭＲ）がある。スタッフは750人。活動費の約半分を、貿易、産業、漁業省が拠出している。

ノルウェー青魚漁業協同組合のトルグネス氏は、ノルウェー大使館でのセミナーで、「この研究所が自立した独立機関であるということを強調したい」と言っている。そして「当局に助言することにあたり、当局が好むような助言をするために、資金を提供されているわけではない」と主張した。日本に必要なのは、しがらみがなく、資源管理のためにセカンドオピニオンを言える組織だ。現在の水産研究・教育機構は、水産庁との人的な交流もあり、親子もしくは下請け関係のようになっていて独自の研究や意見が言いにくいかたちになっているという声が聞かれる。研究者が海外の成功例を積極的に学び、正しいと思うことを自由に言える雰囲気と、プラットフォームの役割をする機関が不可欠だろう。

また、欧州ではＩＣＥＳ（国際海洋探査委員会）のように、アイスランド、ノルウェー、ＥＵ等と沿岸国が共同で資源調査を行って、魚種ごとの資源状態を発表し、政治色のない漁獲枠を決める根拠となる数字を出す機関がある。関係各国は、広範囲にわたる科学的調査を毎年協力し合いながら実施している。

日本近海においても、中国、韓国、台湾といった国々と、科学者による共同調査が不可欠だ。客観的で科学的な資源データがないと、資源量が減っていても、魚はたくさんいるので獲りたいという言い合いに陥りやすい。日本の資源をサステナブルにしていくためには、ノルウェーのＩＭＲや、欧州のＩＣＥＳに相当する機関が不可欠である。そうすれば、漁獲量に対して大きすぎて資源管理上適切と言えないＴＡＣが出てくるようなことはなくなる。

2　世界の資源管理の趨勢から離れてしまった日本の手法

水産資源を保護するにはどのような方法があるのか

日本が後れを取ってしまっている水産資源管理は、世界では、確実に進んでいる。２０１５年に国連総会で採択されたＳＤＧｓ[11]（持続可能な開発目標）の中のターゲット（14・4）に「２０２０年までに水産資源をＭＳＹ（最大持続生産量）のレベルに回復させるため、漁獲を効率的に規制し、過剰漁獲、ＩＵＵ漁業及び破壊的な漁業を終了し、科学的な管理方法を実施する」とある。

また１９９６年に批准した海の憲法である国連海洋法に資源管理に関する法律が載っているので、ポイントを要約してみる（国連海洋法第61条・要約）。（１）沿岸国は、自国の排他的経済水域における生物資源の漁獲可能量（ＴＡＣ[12]）を決定する。（２）沿岸国は、自国が入手することができる最良の科学的証拠を考慮して、排他的経済水域における生物資源の維持が過度の開発によって脅かされないよう保存・管理措置をとる。その措置は、ＭＳＹ（最大持続生産量）の実現とその資源の維持回復ができるものとする。ただし、沿岸漁業社会の経済的ニーズの特別な要請も勘案する。

国連海洋法においても、国内の水産基本法においても、最大持続生産量を実現して、「資源の維持管理の策」を講じるようにとある一方で、水産基本法において「施策が漁業経営に著しい影響を及ぼす場合に緩和する施策を講じる」とあることで、資源状態が良くない場合であっても、経営のために獲り続けてしまい、その結果、魚がさらに獲れなくなって苦しくなっていく悪循環を起こしやすいと考えられる。一方で、漁業先進国は、かなり控えめな漁獲枠を設定しており、資源状態が悪くなると禁漁や大幅な漁獲制限を行って資源の回復を待ち、結果的に同じ魚種での持続的な漁業が再開している。同じ、国連海洋法を批准していても、その運用の仕方が大きく異なり、衰退へと突き進んでしまうこともある。

資源管理における出口規制と入口規制とは何か

世界と日本がずれてしまっている主要な原因の一つに、管理方法に対する考え方のちがいがある。漁業先進国は、アウトプットコントロール（出口規制）に重点を置いている。インプットコントロール（入口規制）も、もちろん重要だが、海外の成功事例からすれば、あくまでも補完的な役割で、肝心なのはアウトプットコントロールである。どれだけの産卵する魚を残せば、資源が持続的になるのかがポイントとなる。インプットコントロールで漁期、禁漁区、網目、船の大きさや漁具を規制及び管理を設定することは重要だが、それらを規制した後は「自由競争で腕次第！」では、何年やっても資源の回復は見込めない。

海外で行われている方法はどのようなものか

漁業先進国で共通している資源管理の手法は、科学的根拠に基づいて漁獲枠（ＴＡＣ）を設定し、それを漁業者や漁船等へ割り振る個別割当方式という手法が取られているケースが大半であることは、前述の通りである。一方でアメリカのニシン漁のように、期間や漁法等を決め、あとは獲ったもの勝ちであるオリンピック方式というやり方も存在する。

日本の漁業のやり方はオリンピック方式と表現される場合があるが、これはアメリカのニシン漁のような本物のオリンピック方式とはかなり異なるものだ。なぜならアメリカの場合は漁獲枠と漁獲量がほぼイコールで推移するからである。一方、日本の場合は、漁獲量より漁獲枠（TAC）が多いことが慢性化しており、かつ途中で枠が増えることがよくある。これは単なる「早獲り競争」にすぎない。

漁業先進国では、TACは科学者が魚種ごとに資源量を算出し、科学的根拠に基づき決定されていく。漁業者は魚を獲ることが仕事なので、予想よりも少ない漁獲枠に対しては、再調査を要求するケースもある。

獲る・もしくは獲れる魚の大きさがちがう理由

漁業先進国に比較して日本の魚の減少が止まらない原因の一つに、小型魚の乱獲がある。スルメイカ（1年魚）、サンマ（2年魚）のように、大きくなるまで数年待っても、それまでに寿命がきてしまう魚がいる。一方で、サバ、クロマグロ、スケトウダラ、マアジ等、寿命が3年以上で、かつ完全に成熟するまでに3年以上かかる魚は少なくない。成熟する前の小型の魚を獲ってしまえば、産卵する資源（産卵親魚量）は増えないどころか、減少していくのは自明だ。

漁業先進国では、産卵親魚をどれだけ残すか科学的に検討しながら漁獲枠を決めていく。しかしながら、日本の場合は、その産卵親魚量と、産まれて孵化していく魚の加入量は、環境の影響にもよるので、必ずしも関連はないと言われている。このような初期の段階で、資源管理の基礎的な考え方がずれてしまっていると考えられる。たとえばマサバの場合、日本ではローソク、ジャミ、豆と呼ばれる０－２歳の食用にならない価値が低い未成魚が漁獲されてしまう。大西洋では、３歳未満のサバは、食用を除き、実質的に漁獲されない。後述するが、漁船・漁業者ごとに、漁獲量が決まっているために、価値が低い魚は、避けて獲っている。いったん巻き網船で巻いてしまっても、網の中の魚が小さければ、逃がして別の群れを獲りに行くのである。獲ってよい魚の量が決まっているため、できるだけ大きい魚を旬の時期に獲ろうとするので、小さな魚でも見つけたら獲ってしまう日本の漁業とはまったく異なっている。

日本の沖合を泳いでいるマサバと、ノルウェーやEUの沖合を泳いでいるサバは、年齢層が異なっている。これは偶然ではなく必然のことだ。太平洋側では、２０１１年の東北大震災の影響で春から夏にかけての産卵期に放射性物質の影響で、産卵する直前に毎年漁獲されてしまっていたマサバが漁獲されずに、産卵することができた。マサバは2歳になると約半分が成熟する。２０１１年に生まれたマサバは、13年に成熟したマサバが大量に産卵し、その年に生まれたマサバが卓越級群として大量に生き残った。そして17年の秋から18年の年明けにかけて鮮魚や加工に向く原料として水揚げされた。一方で、日本海や東シナ海で漁獲されるマサバは、引き続き、小型であっても容赦なく獲られているため、ローソク（マサバの未成魚）が、成長する前に獲り続けられている。クロマグロでも、30kg未満の未成魚の漁獲比率が尾数で98％となっている。

他方、大西洋では30kg未満の漁獲を原則禁止している。その結果、大西洋では必然的に5歳以上で100％が成熟している90kgをはるかに超える大型のクロマグロが漁獲される。このように、漁獲される魚の大きさとその経済的価値は、漁獲制度により変わるケースが多い。

自主管理とアウトプット管理を重視しない政策による結果

漁業先進国の漁業を見ていると「自主管理」だけで管理をしていて、日本に輸出されている天然魚種を見つけることは難しい。漁獲シーズン開始を何日と定めているケースはある。しかしながら、漁獲量は科学的根拠に基づきアウトプットコントロール（TAC）で管理されている。一方の「自主管理」の特徴は、漁期（インプットコントロール）や漁具（テクニカルコントロール）等のルールを決めた後は腕次第となる。このため、過剰漁獲が避けられない。共有資源《コモンズ》の悲劇⒀も起こるので、とにかくたくさん獲ることに焦点が当てられてしまう。その結果、誰も悪くないのに魚が減っていくという現象が発生してしまう。

昔は大きな魚が獲れたのにと嘆き、毎年減っていく漁獲量の中から、少しでも大きめの魚は食用向け、残りは食用にならないので、エサにしたり廃棄したりしてしまう。大きくなる前の魚を「自主管理」により抑えきれずに獲ってしまうので「獲れない、安い、売れない」という現象が起き、一向に改善するどころか悪化が続く。あまりにも悪くなると、少しでも前年よりも水揚げが多いと、豊漁などと言って喜ぶが、数年後すぐにさらに悪化していく。近年では、北海道のホッケや秋田のハタハタなどがその典型的な例だ。資源や漁獲が減った主因を、環境の変化や外国に責任転嫁するケースが多い。その結果、年々魚が減り、かつて水揚げで潤ってきた地方の衰退が止まらない。

科学的根拠に基づくＴＡＣ・個別割当制度の重要性――ニシンから学ぶ

ニシンは北海道、東北、北陸が主な消費地で、中部以西は、一部ニシンそばの需要を除き、あまり食べる機会がない魚かもしれない。流通しているニシンは、ノルウェーやロシア産を中心とする輸入物がほとんどだ。ニシンの卵である数の子はアメリカ、カナダが主な産地。

ニシンの欧州やロシアでの需要は多く、マリネやスモークにして食べられる魚である。また、近年ではナイジェリアのようなアフリカの国が大量に輸入を始めている。北米の数の子を取り出した残りの身の部分を身欠きニシンと言う。栄養分が数の子にとられているため、身に脂がない。このためサケやマグロ等も同じだが、産卵時期の魚の身の部分の味は落ちてしまう。

ニシンが北海道で、かつてたくさん獲れていたことを、ご存知の方もおられるかと思う。まずは、かつて50～１００万トン近く獲れていたニシンが、現在ではその１００分の1程度しか獲れなくなってしまい、回復も難しい理由について説明する。

ニシンも、クロマグロ、マダラ、サバ等と同様に太平洋と大西洋で結果が分かれている。大きく異なるのは、資源の管理方法と現在の資源状態である。大西洋のニシンも、かつて資源が激減した。しかし、その原因を乱獲と捉えて、減船、漁獲制限等の対策を、補助金を使いながら手を打った。たとえばノルウェーのニシン資源（ノルウェー沿岸で春に産卵するタイプ。欧州のニシン資源の中で最も多い）は、１９６０年代の乱獲で資源が減ってしまったことを反省し、補助金を使って減船を実施、

図２－８　北海道でのニシン水揚量推移

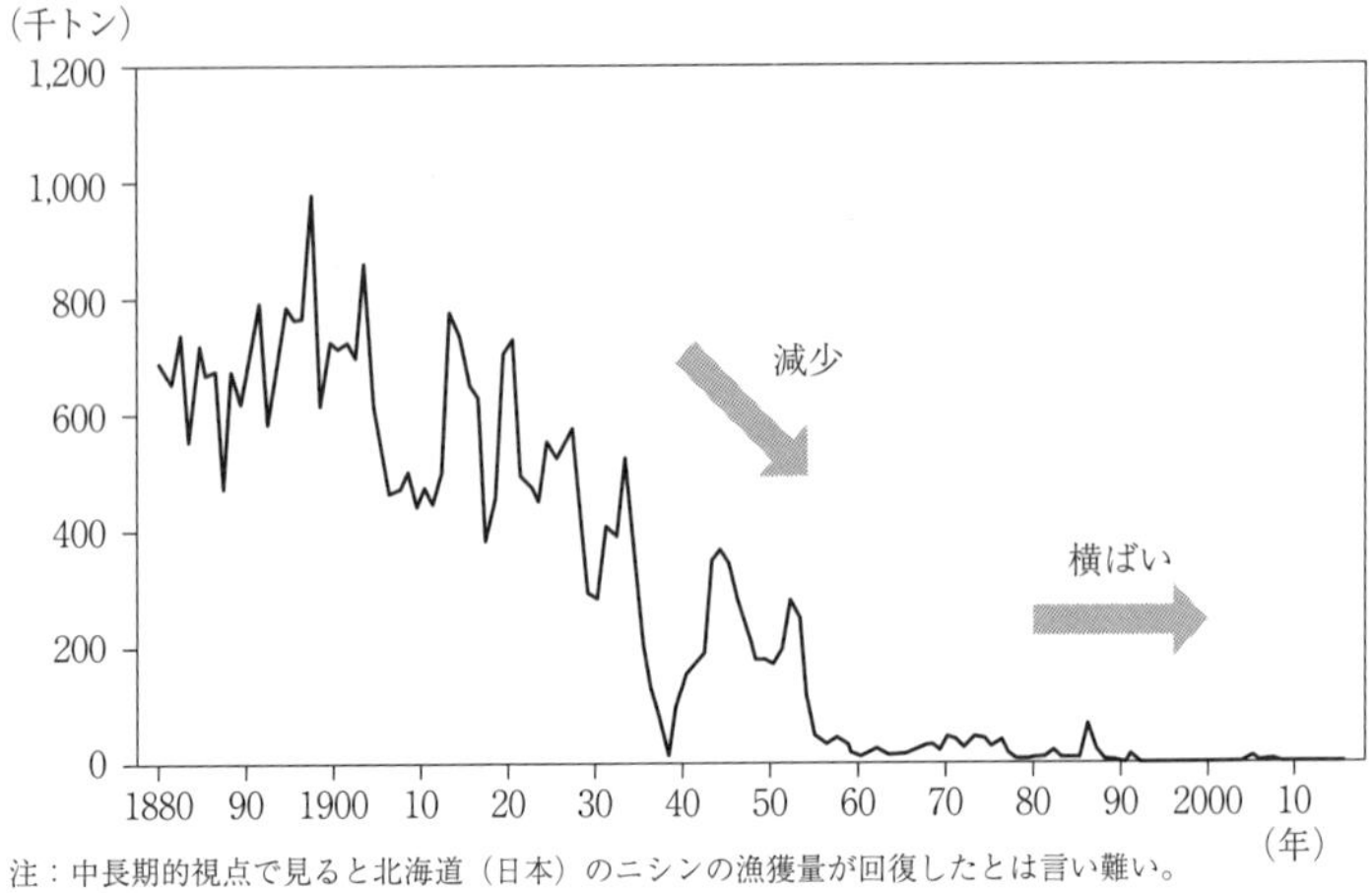

注：中長期的視点で見ると北海道（日本）のニシンの漁獲量が回復したとは言い難い。
出所：北海道立総合研究機構中央水産試験場

約20年間水揚げを大幅に制限して水揚げを回復させた。

ノルウェーでは、１９６９年に北海油田が見つかり、同時期に減船しても漁業者の受け皿があったといわれることがある。しかし、アイスランド、デンマークなどは、北海油田の恩恵はほとんどないが、漁業はうまくいっており、水産資源は安定している。今では資源管理回復に成功し、ニシンは欧州での主要魚種となっている。

日本では今でも、生き残って産卵に来ているわずかなニシンを獲り続け、極めて少ないその漁獲量に対して、今年は前年に対して多い少ないと一喜一憂している。図２－８を見れば、これが、いかに意味がない比較かわかる。ここ10年の平均では５０００トンしかないが、２０１６年になって８０００トンになり、資源評価が低位から中位に上がっている。しかし、これを中位と言ってよいのだろうか。50万トンに比べ５０００トンは百分の一。それが1万トンと倍になっても五〇分の一になっただけだ。ニシンは多獲性魚種であり、500トン、1万トンといった数量は、ノルウェーを例に取れば、ともにわずか1日の漁獲量にすぎない。

日本のニシンのケースのように獲りすぎて資源を壊してしまえば、低迷を続ける漁獲に悩まされ続けるだけ。ニシンがたくさん獲れていた1950年代より以前に、どれだけの獲りすぎてしまったニシンを肥料等で処理してしまい、産卵の機会も持続性も奪ってしまったことだろうか。地方経済への悪影響は計り知れない実に残念な話だ。

北海道の沿岸春ニシンは、1954年以降に激減し、幻の魚となっている。ニシンが、産卵で沿岸に寄って来て刺し網や定置網で漁獲する前に、底曳き漁船により沖合で漁獲されているという不満が爆発したことが記録に残っている。1950年に底曳き漁船によって、沖合でニシンが水揚げされた。水産庁は1953年に2月から5月末までの措置として、ニシン専獲禁止の大臣通達を出した。沿岸漁業者側は、底曳きのニシンの漁獲禁止運動を展開し、2月から5月末までの措置として、ニシンを目的として漁獲してはならないという、大臣通達が出された。

しかしながら、数量をよく見ると、底曳きでの漁獲は1951年でわずか78トンであった。漁船が急増して増えたという1953年の数量も7800トンにすぎない。北海道でのニシンは、それまで何十年も50万トン前後も漁獲してきた。冷静に見ると、もともとは沿岸で獲りすぎてきたことが資源に悪影響を与えてきたことがわかる。そして資源が激減していたところに、底曳き漁船が偶然に漁獲を始め、決定的な悪影響を与えてしまったと考えられる。

当時の研究者の見解は「沿岸春ニシンの減少は、対馬暖流の張り出しによる水温の上昇」とする見解であった。サンマ、スルメイカなどの資源減少で日本の漁船も獲りすぎているのに、中国等（ここでいう底曳き漁業）や水温の上昇等のせいにしている現在と何も変わらない。

ニシンに漁獲枠すらない日本の異常性

ニシン漁が盛んだった北海道の余市は、リンゴの産地でもある。リンゴは持続的に収穫することができる。その年の気候によって出来高が変わったり、自然災害で一時的に収穫に悪影響が及ぼされたりすることもあるかもしれない。しかし、毎年収穫はできる。それは農家が、リンゴの収穫が減ったからといって、小さい実を根こそぎ取ったり、木そのものを切って売ってしまったりすることがないからだ。もしそんなことをすれば、誰かが止めるだろうし、そもそも持続性がないことは農家自身も理解しているはずである。

まさかと思うかもしれないが、ニシンがほとんど消えてしまったのは、リンゴという金になる木の「木」の部分にも手を出してしまったからにほかならない。海の中は陸と異なって外から見えない。産卵に来るニシンを根こそぎ獲り続けてしまったのに、それを環境の変化だけのせいにしても何も解決しない。

もちろん自然環境の変化がニシンに悪影響を与えた可能性は否定しない。しかしそれでは、なぜ北米や北欧ニシンの資源は安定しているのに、日本のニシン資源は壊滅的になっているのか。日本だけ特別に環境の変化があったのか。リンゴの「木」、つまり産卵する親の資源をどれだけ守って資源を持続させるかというのが、資源管理の基本だ。制度で「木」を切るのをやめさせねばならない。この最も大事な部分を行政が「自主管理」の名のもとに漁業者側に任せ、木を切らせてしまったことに問題の本質がある。自主管理は、魚が減っても漁業者の自業自得となってしまうので、行政は責任を負わなくて済む。果たしてこれは獲りすぎてしまった漁業者が悪いという話だろうか。

なぜ日本の水産業は高齢化しているのか

日本の漁業者は60歳以上が半分と高齢化している（図2－9）。65歳以上となると38％（2017年）。このうち75歳超は14％を占める。果たして10年後はどうなっているのだろうか。

漁業の現場に若い担い手が少ないことは、広く知られていることと思う。では他の国々はどうだろうか。比較、そして実際に現場で見たりすると、日本の高齢化が際立っているのがわかる。では、なぜこのような状況になってしまったと考えられるのだろうか。

主な理由は、漁獲量が多くの魚種で年々減っているため、将来の明るい展望がなかなか描けないことであろう。そしてそれに伴い収入が十分でないことが考えられる。2016年の日本の沿岸漁船漁家の収入は235万円となっている[14]。これに厳しい労働環境を考えると、よほど収入が良くなければ後継者が減少していくのではないのだろうか。そしてそれが、日本の漁業の高齢化の理由と考えられる。

ノルウェーと日本の漁業者構造を2017年の数字で比較してみる（表2－1）。ノルウェーの人口は533万人で漁業者の9486人、漁業者の比率0・18％、国土面積38・5万平方メートル。一

図2－9　日本の漁業就業者数の推移

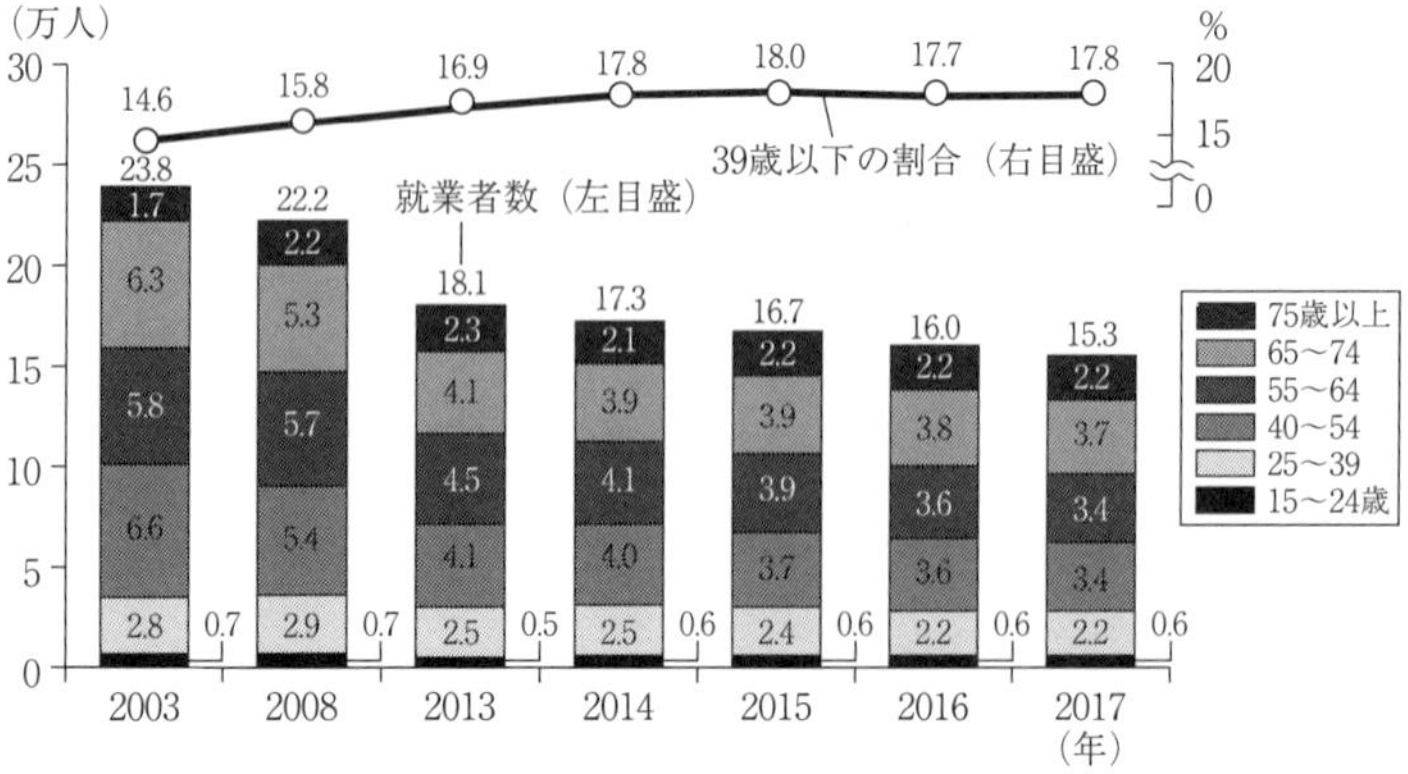

出所：『水産白書2018年版』

表2－1　沿岸漁業者の漁業就業者数比較

	ノルウェー	日本
20歳以下	194	1,240
20～29歳	1,677	9,390
30～39歳	1,637	16,750
40～49歳	1,906	20,740
50～59歳	2,080	28,740
60～66歳	1,099	17,950
67～69歳	408	21,670
70歳以上	485	37,020
合計	9,486人	153,500人
60歳以上	21%	50%

注：日本人　75歳以上21,880人。
出所：ノルウェー漁業省

方日本の人口は１億２６７１万人で漁業者は15・３万人、漁業者比率０・12％、国土面積37・８万平方メートル。実は、ノルウェーと日本は、人口が24分の１と大きく異なるものの、人口に対する漁業者の比率はほとんど変わらない。ただし、大きく異なるのが年齢構成だ。60歳以上の漁業者は、ノルウェーが２割に対して日本は５割と高い。

なぜ日本の港町は衰退したのか――「大漁はすべての矛盾を覆い隠す」

「成長はすべての矛盾を覆い隠す」（チャーチル英国元首相）という言葉がある。北海道のニシン、秋田のハタハタ、かつては全国津々浦々でたくさんの魚が獲れ、港町は活況を呈していた。魚が獲れれば獲れるほど、儲けが増え、たくさんの人が仕事を求めて集まってくる。儲かるようになると、漁具が発達し、さらにたくさんの魚を獲ろうとする。獲る技術が発達していくので、魚が増えていなくても、獲れる量が増えていく。そしてたとえ、こんなに獲っても大丈夫かという人がいたとしても「大漁がすべての矛盾を覆い隠してしまう」のである。

しかし、ある時点を境に魚が減り始める。魚が減れば、供給が減り、魚価が上昇する。そうすると、さらに少ない魚を求めて、争ってたくさん獲ろうとしてしまう。そして、最後には魚がほとんどいなくなる。魚が少なくなると、魚に関連する様々な職業がなくなっていき、かつて栄えた港町は衰退してしまう。大漁が永遠に続けばよいが、ゴールドラッシュと同じで続かない。魚の資源は無限ではないので、適切な制度が適用されないと、回復が困難になるまで獲り続けてしまう。大漁が続いている間に、こんな根こそぎ獲るようなやり方をしていたら、このままではいなくなってしまうと気づいていた人はいたはずだ。もし大漁で活況を呈していた港町で、当時漁業関係者が魚を獲ることを制限する行動を取ろうとしたとしても、耳を傾けてくれるような人はいなかったことだろう。

個別割当制度（ＩＴＱ）で漁村は消滅するのか

おそらく、現在の制度に対して何も手を打たなければ、日本では漁村から人が年を追うごとに減り続けることだろう。手遅れになる前に、個別割当方式で資源管理ができれば、まず資源が回復してくる。そして魚が戻ってくれば、地方再生のチャンスが生まれてくる。地域を活性化させ続けるためには、「地方枠」、「離島枠」のような制度があってよい。

漁獲枠の保有者は、その地方や離島に住んでいることを条件とし、漁獲枠自体を貸すことを許可する。そうすれば、たとえ実際には漁をあまりしていなくても、その地域に根づいてもらい「漁獲枠」を一種の税金不要の補助金として利用し、離島の活性化につなげるアイデアも出てくるかと思う。アメリカやニュージーランドでは、先住民に対して、別途漁獲枠を配分している。ＩＴＱといった譲渡性がある漁獲枠を設定することは、漁村の消滅とは関係がないどころか、運用の仕方次第で、逆に活性化の機会となるのだ。まず資源を回復させ持続的なものにしていくこと。これが漁村を守っていく上で何よりも優先となる。漁村の衰退は魚の減少により起こっている。最優先はその資源管理だ。

漁期は短くなるのか――個別割当制度のデメリットは何か

個別割当制度を導入した場合、漁期が短くなるのではという意見があるようだが、逆で長くなる。

長くなるだけでなく、漁業者は水揚げが集中して、魚価が下がらないように水揚げを意図的に分散していく。水揚げが分散されると、加工処理する工場に安定的に魚が運ばれてくることになる。そうなると、加工場の稼働日数が増えるだけでなく、加工処理に無理がかからなくなるので、鮮度を落とさずに良い状態で加工したり、配送できたりするようになり、店に鮮度がよい魚が安定的にデリバリーされる好循環を生む。

現状の早獲り方式の場合は、天候がよくて魚が獲れる時は、漁船が一斉に漁場に向かう。かつて主流であったアメリカのオリンピック方式では、少しでも多く獲ったほうがよいので、漁期は短くなる。オリンピック方式での対象魚種は減ったが、ニシン漁などは24時間で終了というケースも見られた。この方式だと、一度にどっと魚が加工場に運ばれてくる。１日で処理できない量が運ばれてきて、品質よりも処理のスピードが優先されるために、できあがってくる製品の価値も下がる。また、翌日に繰り越された魚は鮮度も落ちてくる。数日間、水揚げされた魚を冷凍する作業が続く。

そのとき処理し切れずに持ち越された魚は、食用よりもエサ用に回ることが多くなる。個別割当制度ではない場合、まとまった水揚げのほうが価格が安いので、加工場はできるだけたくさんの量を買おうとする。そのためには、大量に冷凍処理するための凍結設備や、冷凍した魚を保管する大きな冷蔵庫も必要になる。一方で、安定して毎日魚の水揚げがあるわけではないので、多くの働き手が急に必要になったり、不要になったりして、工場稼働が悪くなる。魚が獲れなくなるまでがシーズンとなりやすく、これでは、シーズンは短くならないが、魚が減っていく。そして後に過剰投資となった設備が無駄に残る。

個別割当制度がきちんと機能していれば、漁期の短縮化は起こらず、良い品質の魚の供給が増えて魚価が上がるだけでなく、加工された魚の価値も上がる好循環になっていくのだ。消費者にとっても、旬の美味しい国産魚の供給が増えるので、手が届かなかった高い魚にも、手が届きやすくなる。

水産業での成長戦略

世界の人口は増加を続けており、魚の需要も増え続けているという現状を思い描いてほしい。日本では「魚離れ」という言葉が聞かれる。また2011年に肉が魚の一人当たりの消費量で追い越し、その差が拡大している。しかしこの傾向は、世界の傾向と著しく異なる。魚離れどころか、健康志向や寿司、和食ブーム等で、肉の消費が減り、魚の消費が増え続けているというのが、世界の趨勢なのだ。2013年に和食がユネスコの無形文化遺産に登録されたことによる魚食の広がりも大きい。海外の和食レストランは、2017年には2013年の2倍の11万7568店舗と大きく増加している(図2－10)。外食で日本食を食べた人たちが、今度は店で買おうとすることは想像に難くない。和食の主体は、寿司、てんぷらといった魚が主体であり、魚の需要はますます増えていく。日本食レストランの数は2013年と比べて、欧州では5500店から約1万2200店へと2・2倍、北米では同じく1万7000店から約2万5300店へと1・5倍、アジアでも同様に2万7000店から約6万9300店へと2・6倍に伸びている。

政府は水産物の輸出を2019年までに3500億円に増やすという方針を掲げ、2017年は2750億円(前年比＋4・2％)に達している(図2－11)。2020年以降も含め、成功の可否

図２－10　海外における日本食レストランの数

■ 2017年の海外における日本食レストランは約11.8万店。

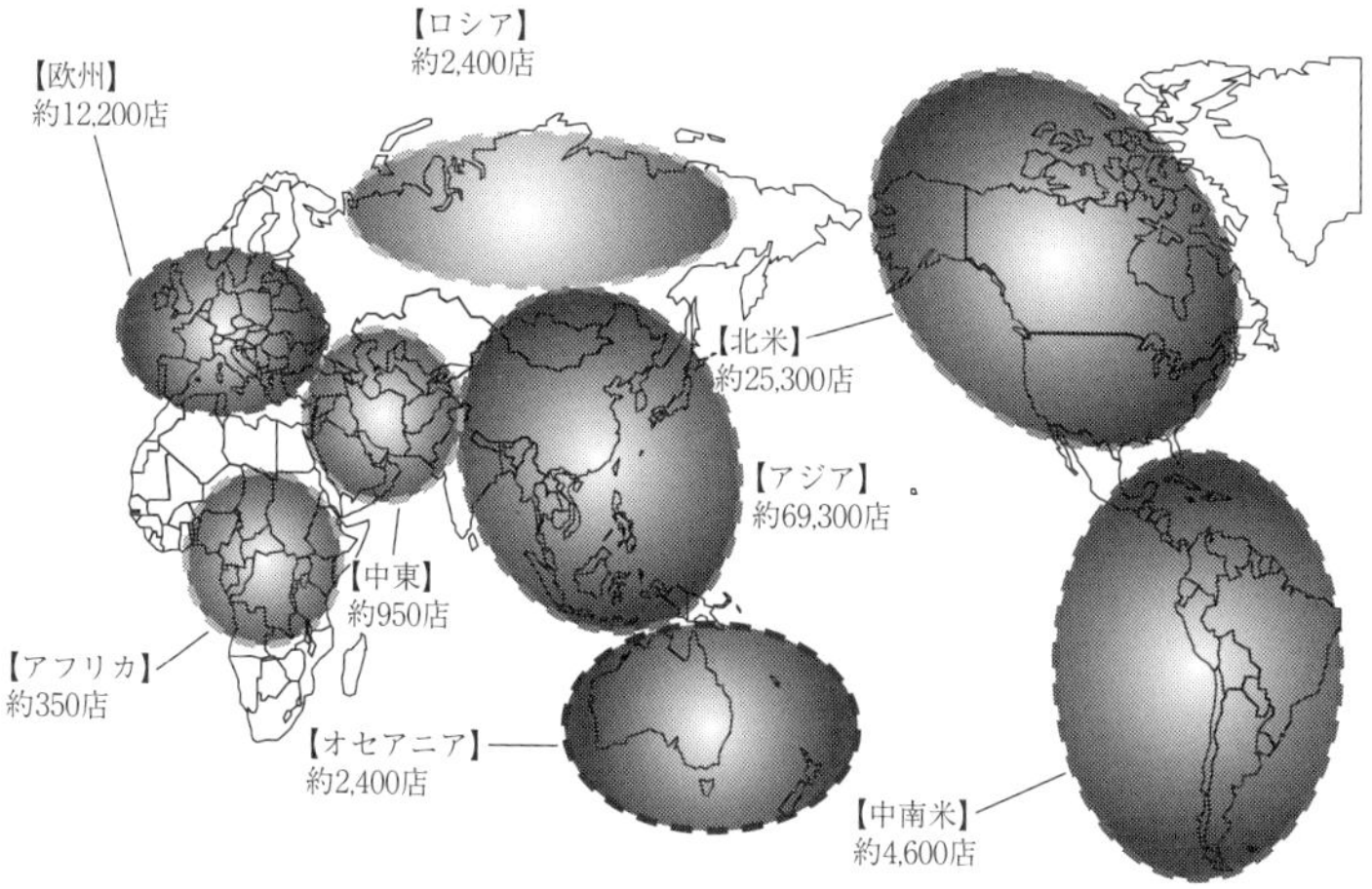

出所：外務省調べにより、農林水産省において推計。日本食レストランは増加が続く。
2017年時点117,568店。

は、価値が高い魚を輸出し続ける資源管理の仕組みができるかにかかっている。輸出が伸びているのは、日本だけではなく、世界的に伸びている。その理由は、魚の需要が世界で増え、輸出価格が上昇しているからだ。

日本は、国民一人当たりで、魚を世界で最も食べる国の一つである。しかも、約１億２７００万人もの巨大な人口と市場を持つ。ＦＡＯによると２０１６年時点で、世界で最大の水産物の輸出国は中国、２位がノルウェー。輸出金額は２００６年から２０１６年にかけ１３７百万ドルと、２００６年の81百万ドルから約１・７倍増加している。中国の場合は、委託加工といって、欧米をはじめとする世界中から魚の原料を輸入し、それを加工して再輸出するかたちが主体。日本に輸出しているノルウェーの

図２－11　わが国の水産物輸出量・金額の推移

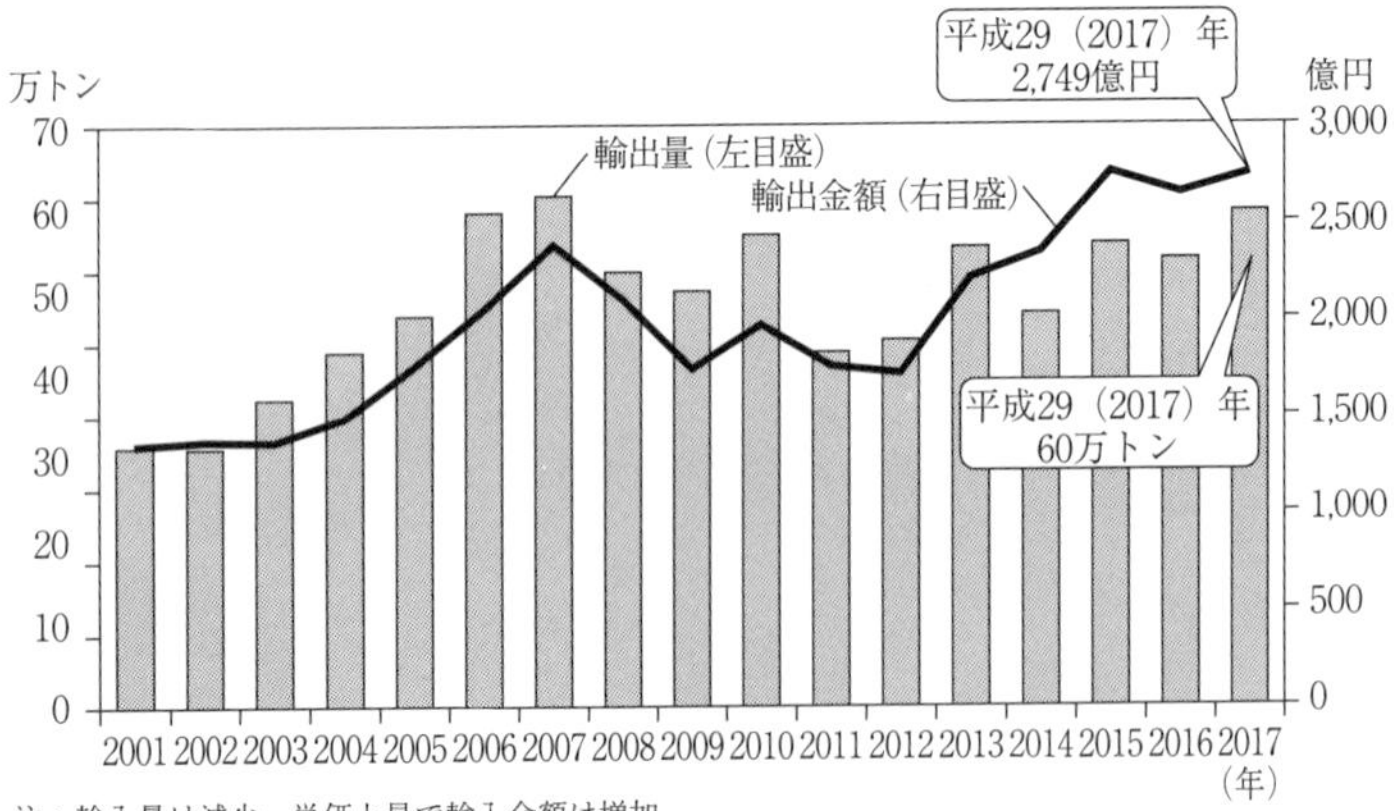

注：輸入量は減少、単価上昇で輸入金額は増加。
出所：財務省「貿易統計」に基づき水産庁で作成。『水産白書2018年版』

サバの切り身や、欧米向けに輸出しているスケトウダラ等の白身魚のフィレーなどが、それに該当する。

ノルウェーの国土は日本とほぼ同じ約38万平方キロだが、人口が533万人と少なく、ほとんどが輸出に回る。中国の場合は、魚の消費が増えており、日本が買い負けする主な競争国となりつつあるが、自国で漁獲した魚以外に、輸入した水産物を中国国内で食べる量が増加している。国内の資源を回復させ、価値が低い未成魚ではなく、価値が高い成魚を輸出していけば、距離が近いこともあり、高いポテンシャルがある。

【第2章　注と参考文献】

（1）譲渡性の有無によりＩＱ（個別割当＝Individual Quota）、ＩＴＱ（譲渡可能個別割当＝Individual Transferable Quota）、ＩＶＱ（漁船別個別割当＝Individual Vessel Quota）に分かれる。

他の呼び方もある。

(2) MSCには漁業認証とCOC（加工・流通）認証がある。前者の取得は難しく、数年を要する場合もある。

(3) 通称イルミンガー赤魚と呼ばれる。1980年代後半から2000年頃にかけて、日本で加工される赤魚の大半が、大西洋のイルミンガー公海で漁獲されたものであった。

(4) 同じようにスケトウダラ漁でのキングサーモンの混獲も非常に厳しく、アメリカのある漁船では、5000トンのスケトウダラ漁獲枠に対してキングサーモンの混獲はわずか360尾（トンではない）という例もある。その上限に達したらスケトウダラの漁獲枠が残っていてもシーズン終了となるのだ。

(5) ミズガニについては石川県と京都府は、漁獲を自粛しているが、福井、兵庫、鳥取、島根の各県では漁獲を続けている。同じ資源を、県によって規制が変わり、獲らない県で正直者がバカを見るようなことは本来避けるべきであろう。

(6) 2017年シーズンの鳥取県のズワイガニの価格は、オスがキロ4766円、メスが2067円、そして脱皮直後のミズガニ（オス）がキロ835円であった。平均単価はキロ2706円であった。言うまでもなく、漁獲枠が、個別で厳格に決まっていたら、価格の高いオスだけを獲り、残りは放流もしくは獲らないことが、経済的にも資源的にも良いことがわかる。

(7) 2019年には再び禁漁となる。

(8) 日本海北部系群は根室海峡、オホーツク海南、太平洋系群に分けられている。

(9) 第1章の注（13）を参照。

(10) 第1章の注（3）を参照。

(11) 第1章の注（1）を参照。

(12) 第1章の注（6）を参照。

(13) ここでは、同じ水産資源を多数の漁業者が漁獲できることで資源の乱獲を起こしてしまうという意味。たとえ自分が我慢して獲らなくても、他人が獲ってしまうため、資源管理が機能しない。

(14) 2007〜16年の10年間における沿岸漁家（沿岸漁船漁家＋海面養殖漁家）の漁労所得の平均は276万円。

・片野歩『日本の漁業が崩壊する本当の理由』（ウェッジ、2016年）

・北海道機船漁業協同組合連合会『北海道機船連50年史』
・みなと新聞
・IntraFish Padcast
・ＩＣＥＳホームページ
・Norges Sildesalgslag ホームページ

第3章　資源管理と資源争奪戦

1　水産資源管理の潮流

最も重要な政策は漁獲枠の設定

日本と世界の漁業を比較すると、漁獲量の推移をはじめ、誰にでもその歴然としたちがいがわかる。そこで必ず出てくる施策が、「科学的根拠に基づきTAC（漁獲枠）を設定し、それを個別割当制度（IQ、ITQ、IVQ等）により厳格に管理する」である。

日本も1996年に批准している国連海洋法では漁獲はMSY（最大持続生産量）以下に抑えるよう記載されている。EEZ（排他的経済水域）内の資源をMSYとすることは、沿岸国の義務だ。2020年をゴールとするSDGsの14（海の豊かさを守ろう）の中のターゲットである14・4にもMSYにすることが明記されていることは前にも述べた。しかし、試算を試みた84系群中52系群は、データ不足によりMSYを算定できなかった。かつ残りの32系統で、親魚量がMSYを上回っていたのはわずかに13％のみ（4系統）。EUのCFP（共同漁業政策）では2020年までにMSYとする

図３－１　青森県～富山県におけるハタハタの漁獲量（1955～2016年）

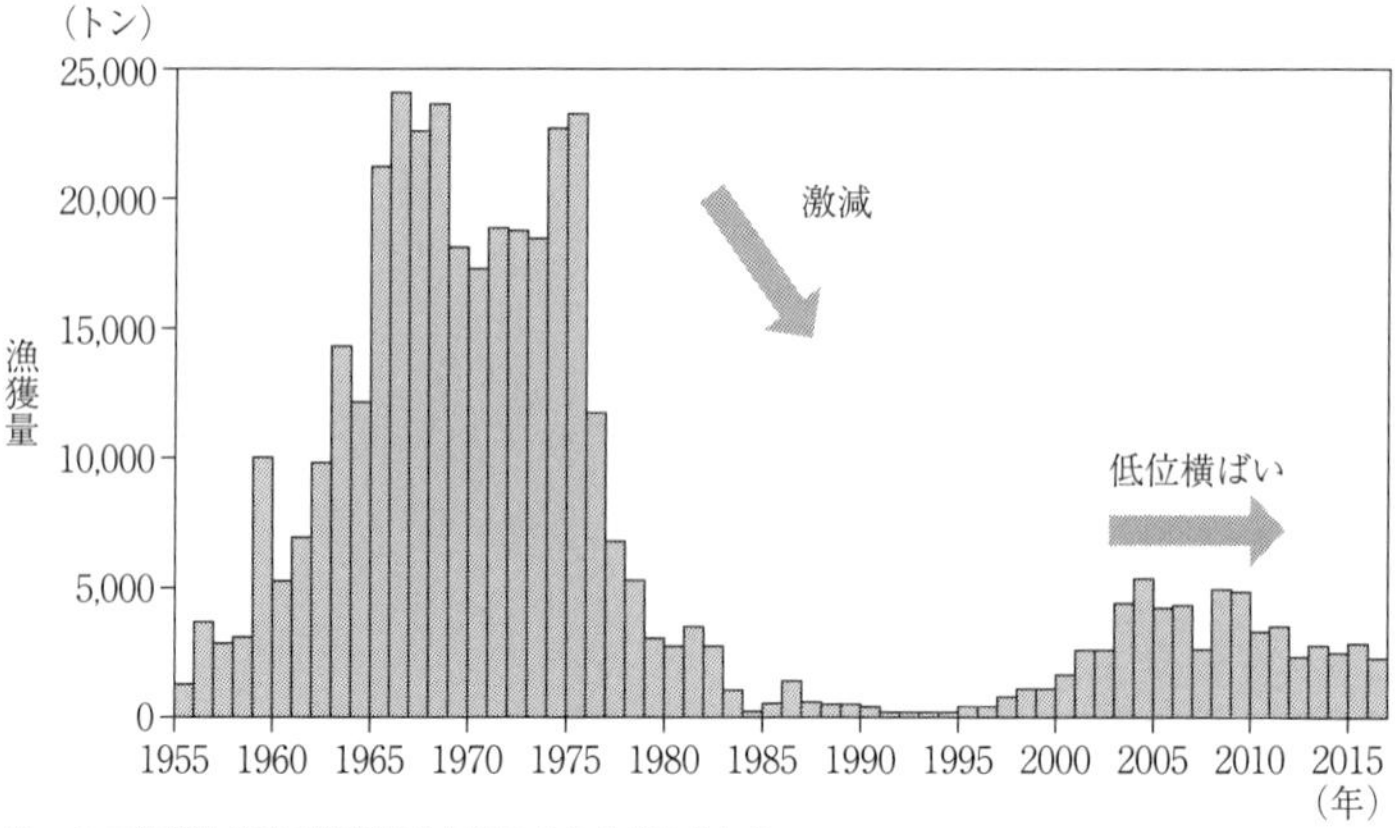

注：この漁獲量推移で資源量は中位に見えるだろうか？
出所：水産教育・研究機構日本海北部系群 ハタハタの漁獲推移

ことを取り決めている。日本はＭＳＹ水準での資源管理にもかなり遅れている。

ちなみに、日本独自の評価では、資源評価対象魚種48魚種・79系群に対し資源評価が高位16％、中位33％、低位51％（２０１８年）である。しかし、中位とは言っても、ハタハタ、ニシン等、50年程度のスパンで見れば、明らかに低位に見える漁獲量であっても、中位に格上げされている魚種が見られる[1]。図３－１は資源評価が中位と評価されているハタハタ（日本海北部系群）。ＭＳＹでの算定評価との比較でもわかる通り、海外等、第三者機関が客観的に算定した場合、さらに厳しい評価になることは確実だろう。

次世代に必要な資源量を残していくために、産卵する親（産卵親魚・ＳＳＢ）をどれだけ残していくかを定めていくかが、サバをはじめ多くの魚でポイントとなる。その年の環境によって卵から仔魚（稚魚になる前の段階・幼生）になる量が変わるが、親

表3－1　2017年ベーリング・アラスカ湾の底魚の漁獲枠（TAC）と漁獲量

（単位：千トン）

	ABC	TAC	漁獲量	TAC 消化率
スケトウダラ	2,887	1,365	1,360	100%
マダラ	261	239	219	92%
アカウオ	44	35	33	94%
キタノホッケ	87	65	64	98%
その他	725	296	255	86%
合計	4,004	2,000	1,931	97%

注：TACと漁獲量がほぼイコールになっている。

の数が多いほど、産卵量は多く、同じ環境であれば仔魚の量も増える。親がいなくなれば、そもそも仔魚はいなくなってしまう。

ＴＡＣは、アイスランドで１９６９年、ノルウェーで１９７１年と、漁業先進国での導入が早い。一方で日本が導入したのは１９９６年（ＴＡＣ法）と遅く、またその運用が資源管理ではなく、漁業者が今まで通り魚を獲れるようにすることを優先したために、似て非なるＴＡＣとなってしまった。

１９７０年代に導入されたアメリカのＴＡＣの場合はＡＢＣ（生物学的漁獲許容量）を超えてはならないことが法律で決まっているが[2]、日本の場合は多くが、ＴＡＣがＡＢＣを超えるというものになってしまった[3]。アラスカ州の法律では、資源はサステナブルな範囲でないと利用してはいけない。法律で規制されて資源が守られている。その結果、豊かで持続的な資源があり、水産業は発展を続けている。

表３－１を見てわかる通り、ＴＡＣはＡＢＣより低い数量で抑えられている。ＡＢＣでは４００万トン獲っても資源状態には影響がないという数字だ。しかし、この表の海域では２００万トン以上の底魚を獲ってはいけないルールになっている。このため、

スケトウダラをはじめ、かなり余裕をもったＴＡＣとなり、ＴＡＣと実際の漁獲量は平均で97％と、ほぼイコールとなっている。日本のＴＡＣに対する漁獲量は、7魚種の直近データで、平均55％とその運用と効果は著しく異なっている。[4]

一方で、水産基本法において「施策が漁業経営に著しい影響を及ぼす場合に緩和する施策を講じる」とあることで、資源状態が良くない場合であっても、経営のために獲り続けてしまい、その結果、魚がさらに獲れなくなって苦しくなっていく悪循環を起こしてしまう。

資源管理のための本丸・漁獲枠（ＴＡＣ）と個別割当制度（ＩＱ・ＩＴＱ・ＩＶＱ）

資源管理の本丸は、科学的根拠に基づくＴＡＣの設定と個別割当制度にある。ノルウェーをはじめ、資源管理に成功し、水産物のサステナビリティを実現している国に共通している政策だ。漁業者が、できるだけたくさんの魚を獲りたいというのは当たり前のこと、しかしこれを放置してしまうと乱獲となり、資源が枯渇していく。漁業者を説得して漁獲量を制限させるのは、容易ではない。制度を決めても、違反が相次ぐケースもある。しかしながら、漁業先進国では、ＶＭＳ（衛星漁船管理システム：Vessel Monitoring System）や水揚時の数量を測る計量器等、技術の進歩などにより、違反についても克服しつつある。

一方で、日本の場合は「自主管理」の名のもとに、漁業者に資源管理をゆだねてしまっているケースが大半である。このため、漁期や漁具の制限を行って管理しているが、肝心の科学的根拠に基づいた漁獲量設定がないことが多く、このため、できるだけたくさん獲りたいという表面的な要望は満た

表３－２　TACと漁獲量の比較

（単位：トン）

	ノルウェー（2017）				日本（2016）（注）		
	TAC	漁獲量	消化率		TAC	漁獲量	消化率
ノルウェーサバ	234,472	222,472	95%	サバ類	822,000	508,377	62%
ニシン(NVG)	432,870	389,383	90%	ニシン	なし	9,300	——
ニシン(北海)	145,282	137,467	95%				
ノルウェーアジ	33,295	11,487	35%	マアジ	227,800	116,018	51%
イカナゴ	120,000	120,205	100%	イカナゴ	なし	11,900	——

注：TACの期間が魚種により異なる。サバ類７月～翌６月、マアジ１～12月。
出所：Norges Sildesalgslag及び水産庁より作成

せても、肝心の資源の持続性には程遠い結果となってしまう。ノルウェーなど漁業先進国でも漁業者の多くを占めるのは、沿岸の零細漁業者だ。地域を支える沿岸漁業は、漁獲枠の配分等で、最も大事にされるのが一般的であり、一部で言われるノルウェーのやり方を取り入れれば、漁村が衰退するなどというのは根本的に誤っている。漁村が衰退する理由は、その地域で魚が減って獲れなくなることが最大の要因である。

表３－２は、ＴＡＣと漁獲量について、ノルウェーの代表的な魚と、日本を比較したものである。両国で獲れる魚を引用しているが、ニシン、イカナゴについては例外で（46ページ参照）、そもそも日本ではＴＡＣがない。また、ノルウェーでの消化率は一般的に90％～１００％。アジについては、ＥＵとの過去の経緯から、ノルウェーが後付けで独自に設定したものであるため、日本のように実際の漁獲量より多く機能していない。

個別割当制度方式のデメリットに対する解説

現状の日本の制度に対して個別割当制度のデメリットを挙げることは難しいが、譲渡性がないＩＱと譲渡性があるＩＴＱでは、その性質が異なる部分がある。ＩＱの場合は譲渡性がないが、ＩＴＱの場合は、漁獲枠の売買が可能になる。この時、ノルウェーのように漁獲枠を漁船に紐づけするＩＶＱであればよいが、もともと沖合漁業という分野が存在しなかったニュージーランドのようにＩＴＱが独立して売買されていくと、漁業をしていなくても、漁獲枠を貸して利益を得るといったオペレーションが可能になる。

日本の場合、水産資源は「無主物」という位置づけである。一方で、国民の共有財産として定めている国々（アメリカ、ノルウェー、アイスランド等）で、特にノルウェーをはじめ、漁業で大きく利益を出している国々では、国民共有の財産を使って利益を得ることに対しての贅沢な悩みとなる不満が出ている。最終的には、ＩＴＱがどのようなものか理解されれば、漁業者にとって有利な制度なので、漁業者側からＩＴＱの要請が出て来ると考えられる。

当初は譲渡性がないＩＱで資源管理を進めていくのは日本の場合は妥当かもしれないが、枠の超過に対して厳しいペナルティーとともに、ＩＱであっても漁獲状況に応じて枠の貸し借りができるようにしていく必要がある。でないと、２０１７年のクロマグロの未成魚の漁獲量で、北海道で漁獲枠の７倍も獲ってしまい、ルールを破っていない他の漁業者の漁獲量まで制限してしまうといったケースを繰り返してしまう。枠の貸し借りができれば、獲った者勝ちを阻止できるだけでなく、高い枠代を

図３－２　サンマの日本の漁獲シェア

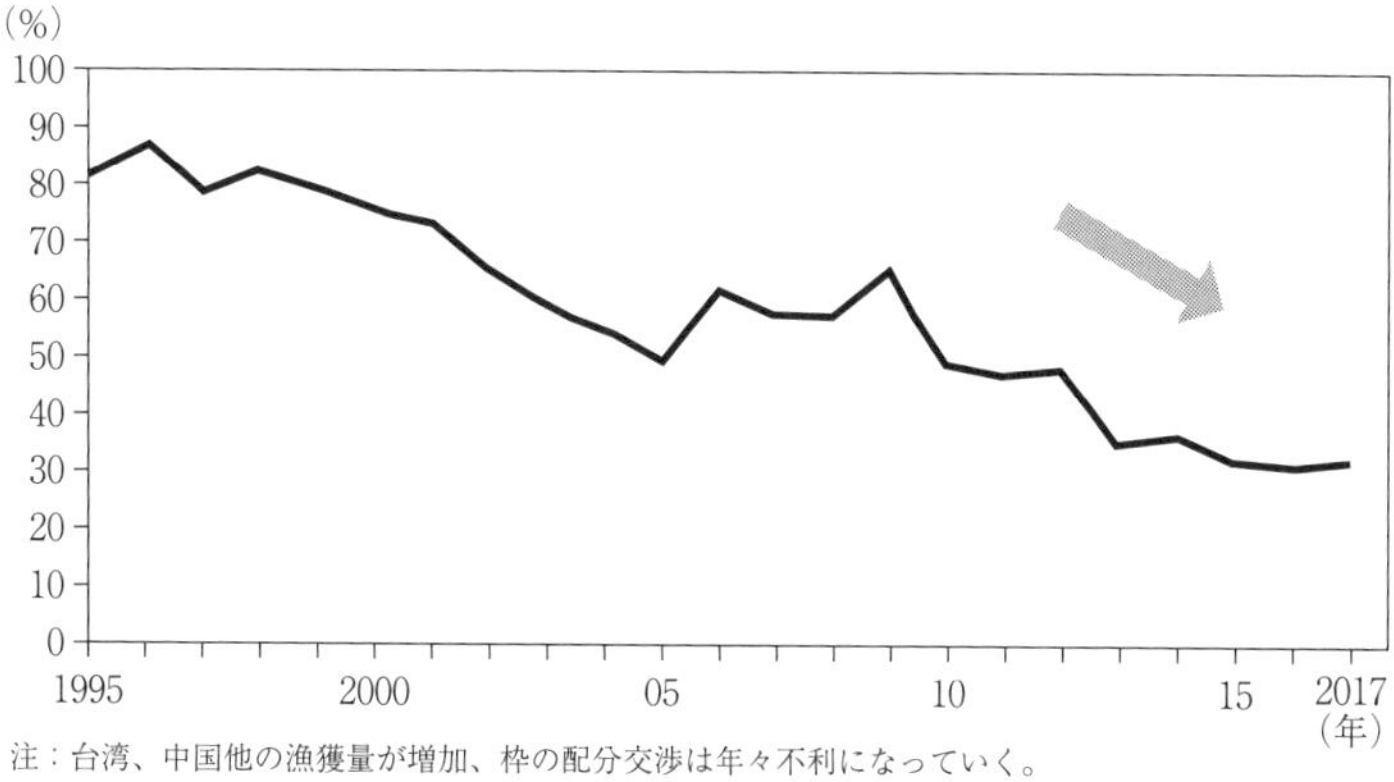

注：台湾、中国他の漁獲量が増加、枠の配分交渉は年々不利になっていく。
出所：水産教育・研究機構資料より作成

請求され、タダ働きになることが事前にわかっていれば、おのずと漁業者は漁獲を制限せざるを得なくなる。

また、大手企業の独占等の懸念に関しては、ＴＡＣの配分で、沿岸漁業者向けを優先に配分率を決め、かつ最大シェアを決めておくことで容易に防げる。たとえば、個別割当制度（ＩＴＱ）で管理しているアイスランドでは、漁獲枠ベースで、大手10社のシェアは50％。首位で10％、第二位の会社で６％と10％を超える漁業会社は１社のみである。できない理由を考えるのではなく、すでに実施済みの世界の成功例・失敗例から学ぶほうがはるかに建設的だ。

国別ＴＡＣの配分は量ではなく比率

国別ＴＡＣは、国別の「数量」ではなく「比率」でなければならない。数量で設定すると、合計した数量が、資源の持続性を維持できる数量、もしくは実際に漁獲できる量より多くなってしまい、管理としての意味がなくなってしまう。ＮＰＦＣ（北太平洋漁業委員会）で日本が提案した漁獲量の合計は56万トンであった。２０１６年と15年の漁獲量はともに35万トンしかなく、かつ17年は16年の資源量の半分しかないという調査結果であった。結果として漁獲量は35万トンさえも下回る27万トン、漁獲枠としての機能を果たさない提案量であった。

一方「比率」にすると現実味が増す。北欧のサバの国別漁獲枠は国ごとの比率で話し合いが行われ、主だった国々で厳しい交渉を続けている。(5)

全体の資源量を考えて、持続性が担保される全体の漁獲枠を出す。そしてその数量に対して、合意した比率に応じてＴＡＣを分配していくのだ。図３－２を見てわかる通り、日本のサンマの漁獲シェアは減少傾向にある。一方で、台湾・中国などは漁船の大型化等に伴い、そのシェアを増やしている。日本に回遊して来るサンマを待って、国内で水揚げさえしていればよい時代は終焉しており、これ以上日本の比率が下がらないうちに、国別漁獲枠を設定することが不可欠である。

どのような魚が出口規制（アウトプットコントロール）されているのか

個別割当制度については、具体的にはどのような魚が対象になっているのか。簡単に言えば、スーパーで販売されている天然の輸入水産物の大半である。

漁業先進国では個別割当制度、特にＩＴＱ（譲渡可能個別割当）の適用が進んでいる。そして日本にもＩＴＱで管理された水産物がたくさん輸入されている。一部の業界紙等で伝えられている漁業先進国や海外の資源管理に関するネガティブな情報には、現場をよく知らないためなのか、情報が古いのか、基本的な間違いや誤解が多く見られる。そこで実際に、個別割当（ここでは、譲渡可能なＩＴ

Ｑ・ＩＶＱ・ＩＦＱ）[6]が常識的に行われていることを、身近な日本の量販店などに並んでいる天然の輸入水産物でみてみると、実になじみのあるものばかりである[7]。

海外から輸入されている天然魚は、個別割当制度（ＩＱ、ＩＴＱなど）で管理されたものが実に多い。ノルウェーやチリで養殖されているアトランティックサーモンやトラウトのエサであるイカナゴやカタクチイワシも、しっかり個別割当で資源管理されている。一方で、個別割当どころか漁獲枠の普及が遅れ、天然魚の資源が危惧されている地域が、主に日本、中国を含むアジア海域なのだ。

うまくいっている国はどのように管理しているのか

具体的に、主要な漁業先進国ごとの個別割当制度を説明する。基本は、科学的根拠に基づいて、漁獲枠（ＴＡＣ）を設定し、それをそれぞれの国の特性や経緯に合わせて、漁船や漁業者に、漁獲量を割り振っている。わが国が行うべきことは、最もよいやり方を、すでに結果が出ている制度を見ながら組み合わせていけばよいのだ。ピザパイ（漁獲枠）に切れ目（個別割当の実施）も入れずに、早い者勝ちにして食べてもらうようにしたらどうなるのだろうか。もちろん収拾がつかなくなる。一方で、それぞれのピザに切れ目が入り、あらかじめ一人何切れ食べてよいかを決め、かつ交換する条件を付けるようにすれば、美味しく食べる余裕も出てくる。日本の場合は、ピザを食べる時間（漁期）や食器（船・漁具）の大きさ等を決めるだけで、後は食べる人（漁業者）の自主性に任せている。ピザを食べ損なう人が出たり、小麦粉やチーズなどピザの材料（未成魚）にまで手を出してしまったりすれば、ピザ自体の供給も難しくなる。最後は、関係者みんなが困ってしまい、誰か（国）に助けを求めることになるのだ。

では、具体的に有効な方法としてはどのようなものがあるのだろうか。そのひとつにＩＣＴ[8]を用いた管理の省力化がある。

日本の漁業に関する情報や統計の数字は遅い。たとえば、ノルウェーの漁獲枠の魚種ごとの消化量はインターネットで24時間更新されているので、今の状況がわかる。水揚数量、金額、輸出量、金額等の情報も早く正確だ。一方で日本の場合は、ＴＡＣの更新は数カ月を要する。また、水揚数量や金額についての統計も遅く、かつ速報といった、あとで修正が入る可能性がある場合が多い。

このような書き方をすると、漁船の数とか、漁業者数等がちがうと考える場合があるかもしれない。しかしながら、現場を見るといまだに手書きのデータが目立つ。また、漁場に関しても漁船にＶＭＳ（衛星漁船管理システム）やＡＩＳ（自動船舶識別装置）を搭載して、ネットでの公開を義務づけるべきだ。そうすれば、漁業関係者だけでなく、国民の目も監視に回り、かつ航跡が証拠となる。このため、禁漁区での違反操業はできなくなる。

また、監視船等のコストが削減できるだけでなく、個別割当制度で漁船の枠が決まれば、お互いに漁場に関する情報をシェアするようになり、漁船が全速で無駄に燃料を使って魚を探し回ることもなくなる。漁獲する魚種に対しＭＳＹ（最大持続生産量）を達成することが２０２０年までのＳＤＧｓでの目標事項であるが、そもそも資源評価のためのデータがないことが問題になっている。これも、ＩＣＴにより漁獲データを集積していけば、おのずと必要なデータが、漁業者側からも集めやすくなる。

日本は科学的な知見が足りないという理由で、TACの設定を見送ることがしばしばみられる。しかし、皮肉にも漁業先進国のデータは、日本の機器によるデータであることが少なくない。漁業のICT化を進め、データの集積を早めて、かつ正確にし、実際の資源管理に役立てる仕組みづくりが急がれる。

ノルウェーのIVQ（漁船別個別割当）――漁業者でないと漁獲枠を持てない仕組みとは

世界第二位の水産輸出国であるノルウェーではIVQという、漁船ごとに漁獲枠を割り振る個別割当制度を取り入れている。特徴としては、漁獲枠の保持者は漁業者であり、漁船に漁獲枠が割り振られていることにある。魚を獲る権利と漁船がセットになっているのだ。

漁獲枠は大型・中型・小型漁船にそれぞれ分けられて、小型船なら小型船の間でIVQが売買される。1隻ずつ小型船を持つ船主が、IVQを他方の船主に売却。IVQを買った船主は、船はスクラップにして、枠を自分の持つ小型船に移すことができる[9]。減船になるが、漁獲量は枠で管理されているので、2隻分の数量を1隻で漁獲して効率を上げることができる。

ここで重要なのは、IVQの売買は、それぞれのカテゴリー内に限られるということだ。小型漁船のIVQを大型漁船に移せてしまったら、効率が最もよい大型船にIVQが集中してしまう。大型船は移動・運搬能力が高いので、本来は目の前の漁場で獲って、地元で水揚げされる水産物を、魚価が高い、はるか遠くの水揚げ地まで持っていってしまうことができる。そうなると、水揚げが大幅に減少してしまうことにより、地方が衰退してしまうおそれが出てくる。しかし小型船間でのIVQの売買であれば、小型船は運搬能力が限られるので、地方の衰退を防止できる。また、マダラの例に代表されるが、資源が減少傾向の時は、小型船の漁獲枠は極力削らずに、大・中型漁船の漁獲枠を削る。一方で増加傾向の時は、大・中型船への漁獲枠を増やしている。[10]

アメリカの資源管理魚種の数は多いが制度は合理的

アメリカは2012年にTAC対象を528種類に増加させる方針を示している。そしてオリンピック方式から、ITQの変形であるIFQ方式を増加させている。TACの枠内で、個別の漁業者や団体等に割当を行い、漁業者は割当後、それを取引できる。約7年間かけてパシフィックホワイティングを（2011年にIFQ化）した際には、小型魚の漁獲が減り、水揚げが分散、水揚げ金額が上昇し、威力が発揮された。

水揚げの分散は、水揚げされた魚を処理する加工場の稼働日数を上げさせ、また付加価値を付ける加工をする時間的余裕が生まれるため、販売単価が上昇する。大漁水揚げは、処理が間に合わないために鮮度を落とし、魚が持つ本来の価値を下げてしまう。それまで、イワシとパシフィックホワイティングの双方を加工していた工場が、IFQの実施に伴い、工場稼働日数を増やせることから、イワシの凍結をやめて、価格が高いパシフィックホワイティングの加工に専念するという変化も起こった。

アラスカのタラバガニとズワイガニではIFQが2005年から始まった。アラスカでは、2005年からは制度が変わったことで、品質や安全面に集中できるようになっている。今でも時化の時に操業することはあるかと思うが、早い者勝ちではないので、当時のように、命を落とす危険を冒してまで海に出て作業をしなくてもよくなってきている。また地域や加工業者を保護するために、加工工場にもＩＰＱ（Industry Processing Quota：加工場枠）と呼ばれる枠を導入し、漁業者がカニを地元の加工業者に水揚げさせる仕組みになっている。この結果、約９割が地元に水揚げされている。

個別割当制度はさらに良くなるよう進化を続けているのか

日本では、海外の状況が正しく報告されていないことが少なくない。実際には、個別割当方式で最も得をするのは漁業者。オークションで魚の原料を販売するノルウェー（サバ等）では、漁業者が利益の９割を持っていってしまうといわれている。これは、漁業者が水揚げを分散して魚価を吊り上げる戦略を取ってくるためだ。水揚げが分散することで品質は良くなるが、漁業者の意向次第の水揚げ方式は、不公平感を生んでしまう。

一方で、前項で述べたアラスカのカニ漁のケースのように、水揚げ地の加工場が「加工場枠」を持つようになると立場が変わる。加工場側も、魚を買う権利を持つようになると、漁船側が一方的に強くなる構造が変化し、地域の水揚げが確保されていくことになる。それで加工する魚がないのに、目の前で漁獲された魚が、遠い港や他の国に一方的に持っていかれることを防ぐことができる。また、何よりも漁獲枠に関する不公平感が軽減される。

漁獲枠や個別割当が効果的に稼働するようになると、漁獲枠の価値は確実に上昇する。そこで議題になるのは、魚は誰のものか、ということだ。欧米のように「国民共有の財産」という定義であれば、それをなぜ特定の漁業者が利権として持っているのだという不満が出やすくなる。個別割当制度は、すでに魚の資源をサステナブルにし、漁業者を豊かにする方策として確立されている。すでに実践し、資源の持続性を確保した後の新たな課題は、どうやって魚の富を配分していくかという贅沢な悩みだ。

ニュージーランドの世界に先駆けたＩＴＱ

ニュージーランドは、世界第４位（４８３万㎢）のＥＥＺ（排他的経済水域）を持つ一方で、国土面積は74位（27万㎢）。日本は同６位（４４７万㎢）と同61位（38万㎢）。北半球と南半球のちがいはあるものの、国土と海の広さも似ている。

ニュージーランドの主要魚種（ホキ、メルルーサ、アジ等）は、すべてＴＡＣが設定されており、さらに１９８４年にＩＴＱ方式（譲渡可能個別割当）を採用している。ニュージーランドとノルウェーでは、ＩＴＱ（ノルウェーはＩＶＱ・１９９６年）導入の背景が異なる。ニュージーランドは、もともと沿岸漁業のみで沖合漁業はなかった。沖合漁業をもたらしたのは、主に日本の漁業会社なのだ。

戦後、日本の漁船は魚を求めてニュージーランドにも進出した。そして沖合で同国が漁獲していない海域で魚を獲っていた。１９５０年当時の領海は３マイル（海里）であり、日本の漁船が魚を獲っていくことに対して不満がたまってゆく。その後、領海が12マイル（１９６２年）になり、さらに１９７７年には２００海里漁業専管水域が設定されて、日本の遠洋漁業は排斥されていくのだが、ニュージーランド側には、漁船も、生産技術も十分にない。そこで漁業は、両国のジョイントベンチャーという形式などになっていったのである。ＩＴＱ方式は、ニュージーランドの漁業会社がＩＴＱを持ち、そのＩＴＱを使って、日本、韓国等の漁船が漁獲するシステムになっていった。

しかし一方で、ニュージーランドは２０１６年からＥＥＺ内では外国籍の漁船の操業を禁止とした。漁を続けるためには、船籍をニュージーランドに変えなければならなくなった。このため１９７３年から同国沖でイカ釣り漁が続いていたが、その中で最後の海外イカ釣り船となっていた第30開洋丸（八戸港所属）は出漁を見合わせることを決め、最盛期には毎年１２０～１５０隻が操業していたが、44年の歴史を閉じた。これは世界ではＥＥＺ内での外国船操業を排除している一例でもある。

ＩＴＱを導入すると、多くの魚ではなく、質の高い魚を獲ろうとするようになり、品質が向上する。また、限られた漁獲枠で、最大の利益を上げることに最重点を置くようになる。そして、漁業者だけでなく、資源が持続的になることで、消費者にも恩恵をもたらす。

アイルランドのＩＱは枠の売買ができないやり方

代表的な魚種であるサバを例にとると、アイルランドのＩＱは、同じ個別割当制度でも、基本的に枠の売買ができないシステムだ[11]。ＴＡＣが決められ、その中でＩＱが漁業者や漁船に比率で割り当てられていく。ＩＴＱについては、魚の資源が「国民共有の財産」であることを考慮すると、一部の人が、無償で分け与えられた漁獲枠の売買をすることは、後から参入した場合、不公平であるという考え方も出てくる。

ノルウェーのように漁船のカテゴリー別にTACを分けて小型船の漁獲枠が、航行範囲が広い大型船に売却できないようなルールを設定しておけば大丈夫だが、ITQにして小型船の漁獲枠が、中大型船に販売されてしまえば、小型船が水揚げしていた地域に、漁船が魚の水揚げをしなくなってしまうことも考えられる。

さらに、制限をしないと漁業と直接関係がない投資家に左右されてしまうケースもあり得る。しかしIQにおいては、その点、枠の売却ができない。

魚を県ごとではなく国で管理する戦術

ノルウェー、アイスランドなどの国々では、その国の県ごとの管轄で漁獲枠が分けられていない。サバ、サンマ、マグロ、マダラ、スルメイカ等、ほとんどの主要魚種は、各県が管轄する海域をまたいで、広く回遊する。ノルウェーでは以前、サバの漁獲枠を北緯62度以北、以南で漁獲枠を分けていたが、今では撤廃している。

どの県もしくは海域で獲っても、もともとは同じ資源なのであれば、その資源をトータルで管理するべきだ。そうでないと、県や、許可海域ごとで、漁に運不運のようなことが発生するケースが出てくることがある。日本では、２０１５年にクロマグロの未成魚に対して、ブロックごとの枠を設定したものの、オーバーしても警告のみでそのままというケースが発生した。また、２０１６年には、ＷＣＰＦＣ（中部太平洋マグロ類委員会）で国際合意した漁獲枠を超えるという事態を起こしてしまった。

そもそもクロマグロの未成魚を水揚げして販売してよいのかどうかは別にして、これも本来は個別割当制度にして、獲れない地域と獲れる地域があっても、枠の貸し借りができるようにすることが不可欠だ。そうすれば違反も減り、また漁業者間の不満も起きにくくなる。

ニュージーランドの場合は、毎年エースという、流動性がある漁獲の権利が与えられ、漁業者がそれを使って柔軟に操業できるようになっている。アイスランドでもニュージーランドでも基本は同じで、アウトプットコントロールができているので、漁業者間の柔軟な漁獲枠の交換が実現し、互いにメリットを享受できている。

デンマークでのITQ導入のケース

今となっては、現場に行けば一目瞭然でその成功がわかるが、科学的根拠に基づく資源管理は、決して容易ではなかった。ニシンやサバなどの青魚生産でデンマークの最大の漁業会社であり、水産加工業者であったSkagerrak社は、ITQでの資源管理を国内で提唱した。だがそこで、漁業者からの大反対を受ける。

同社は、自社の漁船だけでなく、他の漁船からも原魚を買い付けることで加工場を稼働させていた。ところが反対する漁業者からは、原魚の供給を止めるとまで言われた。国内の漁業者を説得するのは容易ではなく、最悪自社船の原魚だけで工場を稼働させていく決心で交渉を続けた。最終的にデンマークは2003年にITQの導入を始めた。ITQは漁業会社にとって大きな資産価値となる。

デンマークでは、サバの入目（水分や傷んだ魚のロス分を補てんするため数％余分に加量すること）で、まだノルウェーが６％程度（現在は２％）まで認めていたのに対し、２％が厳格に守られていた。日本でもノルウェーをはじめとする北欧式の資源管理に反対が多いとしたら、そのほとんどは、間違った認識や情報不足によると言わざるを得ない。百聞は一見にしかず。北欧では、デンマークのような資源管理制度が他の国々にも適用されているが、日本では、結果が出ている成功例を日本に合った組み合わせで取り入れることができる位置にいることに気づかねばならない。

2　資源争奪をめぐる激戦

漁獲枠の設定方法のちがいで生じる巨大な差

漁獲枠の設定方法のちがいは、その後の水産資源量に致命的な影響を与えてしまう。漁業先進国では、漁獲枠を実際に漁獲できる数量よりも高く設定するなどということはしない。予防原則に基づき、控えめな漁獲枠を設定する。

例を挙げれば、２００万トン獲れるだけ魚が回遊してきていても１００万トン分しか漁獲枠を設定しなければ、１００万トンを達成することは容易だ。かつ残りの１００万トンは、産卵する機会を与えられ、さらに資源は増えていく。一方で、50万トンしか魚が回遊していないのに１００万トンの漁獲枠では、１００万トン獲れることはない。かつ、幼魚や資源の持続性のために産卵魚として残す魚まで漁獲してしまえば、資源は枯渇していく。前者が漁業先進国で後者が日本である。

その結果は、海の中の資源量に大きな影響を与えている。漁獲枠設定に対し、資源が豊富なアメリカのスケトウダラは、およそ15％。一方で、資源の減少が著しい秋田のハタハタは40％で、かつ後者は個別割当制度でもなく、沖合と沿岸で一応枠が分かれていても、片方が超過してもそのままで放置では、資源が持続的になる可能性はまずない。

国別ＴＡＣがないリスクが招く乱獲

サバ、イカ、マグロ等多くの主要魚種はＥＥＺをまたいで泳ぐ。欧米だけでなく、アフリカ、中国、南米諸国は、自国のＥＥＺ内の資源管理を強化し、外国の操業を排除していく傾向が強い。このため、各国の遠洋漁業は、その漁場を失いつつある。かつて、２００海里漁業専管水域の設定以降、日本の漁船は世界各国の漁場を開拓してきていながらも、排除されていった歴史がある。

遠洋漁業の漁船が向かう海域は、主に公海となる。しかも、漁獲枠がなく、資源管理制度が未整備な漁場には漁船が集まりやすい。残念ながら、日本の太平洋側は、その典型的な狙われやすい漁場といえる。東日本大震災以降に資源回復が著しいマサバ、そしてサンマなどがターゲットになっており、国別ＴＡＣが決まらないうちに、中国などが新船を造り、実績を残し、後戻りできなくなっている状態下で、自国の漁獲に対する権利を主張するというパターンになっている。

２００７年頃から北欧サバの回遊経路が変わり始めた。ノルウェーとＥＵの資源管理により資源が持続的になっていた大西洋マサバがその例であった。アイスランドでは、サバが獲れるようになると、アカウオ等を獲る底魚漁船まで総動員して、サバを獲り出し実績を積み上げてきた。現在直面し

表3－3　2017年NPFCにおける日本のサンマ国別TAC案

	TAC（日本案）
日本	240千トン
台湾	190千トン
ロシア	60千トン
中国	50千トン
韓国	20千トン
合計	560千トン

注：実際の漁獲量よりかなり大きい提案で、これでは効果が期待できない。

ている外国船によるサンマ、サバの漁獲に対する懸念は、欧州のサバで10年ほど前に起こったケースを研究していれば、必然的に起こることは予想できた。

しかしながら時計の針は戻らない。日本の割当は、交渉が遅れたことで不利になってしまったが、これを放置すると、事情はさらに悪化してしまう。

ようやく話が始まった太平洋でのＮＰＦＣ条約

２０１５年にようやく、北太平洋公海における漁業資源の長期的な保存及び持続可能な利用確保を目的としたＮＰＦＣ（北太平洋漁業委員会）が開かれ、公海での資源管理に関する交渉が始まった。その中で、サンマの国別ＴＡＣの提案がなされた（表３－３）が、内容からして中国ほかの各国が受け入れられるものではなかった。なぜなら漁獲枠は数量で提案され、資源が前年の半分という調査結果があるのに、２０１６・２０１５年の過去2年間の漁獲量が約35万トンであったのに対し、日本の提案は、56万トンもの大きな枠であり、かつ日本は同約11万トンに対し24万トンと実績に対して2倍を超える枠の提案であったからだ。漁獲枠は各国の利権そのものであり、合意できる内容には程遠かったことが容易に推測される。

また、国別ＴＡＣは、漁獲量ではなく、比率でなければならない。持続的な漁獲枠を決め、それを各国に比率で配分していかないと、形骸化して資源管理としての機能が果たせない大きな漁獲枠になってしまいやすいので、注意が必要だ。北欧での漁獲枠の交渉や配分も、数量ではなく、比率となっている。

サンマの資源をめぐる問題

サンマの漁獲量の減少が大きな問題になっている。２０１７年の漁獲量は８・４万トンと過去最低。２０１６年、２０１５年とともに11万トンと不漁だった年よりもさらに減少した。ちなみに２０１４年以前の過去10年の平均水揚げは24・６万トンであることと比較すると大きく減少していることがわかる。マスコミは、中国や台湾といった国の大型漁船を報道しているので、日本に回遊する前に獲られてしまっていることが減った原因と考えている人が少なくない。しかしながら、よく見ると、日本だけでなく、これらの国々も漁獲が減少しているのである。また、日本に回遊してくるサンマの予想量は86万トンと前年の約半分であった。各国が争って漁獲すれば、資源はますます悪化してしまう。サンマは２歳で生涯を終える。サバとちがい、３歳まで待っても、生命を終えているので意味がない。

サンマは広く公海を回遊する。中国船や台湾の漁船[12]が漁獲している海域は日本のＥＥＺの外側で、そこには「公海自由の原則」が適用される。サンマは主に棒受け漁で漁獲されるが、公海では、仮に

表３－４　サンマのTACと漁獲量推移

サンマ　　（単位：トン）

	2017	2016	2015	2014	2013	2012	2011	2010	2009	2008
TAC（漁獲枠）	264,000	264,000	264,000	356,000	338,000	455,000	423,000	455,000	455,000	455,000
漁獲量	83,500	110,827	115,363	225,618	147,905	224,491	205,184	198,788	315,636	353,000
消化率	32%	42%	44%	63%	44%	49%	49%	44%	69%	78%

消化率平均
51%

注：2017年推計。常にTACが大きすぎて、資源管理に役立っているとは言い難い。アメリカやノルウェーの枠の消化率と比較するとよくわかる。
出所：水産庁資料より作成

日本のＥＥＺ内ではサンマ漁には認められていない巻き網を使っても、国際的なルールがないので違法ということにはならない。不漁で水揚げが減れば単価が上がり、ますます漁獲圧力がかかる悪循環と化してしまう。

中国は２０１２年からサンマの漁獲を始めている。漁船が新しければ、投資分を回収しようと余計に漁獲圧力をかけてくるし、十分に実績を積むまで、国ごとの漁獲枠の設定という資源管理のためのテーブルには着こうとしなくなる。その間に資源はさらに悪化してしまうおそれがある。

厳しさ増すサンマを取り巻く環境

サンマ資源を守るために不可欠なのは、科学的根拠に基づく国別のＴＡＣである。これを早く設定しないと、獲った者勝ちのため、乱獲が進行してしまう。表３－４のように、過去10年でＴＡＣに対しての漁獲量の平均消化率は51％と、ＴＡＣが機能してきていない。ＴＡＣを消化するために、漁船を増やしたり、サンマには禁止している巻き網を使ったりすれば、短期的には漁獲量が増える可能性がある。だが、そんなことをすれば、漁獲競争という火に油を注ぐことになる。そしてサンマの資源そのものがさらに減少すれば、何十年もサンマに最も依存してきている日本の食文化が一番被害を受けることになる。

たとえば、２００海里漁業専管水域の設定後にベーリング海の公海でスケトウダラの好漁場（通称ドーナッツホール）が発見された。そこで１９８６年から90年にかけて日本、韓国、ロシア、ポーランド、中国船が競り合いながら、年に約１００万トンもの漁獲を続けた結果、わずか５、６年で獲り尽くしてしまった。94年以降、同漁場でのスケトウダラ漁は停止となっている。

アメリカ、ニュージーランド、中国をはじめ、各国は自国のＥＥＺの管理を強化している。まだ公海上で魚の資源が豊富で、かつ管理が緩い漁業はかなり限られている。そのような環境下で、中国や台湾などの漁船が集中しているのが、日本のＥＥＺの外側の公海だ。参入した国は、新造船の投資を進め、できるだけ短期間で投資した分の資金を回収しようとする。このため漁獲枠の設定には反対し、漁獲実績を積んで、少しでも多くの漁獲枠を獲得しようとしてくる。

サバの回遊経路が、アイスランド等、それまでのＥＵ、ノルウェー海域内の回遊から変わったために起こった、２００７年頃から始まった北欧でのサバ資源の争奪戦は、まさにそのパターンとなった。フェロー諸島（デンマーク自治領）、アイスランドなどは、国別ＴＡＣの合意を先送りしている間に、次々に陸上や漁船によるサバの生産設備の投資を行って生産能力を大幅に増やした。そうなると、より大きな漁獲枠の割当を要求し、後には引かなくなる。

図３－３　サンマ漁獲量の推移（1930～2018年）

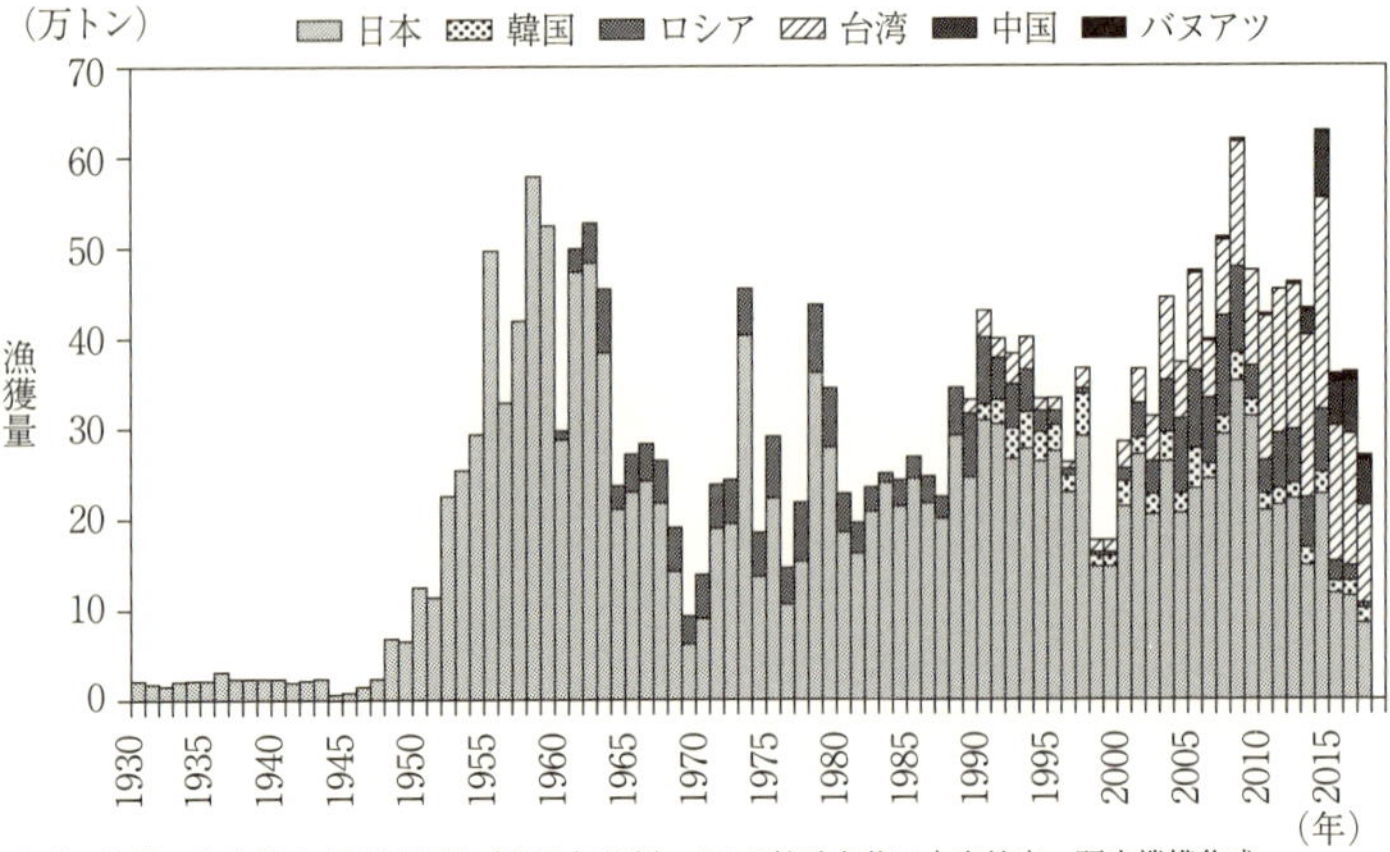

出所：漁業・養殖業生産統計年報（農林水産省）、FAO統計を基に水産教育・研究機構作成。
1995年以降は外国の漁獲量（NPFC資料）を追加。

サンマ資源を守るための戦略――イワシの国別ＴＡＣ提案

すでに抜き差しならない状態になってしまったサンマ資源。図３－３はサンマの国別の漁獲量推移であるが、日本の漁獲比率が大幅に落ちているのがわかる。日本の漁獲比率が高いうちに、国別ＴＡＣを提案し、決めておくべきであったが、すでにこの状態の段階で決めるのは容易ではない。漁船に新たに投資した各国は容易に妥協してこない。その間に、漁獲圧力は高まり続け、資源悪化の懸念は高まる。

２０１８年のサンマの資源量（分布量）は２０５万トンと大不漁だった２０１７年の86万トンより多い（図３－４）。しかし不漁であった２０１６年（１７８万トン）、２０１５年（２２７万トン）並みであり、大不漁だった２０１７年との比較で数量の増減を比較すると資源動向を見間違えてしまうので注意が必要である。

図３－４　サンマの分布量と漁獲量

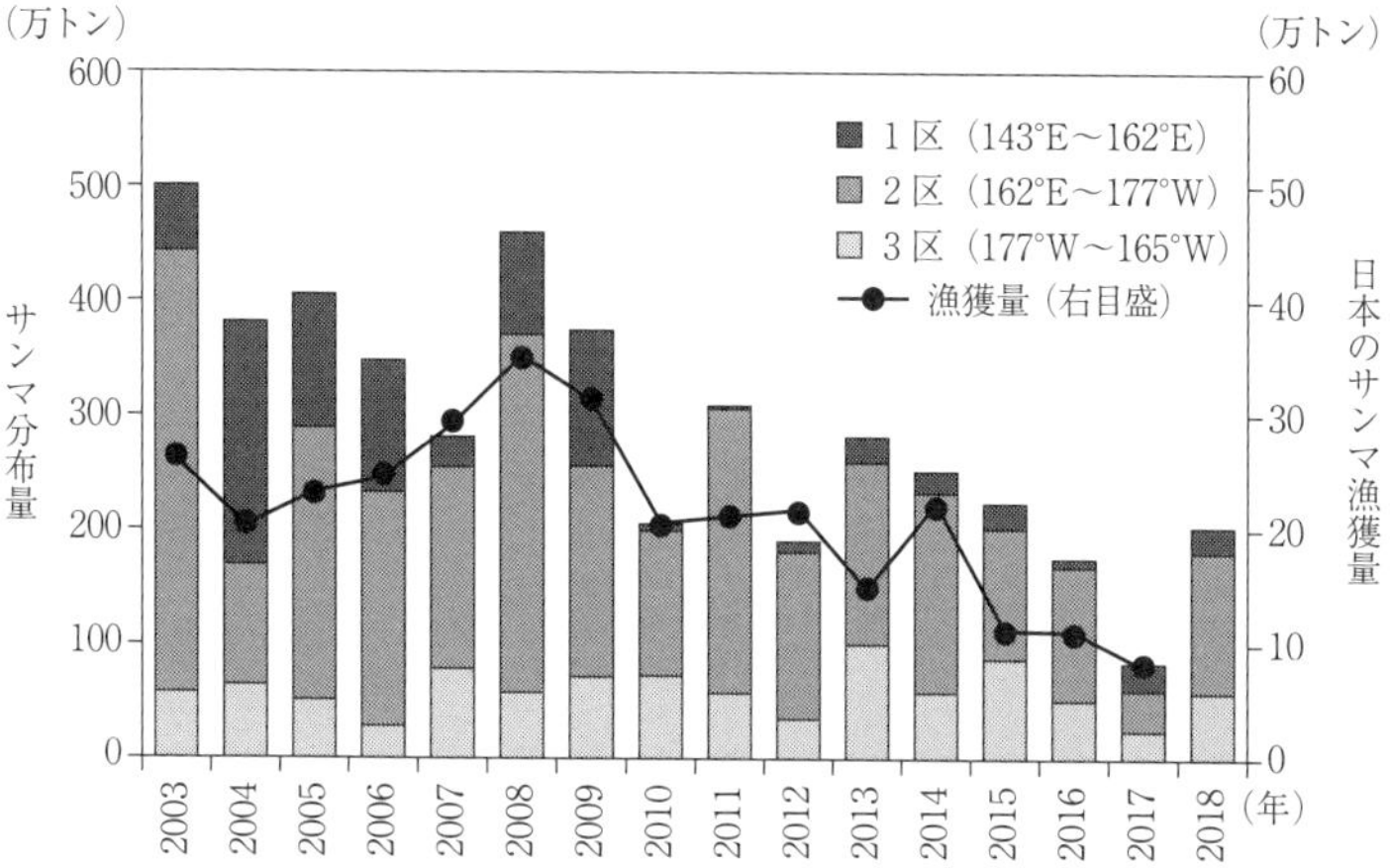

出所：水産教育・研究機構

日本が獲るべき戦略は、まずサンマへの漁獲圧力を下げることだ。サンマを獲る量を控えるよう話し合っても、ただ時間だけが経過してしまうおそれがある。そこで、取るべき戦略は、ＮＰＦＣで「マイワシ」においても国別ＴＡＣの設定をするという提案をすることだ。ＥＥＺの公海上で中国船、台湾船が狙っているのは主にサンマ、中国船はサバとサンマだ。マイワシの国別ＴＡＣの提案をすれば、実績づくりのために、マイワシ漁に一部シフトさせる可能性がある。日本のＥＥＺの外側の公海上で漁獲できるまとまった資源は、サンマ、サバ、そしてマイワシだ。サンマだけでなく、サバについても、中国船の漁獲が急増している。漁獲する魚種を分散させるのである。

マイワシの国別ＴＡＣ宣言をしなければ、漁船は、単価が安いマイワシより、少しでも高いサバ、サンマを狙う。イワシの場合は、サンマより日本のＥＥＺに近い漁場が中心となる可能性がある。その場合、注意点が何点かあるが、日本のEEZ内のマイワシの漁獲を許可し、水揚げ（実際には洋上での冷凍品）を義務づける方法もある。各国とも、本質的に求めているのは、たくさん獲ることよりも、より高い水揚金額と、資源が持続的になって漁業を続けられることだ。

NPFCで2017年にサンマの国別漁獲枠の提案が日本により行われたが、受け入れられなかった。マスコミは「中国などの反対により」という報道を行った。しかし、実際には8カ国中、賛成したのは台湾だけであった。言い方により、印象が変わってしまう例である。客観的にみると、自国の配分は、前年実績の倍の24万トンで、中国は逆に前年実績より減少している。日本の数字は過去10年間の漁獲量の平均であり、中国は漁獲の開始が2012年と遅いことから、過去5年の数字というのが根拠のようだ。しかし、近年漁獲を伸ばしている中国をはじめ、公海での漁獲を当てにして、新規の投資を進めている国々の納得を得るのは困難だ。

日本側にしてみれば、何も遠い公海で漁獲しなくても、毎年秋になると公海から日本のEEZ内に回遊して来る。それを陸上工場に近い漁場で獲るというやり方で、何十年もやってきた。しかし、その構造は諸外国の「公海」でのサンマ漁で変わってしまった。

サバ類に象徴される大きすぎるTAC

日本のサバは「サバ類」として管理されている。サバには、学名が異なるマサバとゴマサバと2種類あり、かつ、マサバは、太平洋系群と対馬暖流系群、ゴマサバも太平洋系群と東シナ海系群に分かれている。表3－5の通り、これらがサバ類としてまとめて1本でTAC管理されてしまっており、

表３－５　日本とノルウェーのサバ TAC と消化率

サバ（マサバ・ゴマサバ）

日本	2016	2015	2014	2013	2012	2011	2010	2009	2008	2007
TAC（漁獲枠）	822,000	905,000	902,000	701,000	685,000	717,000	635,000	575,000	765,000	746,000
漁獲量	508,264	522,000	529,041	430,622	378,351	425,901	463,687	442,362	473,407	408,252
消化率	62%	58%	59%	61%	55%	59%	73%	77%	62%	55%

サバ

ノルウェー	2017	2016	2015	2014	2013	2012	2011	2010	2009	2008
TAC（漁獲枠）	234,472	205,694	242,078	278,868	153,355	180,843	186,560	180,424	190,802	120,450
漁獲量	222,968	210,293	241,748	277,651	164,684	176,066	196,859	176,376	121,207	121,404
消化率	95%	102%	100%	100%	107%	97%	106%	98%	64%	101%

注：管理期間を2016年より１―12月から７―翌６月までに変更。消化率の差が著しい。日本は枠が機能していない。
出所：水産庁資料より作成

かなり粗く適切な管理は、これでは難しいと言わざるを得ない。

また２０１６年７月〜２０１７年６月の漁獲枠は82万トンと巨大で、同年のノルウェーサバの過去最大の漁獲枠28万トンの３倍もの枠に設定されている。しかし実際の漁獲量は約51万トンで６割の消化率にすぎない。これに対してノルウェーは漁獲枠に対して毎年ほぼ１００％の漁獲であり、漁獲枠＝ほぼ１００％漁獲量[13]となっている管理と日本の管理は、まったく異なる。

日本の主要なサバ資源は、太平洋を回遊するマサバだ。１９７０〜80年頃には３００〜４００万トンあった資源が、主に乱獲で激減させてしまい、90年から本格的にノルウェーからサバの輸入が始まって現在に至る。サバ類は、96年にＴＡＣ法の制定によりＴＡＣ魚種になっているが、漁獲枠が常に実際の漁獲量より多い現状のやり方を、国際的に遜色がない漁業先進国同様の成功例に変えていくことが不可欠だ。

中国そして魚の北上によるロシアの動向

中国は、近海での過剰な漁獲と海洋汚染が拡大したため、外海を開拓し遠洋での生産を発展させる方針を打ち出している。2017年度は、5月〜9月中旬に中国のEEZは実質的に禁漁。燃料に対して補助金を出し、遠洋漁業を奨励している。自国の海での漁獲圧を下げて資源を回復させる戦略を取っているのだ。すでに東シナ海の魚は乱獲で激減しており、次に狙うのが公海というわけだ。

日本のEEZの外側の太平洋は国別のTACがなく資源管理が甘い。このため、夏から秋にかけてサンマやサバを漁獲する中国船が、近年急増している。新たに漁船に投資すると、投資分を早く回収しようと、漁獲枠等、資源管理には容易に合意せず、できるだけ獲ってしまおうという力が働いてしまう。

一方でロシアも新造船の増加が、将来の日本の資源に影響するおそれがある。政府の方針で投資に対してのインセンティブが与えられ、少なくとも30隻の漁船と9つの水産加工場の建造が急激に進む。漁獲枠の15%を新造船へ、5%を新工場に割り当て、漁業の近代化を進める戦略が進んでいる。

2017年のロシアの漁獲量は495万トンと、過去25年で最大だった。これを2030年までに550万トンに増やす目標。マイワシとマサバの漁獲増加に期待している。これらの魚種の多くは、日本の海で産卵し、ロシアまたは、公海に回遊すると考えられる。表3－6の通り、水揚げは2014年とごく最近始まっている。

表３－６　ロシア、アイスランドの漁獲推移

ロシア（太平洋）の漁獲推移　（単位：トン）

	2017	2016	2015	2014	2013
サバ類	53,553	9,242	790	45	0
イワシ類	16,563	6,685	32	10	0

アイスランド（大西洋）サバの漁獲推移　（単位：トン）

	2017	省略	2008	2007	2006
サバ	168,003	…	112,000	36,000	4,000

注：急激な増加が続くロシア（太平洋）の漁獲量には注意が必要。国別TACが不可欠。
出所：シーフードニュース・連邦漁業庁・アイスランドMRIなどから作成

マサバについても、マダラやヒラメの資源増加と同様に、２０１１年に起こった東日本大震災により、漁獲圧力が低下したことが、突然の資源回復に影響しているものと考えられる。中国、そして北からはロシア、公海の資源管理、国別ＴＡＣの設定は待ったなしの状況にある。

アイスランドでは、同じく表３－６にある通り、２００６年にタイセイヨウサバ（日本で言うノルウェーサバ）がアイスランドのＥＥＺに回遊を始め、国別ＴＡＣが決まらないうちに、漁獲及び加工設備を増強。漁獲を大幅に伸ばして現在に至る。ロシアのマサバ・マイワシに対する動きは、国別ＴＡＣが決まっていないことから同様に漁獲を伸ばす可能性が高いと考えられる。

魚を大きくして増やすことは近隣諸国の共通の願い

大きな価値のある魚を獲り続けたいというのは、近隣諸国の共通の願い。国ごとの取り決めがしっかりしていないから、魚の獲り合いが続き、さらに資源が減り続けて経済的にも厳しくなる悪循環を起こしてしまう。日本の沿岸諸国と漁獲枠の配分の話をして合意に持ち込むのは容易なことではないかもしれない。ただ

し、魚を獲り続けたい、水揚金額を増やし続けたいという点で、利害は一致しているのだ。日本の南部や日本海では、領土問題もからみ非常に複雑である。石油を含む海底資源が、どの国のものかという話は譲れないことだろう。しかし、魚を大きくして獲るようにしようという話し合いに関しては、魚は石油とちがって持続的に利用することができる。従って、国家間の話し合いはしやすいはずだ。前向きな対話の継続のためには、魚と資源管理の話が一番よいのかもしれない。日本を取り巻く、中国、韓国、台湾、ロシアといった国々も、魚を大きく成長させてから獲ったほうがよいことはわかっているのだ。問題は、科学的根拠に基づく国別のＴＡＣがないこと、これに尽きる。

参考となる欧州での近隣諸国の取りまとめも、決して容易ではなかった。サバ、アカウオをはじめ、依然完全な合意に至っていない魚種も少なからずある。しかしながら、日本との大きなちがいは、過去に経験した乱獲による資源減少を起こせば、被害は自国にも来ることを自覚している点と、資源の持続性が疑われれば、欧米での水産物の販売に必須となってきているＭＳＣなど水産エコラベルの認証を失うことを意識している点である。

どの国も国益を考えて、できるだけ多くの配分を、交渉を通じて得ようとする。漁業で成功している北欧でも、その道のりは決して容易ではない。持続可能な資源管理を世界全体から俯瞰すると、日本を取り巻く環境は決して特殊ではない。問題は、正しい知識を国民が持つことで、それによって世論を変え、政治家が客観的に正しい判断ができる素地をつくり、手遅れになる前に、漁業先進国ですでに結果が出ている対応に学ぶべきであろう。

【第3章　注と参考文献】

（1）ハタハタ（日本海北部系群）・ニシンの漁獲量は最盛期の各10分の1、50分の1程度であるが資源評価は中位となっている。
（2）東京財団政策提言レポート参照。
（3）マイワシ、サバ類、アジ等ＡＢＣを超えるＴＡＣが10年以上常態化した。現在では、ＴＡＣがＡＢＣを超えることはなくなっているが、依然ＴＡＣ自体が漁獲量を上回ってしまっており、形骸化している。
（4）２０１８年にクロマグロが加わり８魚種となった。
（5）ただし、アイスランド、グリーンランド、ロシアとは合意していない。
（6）Individual Fishing Quota：個別漁業者割当。
（7）一例として以下に列挙すると、ノルウェー産の塩サバ、オランダやアイルランド産のアジの開き、ノルウェー、アイスランド産の干しカラフトシシャモ、アラスカ産のホッケの干物や鍋用のマダラの切り身、アラスカやカナダ産のズワイガニ、アラスカ産のスケトウダラのすり身でできた、ちくわをはじめとした練り製品原料、カナダやアラスカ産の数の子や銀ダラの照り焼き、アラスカ産のタラコ、アイスランド産のアカウオのかす漬け、カナダやグリーンランド産のカラスガレイの味醂干しや甘海老の刺身、アイスランドやノルウェー産のカラフトシシャモ卵で作った子持ち昆布やカリフォルニアロール（巻寿司）、チリ産のメロの西京漬け、ニュージーランド産のホキやメルルーサの白身フライなどである。
（8）Information and Communication Technology：情報通信技術、情報伝達技術。
（9）スクラップにしないと、近隣諸国に漁船が輸出されて、同じ魚を獲りに来られて、資源管理どころか漁船が増えて乱獲が進む要因になることがある。
（10）漁獲枠は沿岸船と沖合で漁獲するトロール船に分類。漁獲枠が10万トン以下の場合は沿岸船に80％、トロール船に20％の配分。一方で30万トンを超える豊かな資源状態の場合は沿岸船に67％、トロール船に33％の割当を行い、沿岸船に配慮している。
（11）他国の例も含めて、すべての魚種で同じＩＱやＩＴＱ制度ということではない。

(12) 中国、台湾といった国々は、サンマの漁場から離れているために、凍結を洋上で行わねばならない。そのために、漁獲後、釧路~銚子にかけて陸上工場まで運んで水揚げをする日本のサンマ漁と構造が異なり、採算性を考えると、漁船は大型化が必要となる。その分投資金額も大きくなる。そしていったん投資すると後には引けなくなってしまう。また、できるだけたくさん漁獲して早く投資資金を回収しようという強い意思が働く。

(13) ただし、表3-5の2009年の64%は、サバの回遊パターンが変わり、EUがノルウェー船のEU海域内でのサバ漁を制限したために起きた例外である。

・東京財団政策提言レポート『漁業資源管理と日本の課題』2017年。

第4章　日本の漁業いまむかし

1　日本漁業の近代史

繰り返される歴史——現在と比べてわかること

ホッケ、ウナギ、サンマ、クロマグロ、スルメイカ、カツオ等、様々な魚が減ったという報道が繰り返されている。日本の漁業の歴史を振り返ると、魚の漁獲量が急激に増えていくケースが、多くの漁場や魚種で出てくる。しかしながら、水揚げの増加は続かず、突然急激に減り始め、そして魚が消えていく問題が後を絶たない。そしてそれは、地域経済を含め大きな社会問題を引き起こしてきた。過去には、北海道のニシンや、秋田のハタハタ、東シナ海での以西底曳き漁業等、枚挙にいとまがない。

歴史上、漁獲量が急増していた場面は、魚の資源が増えたからではなく、たいていの場合は、漁船や漁業機器の性能がよくなったり、数が増えたりして漁獲能力が増強していることが主因だ。そしてその時に資源管理の対策を怠ると、例外なく魚がいなくなっていく。特に魚が獲れなくなって供給量が減ると、単価が上がるので、ますます漁獲圧が上がり、そして乱獲が止まらなくなってしまう。様々な水産物で、その末路にあるのが、今の日本の状態である。

だが、今日日本で起きてしまっていることは、過去にも世界各地で同じように起こってきた。そしてその時に考えたこと、行動に伴って起きてしまったことも同じ事例が多い。ただし、今日漁業で成長を続ける国々は、手遅れになる前に「獲りすぎ」や「乱獲」という誤りを認め、適切な対策を実施して、繁栄を享受している点で日本とは異なっている。ここでは、歴史を振り返り、それを現在に照らし合わせて、問題点と解決策を洗い出していく。

日本漁業近代史——沿岸・沖合・遠洋そして200海里

今ではすっかり変わってしまったが、日本はかつて、世界に類を見ない漁業大国であった。日本の漁業会社は、戦後、世界中の海に展開し、漁場を開拓、極度の食糧不足に悩む日本に、貴重なたんぱく源を供給してきた。アラスカ沖では、スケトウダラをはじめ、200海里漁業専管水域(1)が1977年に適用されるまで、日本の洋上での母船型、そして大型トロール船での洋上加工が盛んであった。沖合漁業が発達していなかったニュージーランド沖合では、1956年に水産庁の調査船が、メバチの調査を行ったのが最初である。それ以降、当時の規制であった3海里という、陸上からでも見えるような漁場で、タイ類を主体に漁業が行われていた。アフリカの西沖では、マダコやタイ類等を同様に日本のトロール船が漁場を開拓していた。

しかし、発展していく日本の漁業に対して、世界の見る目は冷淡であった。自国の目の前の海で、日本の漁船が大量の魚を獲って自国に持ち帰って行くことをただ黙って見過ごしていたわけではなかったのだ。１９３７年７月農林省のさけ・ます調査母船「大洋丸」がアラスカのブリストル湾内において付属漁船３隻から漁獲物の転載を発見され、日本が不法漁獲を行ったように報道された[2]。これがきっかけで、日本漁船封じ込めのための１９４５年９月のトルーマン宣言につながっていると言われる。ブリストル湾は、紅サケの漁場として有名。現在の水産物を買付するインポーターからすれば、日本の漁船が同漁場で操業すること自体想像できないかもしれないが、当時はまだ３海里の規制にすぎなかったので、合法的に操業ができたのである。

１９５０年代に日本漁船がニュージーランドの沖合に進出。日本の優れた漁業機器と高い漁獲能力は、脅威に映ることになる。中国、韓国、東南アジア、西アフリカ、南米、南氷洋など、日本の漁業会社が開拓した海域は枚挙にいとまがない。日本の漁業会社は、下関、函館などを拠点とし、大量の船員を抱え、遠洋漁業は１９７７年にかけて全盛期を続けることになる。

しかし、１９７７年２００海里漁業専管水域の設定に伴い、日本の漁業会社は漁場を失い、徐々に衰退を始める。当初は、日本の漁業会社としては、魚を獲り続けたい一方で、新たに漁場の権利を得た国々には、日本がそれまで獲っていた漁場で魚を獲る設備が十分にない。そこで、一部ではジョイントベンチャーなどのかたちで、当面漁業が続いた。その後、アメリカでは、日本の漁業会社に１９８６年と１９８７年の稼働開始で１工場ずつ、アラスカに陸上工場を建設させた。そこでアメリカ人の雇用を創出させ、現在でもスケトウダラのすり身やタラコ等の日本への一大供給地になっているケースもある。

また、日本の漁船が、現地の船籍になってアラスカやニュージーランド等で操業を続けるケースも見られた。ところがジョイントベンチャーへの国と国との思惑は異なっていた。少しでも漁業を続けたい日本側と技術習得し、設備を備えたら日本側には出て行ってほしい現地側とでは、最初から立場が異なっていたのだ。日本側とすれば、もともと自分たちが開拓した漁場であり、２００海里の設定により排除された感が強くなる。

現時点ではっきりしていることは、日本と異なり、多くの国々は自国の２００海里内の、資源管理を最優先する政策をとっていたということだ。日本の２００海里内は、ＦＡＯにも世界の三大漁場の中でも最も豊かな海域を含んでいると言われている。その豊かな海の資源を持続的にしていくことが、取るべき最優先の政策であったことは、世界と日本の漁業、そして資源管理を比較すると、あまりにも明白だ。

遠洋漁業の奨励と沿岸漁業者の不満

まず、漁獲量を増やしてきた漁業をみておこう。明治中期の１８９７年に農商務省が、遠洋漁業奨励法を公布。日本近海に進出する英米ロに対抗するため、50トン以上の汽船に対し、奨励金を交付した。そして漁業者に限らず、誰に対しても日本の猟船（捕鯨等）の建造を促し、遠洋進出の機会を与えた。

日本の汽船トロールはイギリスからの技術導入によって本格化していく。１９０４年に日本国内において最初にイギリス式を参考にして建造された汽船トロール漁業が試みられたが、うまくいかなかった。そこで1908年、イギリスからの技術移転とイギリス人の雇い入れにより軌道に乗り出す。しかし、漁船がまだ小型で遠く沖合に離れての漁ができず、沿岸近くで操業せざるを得なかったため、沿岸漁民が反発した。このため1909年には、トロール禁止の請願書が帝国会議に提出された。当時政府は、トロール汽船の建造に奨励金を交付し、新造を奨励しただけでなく、操業についても何らの制限を加えず自由に放任した。そこには国家としては、ようやく軌道に乗り始めた大規模漁業の成長を抑制してしまうのは得策ではないと考えていたからである。一方、沿岸漁業者は猛烈に反対した。そこで1909年「汽船トロール漁業取締規則」が制定され、操業禁止区域を設定し、奨励金の交付も中止されたのである。

政府は、沿岸漁業との争いを避けるために操業禁止区域を設定する一方で、外洋の漁場開拓の奨励を続けた。1913年にはトロール船が全国で139隻に急増した。このため各地でさらに沿岸漁業との摩擦が起こった。そこで同年政府は取締規則を改正し、操業区域を東経130度以西に限定。トロールを大臣許可とするとともに、船型を180トン以上とし、操業区域の沖合化を促した。ところが、沿岸から離れることで、持ち帰る魚の鮮度が落ちてしまい、かつ乱獲によって資源の悪化が目立つようになった。

さらに悪いことに経済不況、魚価暴落、経営状況の悪化といった問題が襲いかかった。このため、1914年には、131隻のうち、三分の一が休漁を余儀なくされた。資源管理制度が機能していないと、魚が獲れて儲かることがわかれば、たちまち漁船が増えて乱獲が進んでしまう。このため、資源の回復を待つか、減船せざるを得なくなるのだ。

しかし、皮肉なことに、戦争によって、漁船の過剰問題と乱獲による資源の減少問題は、一時的に解決することになった。同年第一次世界大戦が勃発、海外から突然漁船に対する需要が発生。軍事用運搬船、掃海艇として、フランス、イギリス、イタリアから買船希望が殺到する。大戦が終了する1918年に日本に残ったトロール船はわずか6隻にすぎなかった。過剰漁船の問題が解決し、漁船が減少したことから、漁獲圧力が大幅に緩和され、資源回復に役立つという効果を生んだ。

そして第一次世界大戦後、再びトロール漁業が復活していくが、政府は漁船の許可を70隻に絞り込んだ。かつ、船型は200トン以上、速力は11ノット以上、航続距離2000海里以上とした。有事に備えることも考慮され、かつ沿岸漁業との軋轢が起きないように、離れた漁場で操業するよう意図されていたのである。

1924年に取締規則が一部改訂され、内地近海、東海、黄海以外の海域で操業する場合は、70隻という隻数制限を適用しない例外とされた。これを受け1928年以降、南シナ海、ベーリング海、オーストラリア北西海域、メキシコ西岸沖、アルゼンチン沖への進出と遠洋漁業が増加していくこととなる。

歴史は繰り返す。近年中国が同様の行動に出ている。同国の近海の魚が乱獲で減少、このため5月~9月中旬までを実質禁漁とし、燃料費の補助などを行い、遠洋漁業を奨励。このため、日本の近海、特に太平洋側のEEZの外側に中国船が急増している。

中国や台湾の大型漁船が日本近海でサンマを獲っている映像をテレビなどで見て、外国漁船が日本の周りで魚を獲ってしまうから日本の魚が減っていると理解している人は少なくないだろう。だが、

図４－１　北西太平洋における中国漁船の視認状況

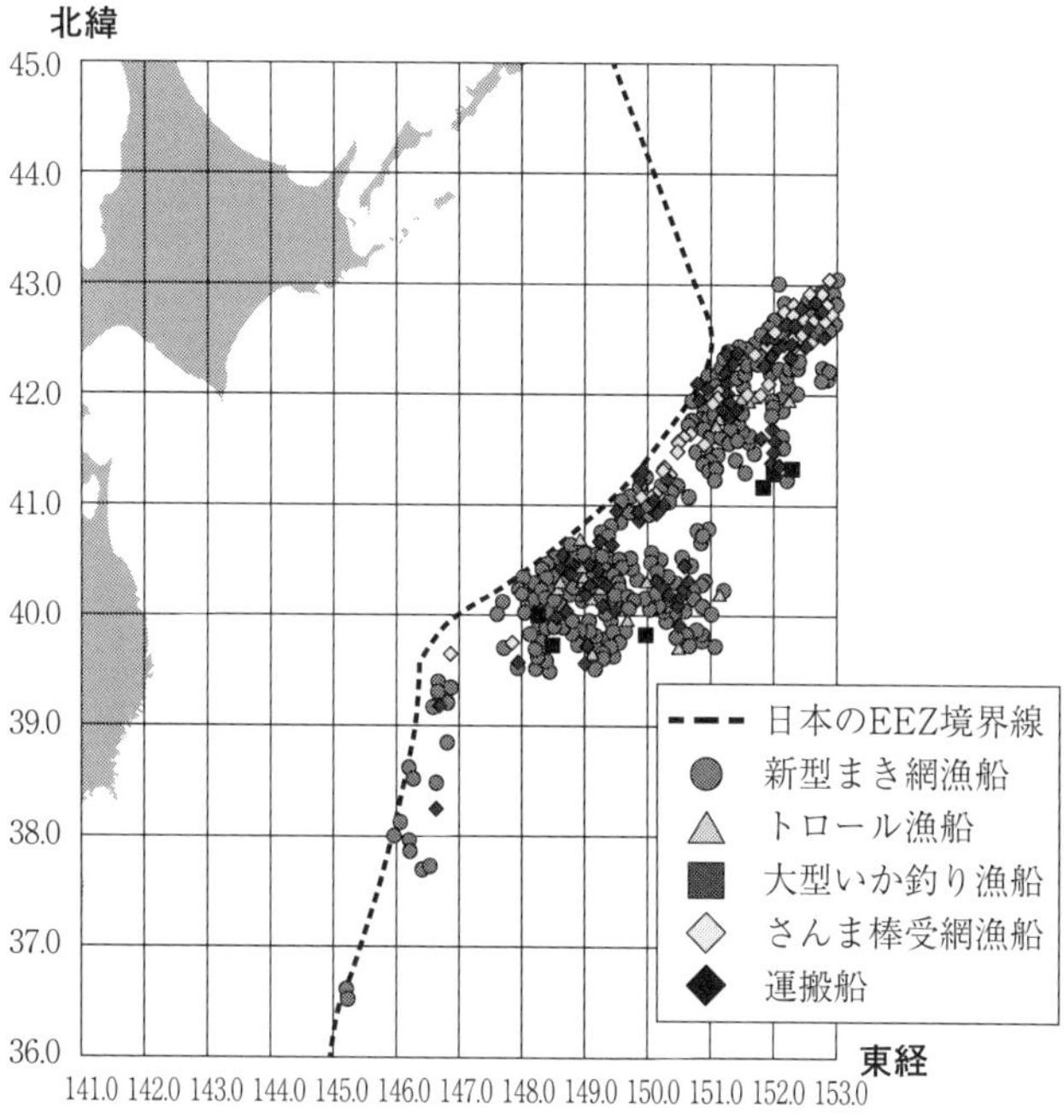

出所：『水産白書2017年版』。EEZの外側は「公海自由の原則」が適用される。

１９７７年に２００海里専管水域が設定されるまでは、むしろ漁獲能力が高い日本の漁船のほうが世界の脅威であった。

ニュージーランドやアメリカ側から見た日本は、自国の海の目の前で魚を無制限に獲り続ける脅威に映っていた。時代は変わり、今では、性能が上がった漁船で、中国をはじめとする各国が、まさに日本が以前やっていた排他的経済水域のギリギリの海域の操業を行っているのだ（図４－１）。必要なのは、公海上での資源管理だ。管理の甘い海域には、他国の遠洋漁業の漁船が集まってくる。かつて諸外国にとって脅威だった日本は、公海上から自国のＥＥＺに回遊してくる、サンマ、サバ、スルメイカ等含めた水産資源に対し、イニシアチブを取って、国際的なルールを設定して守るべき立場にあるはずだ。

類似性がある漁業国としての日本とイギリス

イギリスは、日本同様に積極的に遠洋漁業へ進出し「攻め」の漁業を展開していた。そして、後年、近年の日本同様に遠洋漁業で進出していた国々から、逆に沿岸に進出され、方針を変えることになる。状況が変化し立場が変わったのだ。イギリスは漁獲能力が高いトロール漁船を日本に輸出し、その技術を伝えた。また同時期にノルウェー沖、またそれ以前の19世紀後半からは、アイスランド沖に進出してマダラなどを漁獲していた。[3] そして、いかなる国も沿岸から3海里を超える海域を主張することはできないとしてきた。

だが、沿岸国が管轄する海域の拡大を目指し、漁業水域を２００海里に向けて広げていこうとする時代の流れには逆らえなかった。１９５９年、バレンツ海での英・ソ漁業協定が失効し、同漁場での漁業権を失い、59年にはデンマーク領フェロー諸島の周辺海域12海里内から排斥される。64年以降はアイスランド12海里以内の漁場から撤退と次々遠洋漁業での漁場を失い、影響力が弱められていった。そして、フェロー諸島、ソ連の水域、アイスランドと次々に漁場を失っていった。

それどころか、イギリスの沿岸はまだ3海里主義であったために、逆に同国沿岸にソ連、西ドイツ、ノルウェー等の漁船が進出し、沿岸漁業者を圧迫するようになった。そこで１９６４年にロンドンにおいて、西欧16カ国が参加して「ヨーロッパ漁業条約」を採択し、すべての締結国が沿岸に12海里の漁業水域を設置することを規定。イギリスはこれにより、１９６４年にこれまでの伝統的な３海里主義支持から一転して12海里漁業水域の設定へと踏み切ったのである。

日本がたどってきた道（食糧確保・マッカーサーライン）

１９３６年から37年にかけて日本漁船が、アラスカ沖のサケ漁業に進出、紅鮭の漁場として有名なブリストル湾にも、３海里という国際ルールに基づき入り込んでいったことは前述した。これをアメリカでは「日本の侵略（Japanese Invasion）」と呼んで大きな反響を呼び、新聞ラジオ等で大々的に宣伝され、食い止めるための大きな議論が起きた。そしてそれが、戦後の日本漁船排除への対応につながっていく。

第二次世界大戦中は、戦争優先で、漁船の徴用が増加。徴用と人手不足、資材難で稼働できる漁船は大幅に減少し、漁獲も減少した。以西のトロール及び機船底曳き船も致命的な打撃を受け、終戦時には８割以上が姿を消していた。

また日本の漁獲量は、日中戦争前の１９３６年には４３３万トンであったが、戦争が終結した１９４５年には１８２万トンに激減。米作不振と漁獲の減少、また戦後の引揚者の急増で、食糧不足が深刻化した。そこで日本政府がまっ先に取り組んだのが漁船の復興であった。

ただ一方で、１９４５年9月にマッカーサーラインが引かれ、日本は戦前の五分の一の面積にも満たない沿岸漁業に押し込められた。政府は、乱獲防止と資源保護対策を指摘するＧＨＱの意向に沿い、小型底曳き網漁業処理要綱を策定する。小型底曳き許可４隻に対して中型底曳き1隻、無許可船は8隻に対して中型1隻等、小型から中型底曳きに転換する政策を行った。食糧増産の奨励と復興資金によって、以西海域のトロールと、機船底曳きは再び急速に増加する。しかし、船ごとの漁獲量規制があるわけでもなく、狭い海域に漁船が入り乱れて操業し、再び漁場の荒廃が進んでしまうことが繰り返された。

1952年は、狭い漁場での操業でくすぶっていた日本の漁業にとって歴史的転換期となる。漁船の操業区域を制限していたマッカーサーラインが廃止されたのだ。そして日本は、自主的な漁業政策の展開と国際漁業への復帰が可能となった。同年のサンフランシスコ講和条約の発効により、漁場制限がなくなると同時に南シナ海、南方への漁場を拡大した。その理由は、近海の資源減少と遠洋化の促進のためだ。自国の海の資源が減少すると、遠洋漁業に漁船が向かい、管理が甘く魚が豊富な海域に毎年集まるようになる。そこで沿岸国との軋轢が生じ、資源の減少が始まる。

それまで自国で思い通りに魚を獲れずにいた日本の漁船は、1955年頃からはオーストラリア、ニュージーランド、アフリカの沖合まで漁場を拡大させた。1954年に再開されたオホーツクやベーリング海の底曳き漁業でも急速に漁場を拡大していく。

1950年に制定した水産資源枯渇防止法では、補償金を出して底曳き138隻の許可を取り消し、50トン未満の底曳き船108隻の操業区域を縮小した。他方では新漁場の探索が続けられた。59年第51大洋丸が南氷洋への航海中、ニュージーランド西海岸沖でタイを主体とした新漁場を発見。一方、調査船がアフリカの西岸サハラ沖でタイ類、紋甲イカ等の好漁場を発見したことにより、大手漁業会社が一斉に新造船の建造に走った。政府の基本政策は「公海自由の原則」を掲げて遠洋漁業を伸ばすというもの。南シナ海の許可期間中に以西海域での操業停止が付され「以西漁場から遠洋漁業への転換」が基本に据えられた。

沿岸から沖合へ、沖合から遠洋へ（李承晩ライン〜禁漁区の拡大〜アフリカへ）

１９５１年末に日米加漁業条約が締結された。戦後、アメリカ・カナダの両国は、日本漁船の進出を恐れていた。この条約により、日本は北東太平洋のサケ・ニシン・オヒョウなどの漁から「自発的」に手を引くことになった。

日米加条約の正式署名は、サンフランシスコ平和条約発効（１９５２年４月28日）後の５月９日に行われた。一方で、韓国はサンフランシスコ平和条約により。日本の操業区域として設定されていたマッカーサーラインが無効化されることによる日本漁船の再進出を見越し、同年１月（〜65年の漁業協定で撤廃）に、一方的に李承晩ラインを設定し、１９４７〜64年で延べ３２６隻、３９０４名が拿捕された。このようにアメリカ・カナダ・そして韓国は、日本漁船の再進出を強く恐れていたのである。

１９５４年に水産庁は、漁業転換促進要綱を策定し「沿岸から沖合へ、沖合から遠洋へ」との転換策を銘記し、日本漁船は世界中に展開し、大きな繁栄を一時的に築いていくことになる。

日本の対策・北転船

日本の漁業は、戦後、急激に遠洋漁業を拡大したものの、進出先の沿岸国から徐々に排除されてい

図４－２　一斉更新以後（昭和42年９月１日以後）の北洋底魚漁業操業区域図

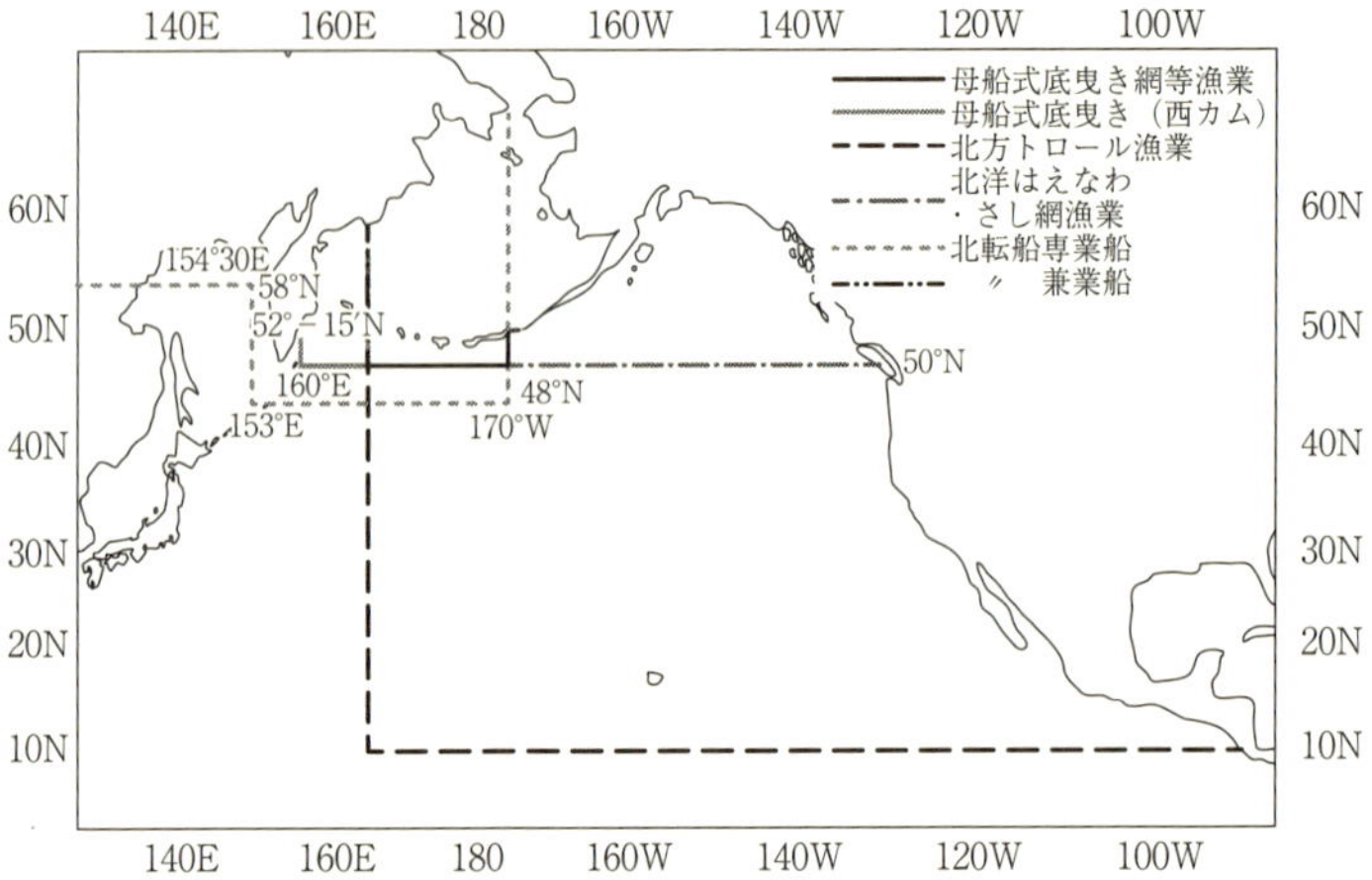

注：200海里（1977年）の適用まで拡大する日本の遠洋漁業。
出所：遠洋水産研究所

くことになる。

北海道庁は、底曳き漁業対策を1957年に立てた。中型機船漁業は、漁法上の特性から、沿岸漁業と競合し、海底の環境を破壊し、幼魚の乱獲などの弊害が生じ、資源管理に少なからず影響を与えているのは否定し得ない事実とした。そして漁獲禁止区域を拡大し、新漁場へ進出させるため大型化を促進するとした。底曳き漁船の大型化、装備の近代化によって漁獲量は確実に増加し、沿岸との競合を避けるため、北洋に展開し、有望漁場が発見されていった。そこで1961年に150隻の漁船の漁場を北緯48度以北、東経148度以東、東経180度以西の海域とすることにした（図4－2）。これらが「北転船」と呼ばれる漁船である。

転換隻数は5年間で、漁船建・改造資金は農林漁業金融公庫資金を確保し、その貸付条件の緩和措置が検討された。鮮度保持のため冷凍装置の導入が不可欠であり、船型は300トン未満までの大型化が認められた。

さらに北洋だけでなく、1963～64年には、西アフリカ沖トロールへの転換が認められ、一旦北洋に転換したあと再転換したものもある。自国内での乱獲を抑え、国内での沿岸漁業との問題を、遠洋漁業により国外に持ち出して行かざるを得なかったとも言える。そこには、国内への食糧供給を担うという大義名分が存在した。

「北洋の花形」北転船

北転船は当初、ギンダラ、オヒョウ、メヌケ、カレイなどを主に漁獲対象としたが、冷凍すり身の製法開発以来、スケトウダラの魚価が堅調となる。1965年には西カムチャッカにスケトウダラの好漁場が発見され、夏はベーリングのギンダラ、オヒョウ、メヌケ、冬はカムチャッカのスケトウダラ操業が定着する。300トン型北転船の採算点である水揚げ1億円をはるかに超えるようになり「北洋の花形」と称されるようになった。

北転船による漁獲量は、1963年に約3・6万トンだったが、65年には11万トン、67年には28万トンと激増が続いた。中には3年目で代船建造する船主も現れた。1972年に日本のスケトウダラの漁獲量は300万トンを超える。2017年におけるスケトウダラのロシア・アメリカの二大生産国の漁獲量が計300万トン（各170万トン、130万トン）であり、当時の日本一国だけで300万トンという数字がいかに莫大な数量であったのかがわかる（日本の2017年の同漁獲量は13万トンにすぎない）。

北海道と水産庁は、遠洋漁業を奨励することで、沿岸資源への圧力を軽減させていった。ただ、「花形」であった前提は、獲る漁場も魚も十分にあったからにほかならない。しかしアメリカ、ロシア等は日本漁船の進出を好意的に捉えているはずもなかった。

二度の国際会議と200海里

日本が遠洋漁業を主体に漁獲量を伸ばし、世界最大の漁業国への地位を築き始めている時期、世界は、各国が独自で管轄できる海域を広げる方向に向かい始めていた。1958年と60年に開催された国際連合海洋法会議では、最終的に漁業水域を12海里にすることが、賛成54・反対28・棄権5票の僅差で否決された。もし、反対国の1国でも棄権していれば三分の二を得て可決されているはずであった。賛成は、欧米主体、反対はソ連を含む東欧。日本は棄権した。

会議の失敗によって、各国がもとの3海里の原則に戻ることになるはずであったが、以来、一方的に12海里漁業水域の設定をする国々が増加する。1964年にイギリスを含む西欧16カ国、66年にアメリカとニュージーランドが12海里漁業水域を設定した。アメリカの動きは、日本やソ連のトロール艦隊がアラスカ、ワシントン、オレゴン、カリフォルニアの各州に進出して来るのを恐れていたためと言われる。

アメリカ漁業の漁獲量は1960年頃で200−250万トンの間で推移（2016年540万トン）。9割が沿岸・沖合が占める典型的な沿岸漁業であった。66年にアメリカが12海里漁業水域を設定して以降は、その主張国が一挙に80カ国以上と、それまでの3倍以上に激増した。そして76年にアメリカ漁業保存管理法（ＦＣＭＡ）の設定を宣言したことが、短期間に２００海里漁業専管水域の制度を国際社会に普及させる推進力になっていった。

２００海里漁業専管水域の設定——強いのは沿岸国

１９７７年、ついにアメリカが２００海里漁業専管水域を設定すると、瞬く間に日本も含め各国も宣言が続き、２００海里時代に突入していく。

２００海里で最も大きな影響を受けたのは、当時世界最大の漁獲量を誇っていた日本であったことは間違いない。北米、オセアニア、南米、アフリカ、アジア、北欧等、日本の漁船は世界に進出し、世界中の漁場を開拓していたからである。

２００海里の設定により、多くの遠洋漁業を展開する漁業会社は、漁場の縮小により、漁船と船員の過剰という現実に直面する。それまで自由に魚を獲っていた漁場が有償になった。しかもその入漁料が上昇していくだけにとどまらず、漁獲量も制限され、かつ技術指導を求められ、オブザーバーの費用を負担させられ、獲った魚を買えと言われ、はたまた魚と関係がない貿易条件まで持ち出されるなど、厳しい条件が矢継ぎ早に突き出されることになっていく。強いのは沿岸国側だ。しかし、このとき、そして今も、日本は沿岸国として資源が豊富で、実は最もポテンシャルが高い立場であり得ることに気づいていない。

アメリカは１９７６年に漁業保存管理法（ＦＣＭＡ）を制定し、外国企業の米国海域からの締め出し（フェイズアウト）を基本政策とした。そこで、漁獲量の割当に際し、いわゆる「フィッシュ・ア

表４−１　アメリカ水域における対日漁獲割当、洋上買付、入漁料の推移

年	対日魚種割当量（千トン）	スケトウダラ洋上買付量（千トン）	入漁料支払総額（億円）
1977年	1,202		16.2
1978年	1,250		14.8
1979年	1,195		22.0
1980年	1,393		35.8
1981年	1,424	11	52.3
1982年	1,378	66	67.2
1983年	1,173	212	74.7
1984年	1,158	341	74.2
1985年	902	433	47.1
1986年	475	529	31.8
1987年	104	689	11.2

注：200海里（1977年）以降は年々厳しくなるアメリカでの操業環境。
出所：『二十年史』日本トロール底魚協会より

ンド・チップス」政策という、アメリカ水産業への貢献度合いを重視していった。

ＦＣＭＡの制定により漁獲割当制度が導入された（表４－１）。２００海里が設定された初年度の１９７７年には、前年の漁獲実績である約１３０万トンから、割当が前年比11％減の約１２０万トンとなった。このため底曳き漁船４隻と延縄漁船１隻が自主減船となる。肝心の漁獲割当が減らされて日本側は減船せざるを得ないのに、アメリカからは、自国の船が獲った魚を買うことが求められた。しかも買った分は全体の漁獲割当の中から減らされる。これまでのように、無償の海から自社船で獲るのと異なり、買付なので魚価が発生し、コストも上昇していく。

アメリカの目的は、自国の水産業を発展させることなので、日本の漁獲割当獲得は徐々に困難となる。１９８１年からは、アメリカ漁業者が漁獲したスケトウダラなどを洋上で買い取り、すり身などに加工する洋上買付事業が開始された。買付量は、初年度の１９８１年は1万トン余りを買わされ、翌82年には20－40万トンの水準まで拡大することを要求してきた。交渉の末、82年に12万トン、84年に20万トン買い付けることで合意に至った。

スケトウダラの買付量の大幅な増加要求に加え、カレイ類等他魚種に対しても買付を要求するようになった。以後、日本は割当獲得のために開始した洋上買付事業で、自分たちが漁獲できる数量が減らされてしまう仕組みに苦しめられ、最終的には２００海里漁業専管水域設定の11年目に当たる１９８８年に、日本への漁獲割当はゼロとなった。

フェイズアウトのためのセット条件

２００海里時代に突入した日本の遠洋漁業に待っていた条件は、他国の２００海里内で獲るためには、「その国が獲った魚を買え」というものや「技術指導をせよ」という類の条件であった。さらに、入漁料やオブザーバー経費そして、それらの価格が吊り上げられるという事態になり、撤退せざるを得なくなっていく。交渉相手は「用が済んだら出て行ってほしい」という強硬姿勢で迫ってくるため、交渉の余地はほとんどなかった。

今でこそ、魚の需要は世界で拡大が続くが、１９７７年当時はまだ市場が小さく、２００海里で外国漁船を追い出しても、自分たちで獲った魚の十分な市場がなく、そもそも漁業に関する技術が不足し、漁船も足りていないことが少なくなかった。それらの問題が解決するまでの間が、日本を含めた外国漁船が操業を続けられる期間でもあった。

ニュージーランドでは、200海里が設定される前までは、1977年には、トロール船が26隻、18万トンの水揚げをしていた。また、毎年大型イカ釣り船120から150隻の漁船が漁を行い、それとは別に、ミナミマグロを追って約100隻の漁船が季節操業を行っていた。200海里体制への準備を始めたところ「ビーフ・フォー・フィッシュ」と呼ばれる政策が実施され、両国間で懸案になっていた同国産酪農品、牛肉、木材等のマーケットアクセスが改善されない限り交渉には応じられないと回答してきた。200海里実施の4月1日を迎えるにあたり、日本の漁船は同国水域での操業が不可能となり、多くの漁船が日本に帰港した。

また1985、86年に、マーケットアクセス問題で、同国の漁業者が獲ったイカ2000トンを輸入しなければイカ釣りの漁獲枠を3500トン減少させるという申し出があり、断ったところ同量が削減された。このため、翌年2000トンの輸入枠を設定して割当量の回復を図った経緯がある。

カナダ太平洋岸では、日本のトロール漁船によるメヌケ漁が1978年以降、資源悪化を理由に割当ゼロとなる。また、パシフィックヘイクについては、漁獲割当と洋上買付をセットにしてきたので1983年以降はゼロとなり、手を引くことを余儀なくされた。また、底延縄漁船が対象としていたギンダラは、カナダのオヒョウ漁船がアメリカ水域での漁ができなくなったためギンダラ漁に玉突きで置き換わり、対日割当は1980年以降ゼロとなった。大西洋では、カナダ産マツイカの漁獲割当を得るために、対日輸出と輸入枠の拡大をリンクさせる政策が取られていた。

1982年にカナダの漁業大臣が輸出拡大のため訪日。カナダ水産物の輸入シェア拡大、漁業技術協力の実施などを条件に新規にアカウオ４０００トンを割り当てる用意があるとし、合意している。各国は、２００海里の設定以前に、自国の水域に進出していた外国の漁船を早くフェイズアウトさせるために、日本に対しても様々なセット条件を要請してきたのだ。

過剰投資そして減船

漁船と漁獲できる量が、魚種ごとに紐づいていないと、漁船が過剰になり、乱獲による沿岸諸国とのトラブルを引き起こしてしまう。第一次世界大戦前に、過剰だった漁船が、欧州からの需要による売却で皮肉なことに運よく減船できたことは前述した。たくさんの魚を獲ったほうが得である制度は、資源があって魚が獲れる間は、船主がより漁獲能力が高い漁船を求める。問題は、規制が始まった際に、不要になった漁船をどうするかだ。

１９７１年頃、まだ漁業が好調で、競って代船建造が行われた時期に、被代船の中古船が韓国などの外国に輸出された。その中古船等が、こともあろうに韓国漁船として北海道周辺海域に進出して沿岸の漁具に被害を与え、日本の漁業者と魚を獲り合う皮肉な結果になってしまった。このため水産庁は１９７２年から船齢６年未満の漁船輸出を禁止した。

ニュージーランドは、今でこそ漁業先進国であるが、２００海里設定以降、過剰漁船問題を起こしている。これは、ニュージーランド政府が、日本漁船をはじめ、外国漁船を排除していくことができるようになることにより、自国漁業が発展性の高い産業分野であるとして、漁船建造のための融資措置、各種の振興政策を実施したことに始まる。このため、一大漁業ブームを呼び、漁業許可が乱発された。そして一部の魚種に乱獲が見られるようになり、逆に漁船数など、漁獲圧力の削減が必要になってしまった。1982年には、許可証の一時凍結（モラトリアム）、沿岸漁業における漁獲努力量の50%削減計画が打ち出された。さらに自国の沿岸漁業政策を根本的に見直すことを決め、1984年にITQを骨格とする新政策を世に問うことになった。

アメリカでも過剰漁船の問題が起こっている。200海里水域の制定と同時に、カニ業者は多数の漁船を建造し、漁獲努力量を増大させ、その結果、カニの資源が減少。このため、アメリカは、カニ漁業者にとっては当時未利用魚であったスケトウダラを獲らせて日本の加工船に洋上で買い取らせる圧力をかけ、カニの過剰漁船問題を解決しようとした。

ニュージーランドでもアメリカでも、漁業が儲かると思えば漁船が増えて乱獲が起こっている。資源管理の制度が未整備であると「どこの国でも」同じ事が起こる。近年では、IUU漁船（違法・無規制・無報告）に悩まされていたインドネシアが、違法漁船を拿捕し、爆破を実施している。これまで爆破された外国漁船は300隻を超える。仮に捕まえた漁船を売却すれば、再び違法船となる可能性があったが、それを排除したわけだ。同国のスシ海洋漁業大臣は2017年にシアトルで行われた、サステナビリティを議論する国際会議であるシーフードサミットで、シーフードチャンピオンアワード（リーダーシップ）を受賞している。

日本のEEZ（太平洋側）の外側には、行き場を失った漁船、公海の規制が緩いために投資されて建造された漁船等がサンマやサバなどを漁獲しており、同様に過剰漁船の問題が起こっている。規制の遅れは、海洋資源に多大な悪影響を及ぼすことは多くの漁場の歴史が物語っている。

フェイズアウトと入漁料・技術移転

自分（日本）の土地（海域）で毎年作物を収穫していたら、そこがある年（１９７７年）、世界の規則が変わり（２００海里漁業専管水域）、他人（他国）の土地（海域）になってしまった。他人（他国）には、育てる（漁業）技術も売り場（市場）もない。そこで土地（海域）を有償で貸してあげるので、育て方（技術）も教えるように言われる。次に他人（他国）は、自分で育てた（獲った）作物（魚）を買いなさいという。そして、作物（魚）の売り場を確保した後に、自分（日本）を追い出す考えだ。そこで、土地（海域）を借りるお金（入漁料）は、どんどん吊り上げ無理難題を持ちかける。他人（他国）は用が済んだら早く追い出したいので、容赦がない。そんなことが、２００海里の設定以降急速に進んだ。そこに至るまでには、進出されてきた沿岸国の積年の不満が溜まっていたのである。

アフリカ・モーリタニア沖。日本のタコの輸入はモーリタニアから1万5０００トン（２０１７年）とモロッコ（同1万4０００トン）と並び最も多い。かつては日本の漁船が漁獲していたが、今では「買付」というかたちに変わって供給が続いている。モーリタニアとは、政府間交渉によらず海外トロール協会（当時）が、民間として同国政府と入漁交渉に当たった。そして１９７０年に「モーリタニア民間漁業契約」を締結した。

同国政府は、第一次契約直後から、外国漁船の入漁はできるだけ早期に廃止するという方針を打ち出していた。協会は、モーリタニア政府の指名する業者からタコ、紋甲イカ、タイの全生産量の購入を約束した。入漁料トン当たり年間25ドルは、1982年に交渉を打ち切る前までに61ドル、80ドル、150ドルと高騰していった。そして入漁料の引き上げ、政治事情の変化等により1982年に交渉打ち切り、日本船全船が撤退となった(4)。

立場が変わってわかるべきこと

200海里が設定される以前に、日本が遠洋漁業で世界に魚を求めて展開していた一方で、日本近海にもソ連、韓国といった漁船が進出して来ていた。1974年には、数年前から北海道周辺に進出していたソ連漁船団が、その規模を拡大して道東太平洋から噴火湾、さらには本州三陸、銚子沖にまで進出、沖合底曳き漁業の禁止区域にも入り込んできた。

200海里漁業専管水域の設定により、1977年に北海道沖に進出していたソ連船団は撤退した。しかし、韓国とは竹島、中国とは、相互主義を尊重したことと、尖閣諸島の領土問題が未解決であったこともあり、200海里を除外した韓国、中国のうち、ソ連海域から閉め出された韓国トロール船団が、北海道近海を主漁場として居座るようになった。

やり方次第で強くなれる日本の漁業

200海里を境に、日本の遠洋漁業の漁船は世界の公海漁場を再び探し回った。そして、アメリカでの漁場を失っていった漁船は、1985年からベーリング公海の漁場を発見し、86〜89年には、日本漁船90隻を中心に100万トンを超える水揚げを記録した。

図４－３　スルメイカ類・マツイカの漁獲推移

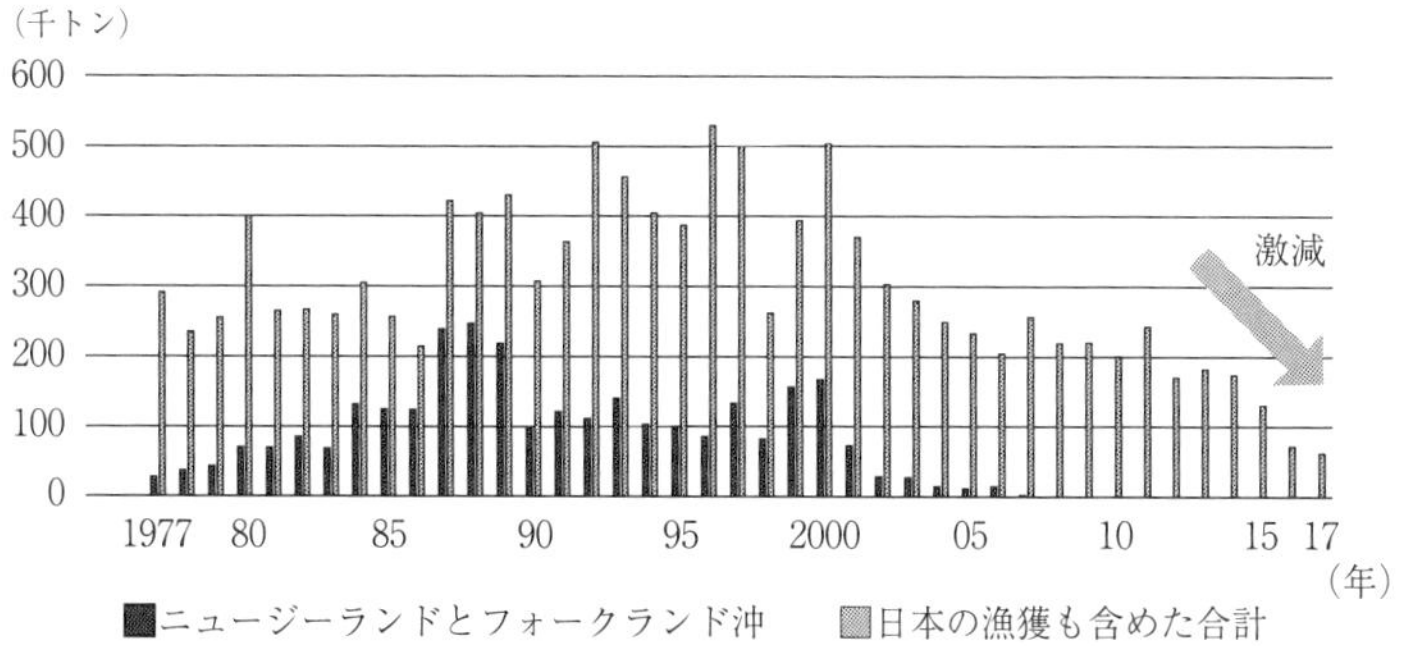

出所：農林水産省資料より作成

しかし、90年頃から資源の悪化が目立ち始め、ベーリング公海の資源はアメリカ、ロシアの２００海里にまたがった資源であるため、両国が資源管理を訴え、94年関係6カ国でベ公海漁業条約を締結して操業が中止された。アメリカとソ連は共同してベーリング公海資源を管理していこうという流れとなり、日本を主体とした他国も入り込む余地がなくなる。アメリカとロシアは、公海での他国による乱獲を防ぎ、自国のスケトウダラで持続的な管理を実現したことで、漁業で発展を続けている。このケースは、サンマやサバなどで、日本が直面している中国などによる公海漁業の問題解決へのヒントでもある。

ニュージーランドでは１９８６年に改正漁業法が法制化された。ＩＴＱ制度が根本にあり、今後は外国漁船に対する割当を毎年10％ずつ削減し、その分を国内の漁業者のＩＴＱ需要を満たすために入札する旨を明らかにした。ＩＴＱにより漁業ブームが２００海里の設定時に続いて再発した。同国からは、イカの漁獲割当で、同国産のイカの輸入条件が要求されるなど、厳しい条件が突きつけられるようになった。しかしながら、１９８５、86年の同時期に南米フォークランド沖でイカ釣り漁場が発見され、多くの漁船がそちらに流れた。1987年の水揚げは19万トンにも達し、同年及び前年のニュージーランドでの漁獲量5万トンを超えるという皮肉なことになる。

図4－3は、日本漁船によるスルメイカの漁獲量と、ニュージーランドとフォークランド沖の漁獲の合計を比較したものである。スルメイカの供給が減少している最大の問題は、国内の漁獲量が減っていることに原因があることがわかる。(5) 韓国や中国の漁獲量との兼ね合いもある。しかし、肝心の自国の管理が国際的にみて遜色ないものであることが重要で、その上で同じイカを漁獲する沿岸国との国別の漁獲枠の設定が必要ではないだろうか。他国も乱獲による資源の減少を望んでいない。すでにかつて栄華を誇った超大型のトロール船は日本にはない。資源の持続的な管理ができれば、スケトウダラでもスルメイカでも、遠洋漁業に出かけなくても、本来は日本のEEZ内とその隣接する公海で十分な供給量の確保ができる可能性は高い。しかし近隣諸国の漁船が年々増加し、利害関係が複雑化しているので手遅れになる前に、一刻も早い関係国による資源管理制度の構築が必要だ。

2　日本の漁業者のいま

日本の漁業の構造

日本の漁業に関する基本的な法律は1949年に制定された「漁業法」である。漁業者が沿岸で漁業を行う際には、基本的に「漁業権」が必要だ。漁船を使い、釣り漁業や網漁業を行う場合には、一部を除いて漁業権は必要ないが、漁業の許可が必要になる。

現在の漁業権の考え方は、江戸時代の「磯は地付き、沖は入会」という考えに基づいている。１９６３年に漁業法が改正されているが、その後50年以上、大きな改正がない。その間、漁業を取り巻く環境及び技術は著しく変化している。アワビやサザエなどあまり移動しない水産物であれば、漁協等による狭い範囲での管理も可能と考えられる。しかし、アジ、サバ、イワシ、サンマ、スルメイカ、スケトウダラ、ズワイガニ、クロマグロ（以上ＴＡＣ魚種）をはじめ、多くの魚種は、県どころかＥＥＺをまたいで回遊する魚種を適切に管理することは難しく、かつ今の日本はできていない。

たとえばアジ、サバ等は沖合で漁獲されるだけでなく、沿岸の定置網や釣りでも漁獲される。同じ系統の資源を、それぞれの漁法で漁業者が、厳格なＴＡＣも個別割当制度の適用もなく獲り続ければ、資源は枯渇へと向かう。全国で、沖合と沿岸漁業がにらみ合い、不満を持つケースは後を絶たないが、同じ系統の同じ魚種に関しては、まず科学的根拠に基づき、全体の漁獲枠（ＴＡＣ）を決定し、それをＦＡＯの行動規範である「小規模漁業及び沿岸小規模漁業を含む漁業者の利益の考慮（７・２・２）」に基づき、漁獲枠を配分していく制度が必要だ。

ＩＣＴ（情報通信技術）の活用

天然・養殖のそれぞれの漁業において、ＩＣＴ（情報通信技術）の活用で、効率化を格段に進めることができる。日本では、水揚げ時に魚市場に入札者が集まり、現物の魚を見ながら熟練した目で魚の大きさ、品質等を判断している。また、漁場については、漁船からの電話等の報告を手書きで記入

図４－４　ＩＣＴの活用

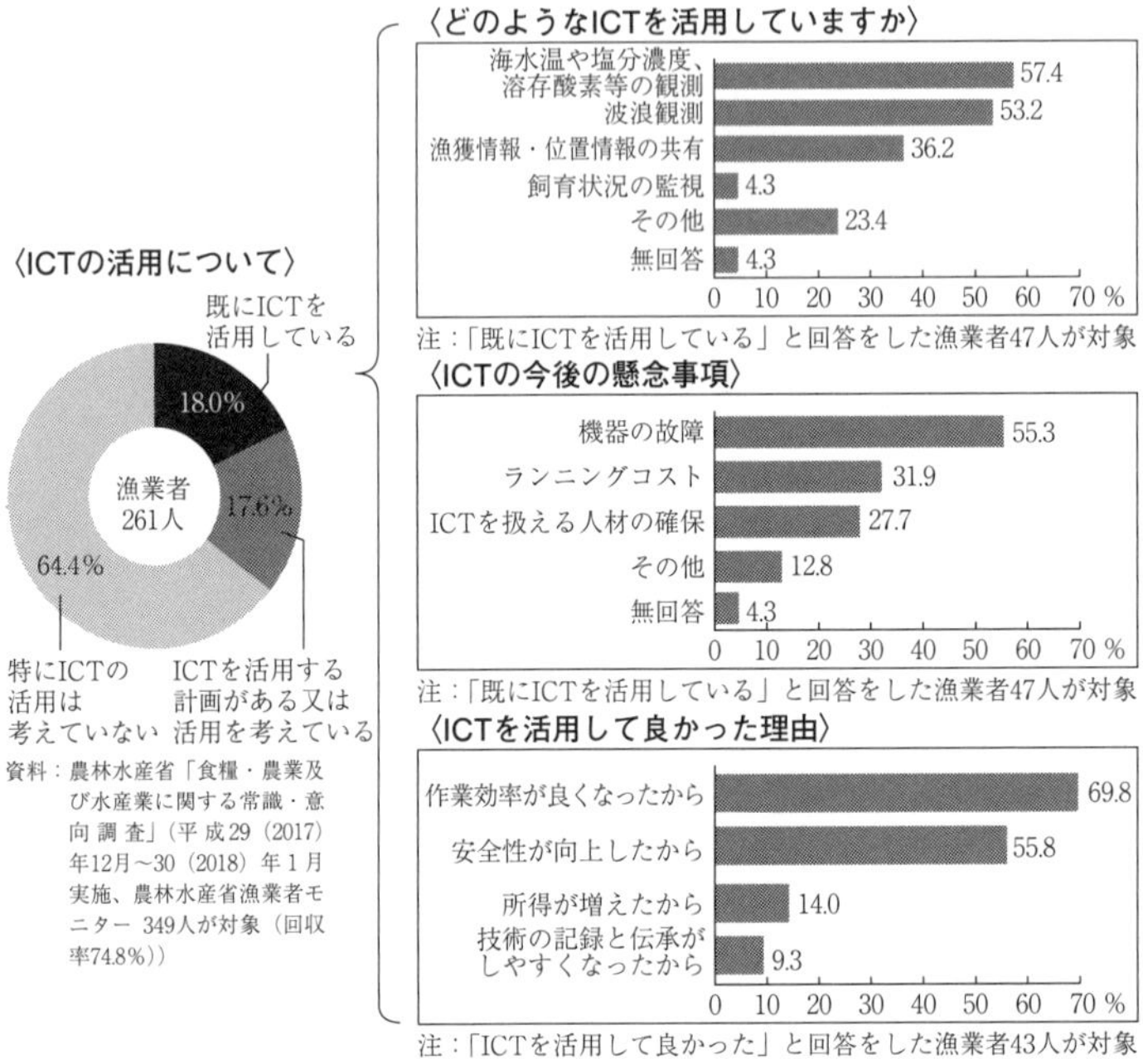

注：「既にICTを活用している」と回答をした漁業者47人が対象

注：「既にICTを活用している」と回答をした漁業者47人が対象

注：「ICTを活用して良かった」と回答をした漁業者43人が対象

資料：農林水産省「食糧・農業及び水産業に関する常識・意向調査」（平成29（2017）年12月～30（2018）年1月実施、農林水産省漁業者モニター 349人が対象（回収率74.8%））

出所：『水産白書2018年版』

するやり方が続いているケースが少なくない。しかし、大手ＩＴ企業をはじめ、漁業の将来性に気づき、参入を試みる企業が日本でも増えてきている。資源管理の制度だけでなく、ＩＣＴ化も遅れているので、そのポテンシャルは高い。

　図４－４『水産白書』のデータでは、漁業者ですでにＩＣＴを利用しているのが18％、特に活用を考えていないが64％、計画もしくは予定があるが18％となっている。ノルウェーのサバをはじめとした青魚の漁業を例にとると、漁船はすでに２０００年以前から、ＩＣＴを通じて漁場、漁獲した数量、サイズ等を、オークションシ

ステムに反映させている。魚市場のような現場で現物を見なくても、ＩＣＴによる情報で入札できるシステムが整っているのだ。

朝早く、入札のために現場に行くのではなく、漁船からの情報に基づく洋上オークションが行われている。不正確なデータは価格に影響するので、提供される情報は正確だ。養殖においても、生け簀ごとの魚の成長度合い、必要な給餌量等の情報が伝達され、作業効率と無駄を省くことによるコストの削減に貢献している。ＩＣＴは、現場での仕事の負担を軽減させ、働き手の定着、及び新規従事者を呼びやすい環境をつくり出してくれるのである。

魚がたくさんいる漁場とその中身

ＦＡＯ（国連食糧農業機関）の２０１６年時点でのデータによると、世界の天然魚の漁獲量９２０１万トンのうち、日本（２０１６年３２８万トン）を含む太平洋北西部海域は24・7％（２２７３万トン）と最大のシェアがある（図４－５）。そこでは日本、中国、韓国、台湾そしてロシアといった国々がしのぎを削って漁獲競争を繰り返している。一方ノルウェー、アイスランド、ＥＵ、ロシア（大西洋側）といった漁業先進国を含む大西洋の北東部の漁獲量は９・３％（８５６万トン）と、太平洋北西部の半分以下だ。

これだけの比較だと、ただ漁獲の多い少ないだけになるが、問題は中身である。量に関してだが、ノルウェー（２０１６年２２０万トン）、アイスランド、（同１０１万トン）といった国々は、資源の持続性を考え、漁獲をかなり抑えている。最新設備を備え、かつ海にはたくさんの成魚が泳いでいる

図4－5　世界の主な漁場と漁獲量

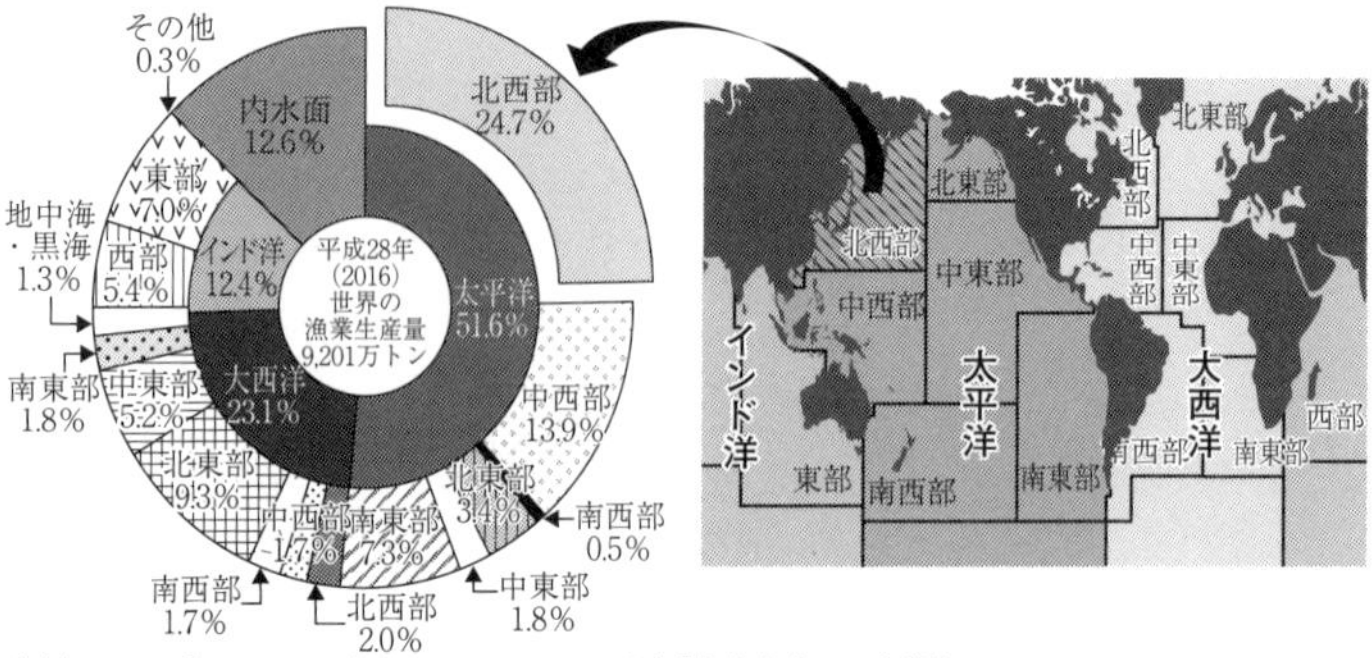

資料：FAO「Flashstat（Capture Production）」『水産白書2018年版』

同海域では、シーズン中は養殖場で天然の魚を獲ってくる感覚で漁が行われている。科学的根拠に基づき、厳格に漁業者や漁船ごとに個別割当制度（ＩＱ、ＩＴＱ、ＩＶＱ等）が適用されている。その枠は、実際に漁獲できる数量と比べると、優に半分以下。このため、小型で価値がない魚は、漁業者が敬遠し、魚に成長する機会を与え、かつ十分な成魚（産卵親魚）が残されて、卵を産んでいく。かつ、資源の減少傾向が心配されれば、予防原則に基づき、漁獲枠が減少し、資源がセーブされていく。

一方で、日本を含む太平洋北西部海域は、個別割当制度漁獲枠（ＩＱ、ＩＴＱ、ＩＶＱ等）どころか、ＴＡＣの設定さえないのが大部分で、一網打尽や根こそぎ底曳きで獲るといった漁業が繰り返されている。このため、漁獲量自体はあっても、獲られた魚を見ると、食用に向かないたくさんの小魚を獲ってしまったり、資源が減っているのに、貴重な産卵親魚を獲ってしまったりと、資源の持続性の芽を摘んでしまう負の連鎖が繰り返されてしまうのだ。

図４－６　漁業・養殖業の平均産地価格の推移

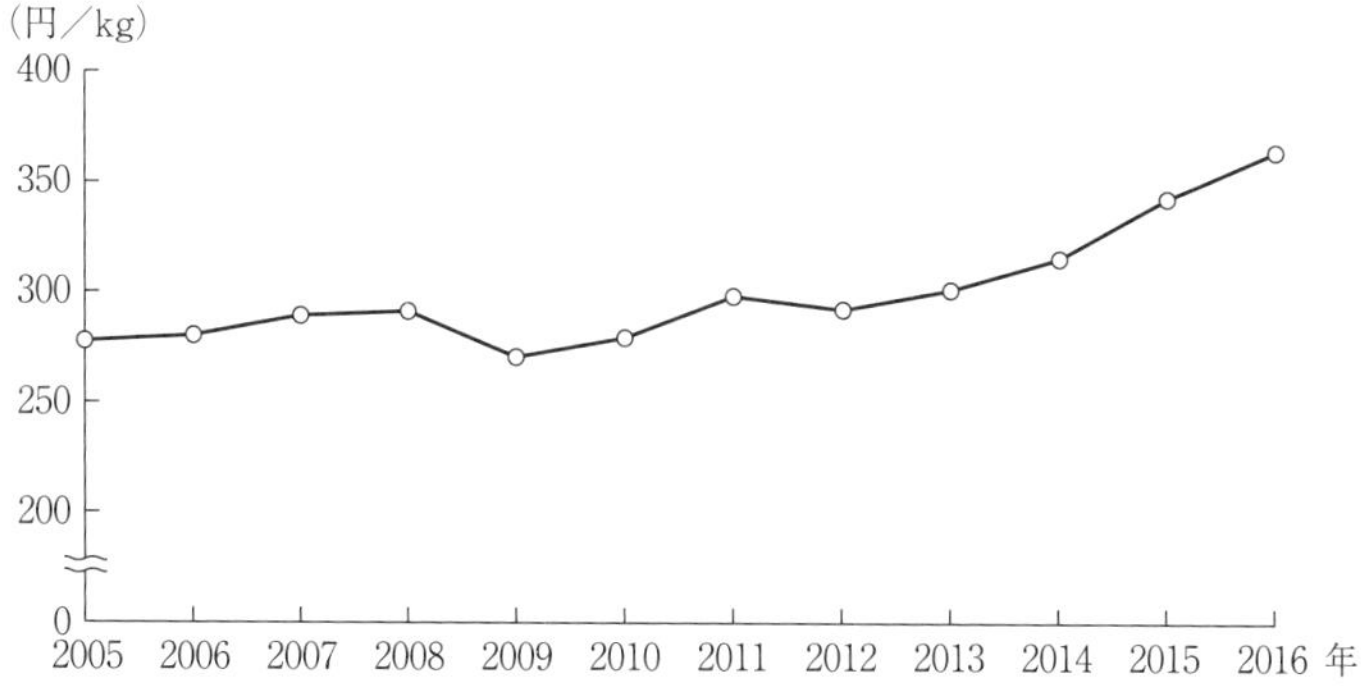

注：漁業・養殖業の産出額を生産量で除して求めた。世界全体の魚価は日本を上回るペースで上昇している。
資料：農林水産省「漁業・養殖業生産統計」及び「漁業産出額」に基づき水産庁で作成

上がる魚価

漁業・養殖業の平均産地価格の推移は、２００５年のキロ２７５円から２０１６年にはキロ３６４円へと、約３割の価格上昇となっている（図４－６）。一方で、ＦＡＯによる世界の魚価は、同じ２００５年を１００とすると、２０１６年で約５割の上昇となっている。世界全体の魚価の上昇は、日本よりもさらに上昇の度合いを高めている。これは、国内では、国産以上に輸入品の価格上昇率が高いことを示している。

需要の拡大により海外での魚価が上がることで、日本には、ますます輸入水産物の数量は減少傾向になり、かつ「買い負け」により単価が上がり輸入金額自体が上昇を続けることになる。一方で「輸出」という面においては、海外のほうが価格上昇率が高いため、競争力のある価格で輸出自体は行いやすくなる環境が続く。つまり、国内の水産物の多くが持続可能な体制になれば、国内外に市場が広がり、地方創生も含めた

図4－7　海面養殖業における漁労支出の構造

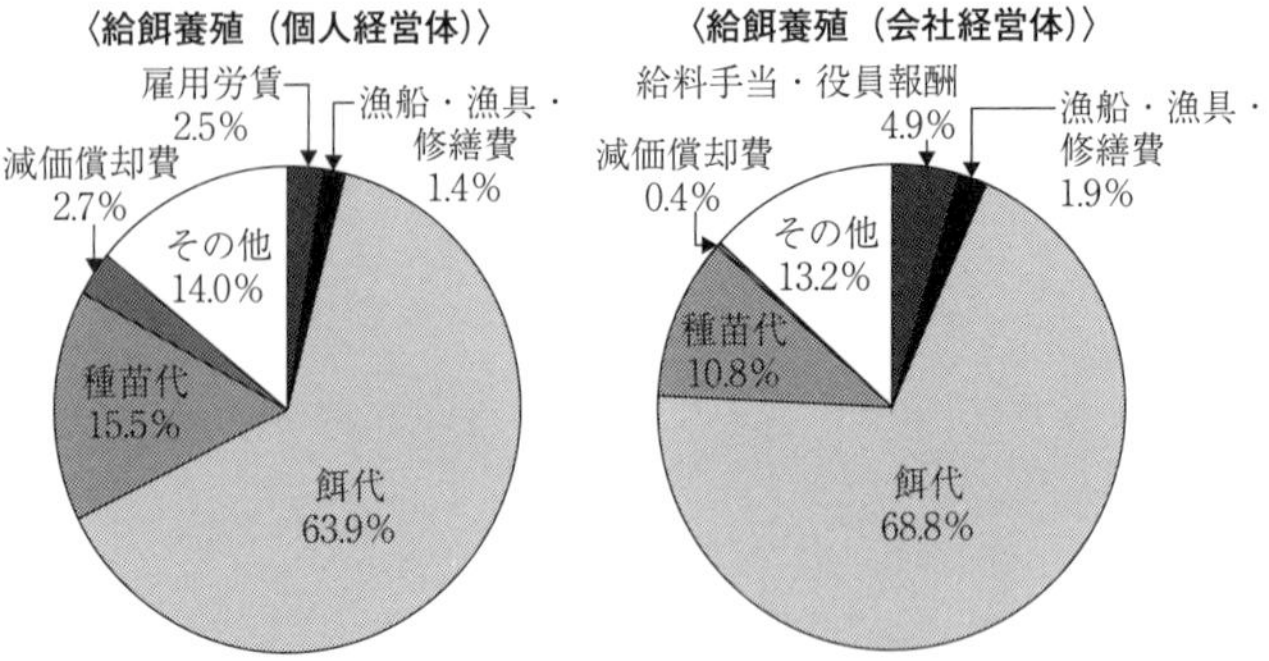

出所：『水産白書2018年版』

非常に大きな可能性を持つことになる。

養殖があれば大丈夫という誤解

天然の魚が減ったら養殖の魚で補えばよいのではないか、という考えを持っている人は少なくないだろう。日本の水産物の養殖量は全部で100万トン（2017年）。うち海藻類（ノリ、ワカメ、コンブ）の40万トン、貝類（カキ、ホタテ）30万トンを除いた、魚類が30万トンという構成だ。ブリ類（ハマチ、カンパチ）で14万トン、マダイ6万トン、ギンザケとクロマグロなどがそれぞれ1・6万トンと続く。

だが、養殖の魚の場合は、天然の魚をエサとして与えている場合がほとんどである。図4－7を見ればわかる通り、漁労支出の6割強は、餌代が占めている。増肉係数（魚が1kg増えるのに必要だった餌の量を1とした場合）はブリ類で2・8、マダイで2・7と言われている。

一方、昨今では、エサに使う魚自体が、持続的であるかどうかが問われ始めている。日本では、サバ、アジ等、北欧では基本的に養殖のエサに使用しない魚種までも、小さく価値がない時期に獲ってしまってエサに回してしまっている量が少なくない。重要なことは、エサになる魚の資源管理まで考える必要があるということだ。(6)北欧では、ニシンが大量にアトランティックサーモンなどの養殖用のエサにされる。しかしながらそれは頭、骨、内臓の部分であり、可食部ではない。フィレー加工した残りである。ニシンの可食部は約４割でフィッシュミールに向く割合のほうが多い。このように、ニシンの資源を持続的なレベルに保ちながら、その残渣をエサにする分には、資源の持続性が担保される。エサの問題抜きには、養殖は語れないのだ。

ノルウェーやアイスランドで生産されるカラフトシシャモの卵も、卵を機械で取り出した後の残渣は、同じくフィッシュミールとなる。大きくなれば、価値が出る魚を小さなうちにフィッシュミールにすることは、よほどミール市場が食用向けより高くなるといった例外を除いて、効率の悪い用い方である。

漁船の新旧

日本の漁船の老朽化が問題になっている。船齢20年以上が全体の60％と古く、新しい漁船の建造は少ない。また、漁船の大きさがトン数で制限されているために、漁船は安定感に欠ける長細い船体になりやすい。ノルウェーのように、適切な資源管理をセットとして漁船の大きさを長さで制限すれば、横に広い安定感がある漁船になる。

日本の状況とは裏腹に、諸外国では新造船の建造が進んでいる。資源の持続性に成功した漁業先進国は、科学的な根拠に基づく漁獲量を獲り続けることで、資源が安定するのだ。国際取引価格は、国際需要の増加とともに中・長期的な視点で見れば上昇し続けているため、明るい展望のもとに積極的に新造船が作られている。ノルウェー、アイスランド、デンマークといった北欧諸国の大型新造船は、後述するように、豪華で労働環境もすばらしい。ジムや日焼けサロン付きの漁船も見られる。

一方、南太平洋でのカツオや日本のEEZの外側の公海でサンマやサバ等を狙う漁船の事情は異なる。それらの漁船は漁獲枠に基づいて魚を獲っているわけではない。そのため、規制がかかる前にできるだけ獲ろうとする。いざ規制がかかれば、漁獲量は過去の実績に基づく場合が多い。このため、できるだけたくさん獲るための漁船ができあがり、乱獲を助長してしまう。日本も新造船を作る際に、資源を持続するシステムがないと、単に漁獲圧力を高めてしまうだけという危険性をはらむ。ノルウェーでは2018年に、最初の半年で少なくとも漁業関連の新造船26隻、約530億円をかけて建造される。資源の持続性を確保している国の漁船に対する投資は底堅く有望である。

漁船とその装備の質は格段に上がってきている

魚を探すのに、前方や横方向など全方位の魚群分布を探知するソナーが使われるようになっており、大きな力を発揮している。技術の進歩により、高性能の機器では、5キロも離れた魚を探せる時代になっている。漁船のスピード、安定性、魚の運搬、1日当たりで加工・冷凍する能力も進んでいる。1990年頃は、ノルウェーでも水産物の水揚げが多い西部のオーレスンドを基点とし、アイルランド北部（サバ）、アイスランド東部（カラフトシシャモ）、ノルウェー北部（同）から半径2000㎞程度の距離を2～3日かけて鮮魚で運んでくることなど、とても考えられなかった。しかし現在では、それが可能となっている。巻き網船が大型化し、保管状態も良いことからさらに、魚をデリバリーできる範囲は広がっている。

一方、九州の長崎を基点とする東シナ海の漁場は、わずか５００㎞程度だ。北欧諸国で実施されているように、日本・韓国・中国・台湾が、共同で科学的な資源の調査と国ごと漁船ごとに漁獲枠の設定を行い、洋上でオークションをし、高値を払った国の会社に水揚げしていくシステムにすることはできないだろうか。漁船にはＶＭＳ（衛星漁船管理システム：Vessel Monitoring System）を搭載して管理し、計量装置が付いた場所にのみ水揚げできるようにし、海上投棄は禁止し、厳しい罰則を設ければ、どの国も、現在のように卵を産める大きさに育っていない小サバを争って獲る漁船などしなくなる。

99％の漁業者が満足しているノルウェー

漁業者の高齢化には、働く環境の問題がある。日本の漁業は、資源の減少に伴い利益が出にくくなっている。また、来年の水揚げ状況は、来年になってみないとわからない。そうなると、現状の加工場設備で、できるだけ生産量を増やしてやろうということになる。また、漁船の大きさの規制が、トン数制限であるため、なるべく居住区を減らして、魚を獲ることを最優先したコンパクトな漁船となってしまう。古くて狭い漁船で、かつ魚が減っている環境下で、若い人が漁業にかかわっていくことは容易ではない。

一方で、ノルウェーなど北欧諸国の漁船は、まるで労働環境が異なる。２０１６年にＳＩＮＴＥＦ

写真４Ａ

ノルウェーの大型巻き網船。全部で約80隻あり、新造船が増えている。
Norges Sildesalgslag 提供

写真４Ｂ

船内。乱獲を反省して実施した資源管理の成功が、大きな富を生み続けている。
Norges Sildesalgslag 提供

（ノルウェー科学技術研究所）が漁業者の約1割に当たる1000人の漁業者を対象に行ったアンケートでは、船の大小や仕事の役割にかかわらず、99％の漁業者が仕事に満足しているという結果が出ている。

満足している主な理由の上位10は①仲間意識と仕事の雰囲気、②仕事における独立性、③仕事の意味するもの、④漁業への関心、⑤仕事の多様性、⑥エキサイティングな仕事であること、⑦仕事における自由、⑧高い収入、⑨自然と海、⑩計画的なレジャー（漁獲枠が決まっているため計画的に漁業が行える）。

漁船の規制は長さ規制なので、横幅を広げやすくなり、漁船は安定しやすくなる。また、資源管理に成功しているため、中長期的な投資が積極的に行われている。来年獲れる魚は、前年に漁獲枠が設定され、漁獲枠と漁獲量は、ほぼイコール（プラスマイナス10％）だ。天然の生け簀から、魚を分割して運んでくるような漁をしている。魚がまだ海で泳いでいる間に、水揚げの数量が読める漁業をしているのだが、それが当たり前となっている。

漁船は、これが漁船なのかと思われるほど豪華だ（写真4A、4B）。特に居住環境は客船のようだ。また、自動化が進んでいるため、肉体労働が減っているせいか、大型の漁船には運動不足解消のためのジムが船内にあるものも珍しくない。日焼けサロンまで付いている漁船もある。また、これらの一連の設備は、若くて優秀な人を漁業にひきつける役割も果たす。あのような凄い船で自分も仕事をしてみたいと、子供の頃から考える機会があり、それに収入が高く、休暇も十分とれる環境であれば、後継者が途切れることもない。

かつては、日本でも子供が父親の仕事に憧れて漁業者になった。それは魚がたくさん獲れたので、収入も高く、漁船も新しくなっていったからだ。しかし、指定漁業（大臣許可漁業）の許可を受けている漁船では、船齢20年以上が全体の59％、そのうち30年以上も全体の21％を占めている（２０１７年）。一方で、新造船の建造は、数少なくなっている。魚の資源を復活させ、中長期的な投資ができる環境にできれば、労働環境の改善とともに、後継者、もしくは漁業者の新規加入者を増やせることだろう。

ただし、単に漁船を新しくすればよいということではない。あくまでもノルウェー同様にサステナブルな魚があっての新造船なのである。そうでなければ、単に過剰漁獲を、助長してしまい、かつてそうなってしまったように行き場がない漁船が残ることになってしまう。

世界の水揚量を増やした漁法

沿岸で、小規模に網を使ったり、釣りで漁をしたりしている間は、人の力が魚の資源や社会に与える影響は、たいていの場合、限定的と言える。それは、漁獲された魚の量と、残った魚が卵を産んで再生産できる量のバランスが取れているからである。しかしながら、網が大きくなったり、釣りをする人の数が増えたりすれば、その影響は徐々に高まっていく。そしてその影響を決定的にしていく要因が、動力の利用や魚群探知機・ソナーといった漁業機器の発達である。そして、根こそぎ、一網打尽と表現される、底曳き、トロール漁法、巻き網といった漁法が挙げられる。

資源管理制度が不備な環境でこれらの漁法が使用されてしまうと、資源に致命的な悪影響を及ぼし

写真４Ｃ

デンマークに停泊中のノルウェー巻き網漁船

てしまう。特に、資源が減少している時に、これらの効率的な漁法が科学的根拠に基づく管理なくして、自主的に行われた場合、魚が減るだけでなく、沖合と沿岸の小規模漁業者間での争いが絶えなくなる。後述する漁業先進国であるノルウェーでのサバやニシンの巻き網漁や、アラスカでのトロール漁法によるスケトウダラ漁などは、一度に大量の漁獲をする漁法を使っているが、資源はサステナブルな水準で、極めて安定している。これらの漁法が悪いのではなく、その管理と運用方法が問題なのだ。

写真４Ｃはデンマークに停泊中のノルウェーの大型巻き網船だ。個別割当制度で管理されていれば、漁獲量が決まっているので、大型の巻き網で漁獲しても問題にならない。また、ノルウェーの漁船がデンマークに水揚げ、もしくはその逆であっても、アウトプットコントロール＝個別割当制度で管理されている以上、どこの国に水揚げしても、資源管理上は問題がない。一方で、漁獲量に制限がない、または漁獲量に制限があっても漁獲枠が大きすぎる場合は、大型の漁船での一網打尽は、資源の崩壊につながってしまう。

図４−８　マダラ（太平洋北部系群）の推定資源量

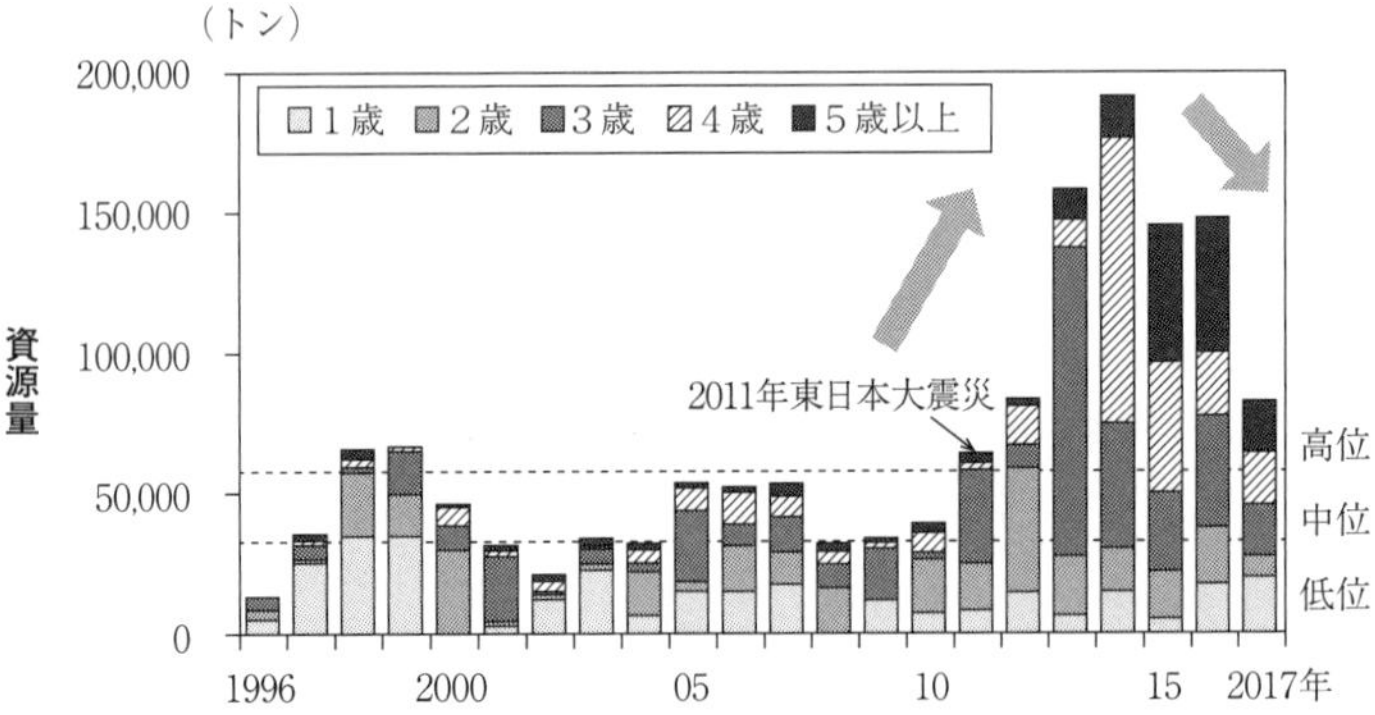

注：東日本大震災後回復したマダラ資源は早くも減少し始めている。
出所：水産教育・研究機構

マダラ——東日本大震災による一時的な回復例

魚の資源は獲らなければ一時的に回復するが、適切な資源管理を怠れば、壊れやすく再び悪化してしまう。

２０１１年に襲った東日本大震災は、海の資源量に大きな影響を与えた。放射性物質の影響で、強制的に漁業ができない海域が、海洋保護区のようになって現れた。また、同影響により、漁業者に、漁をしない間の補助金が支払われ、一時的に資源が突如として守られるようになった。

図４−８は、マダラの太平洋北部系群の資源推移を示している。２０１１年の震災で漁が止まったために、２０１２年以降、急激に資源が回復したのである。日本の資源水準は高位・中位・低位の三段階に分かれており、グラフに横線で高位の線が見えるが、震災後の資源量は、その水準を飛びぬけて増加していることがわかる。具体的には、震災前の６万トンだった資源は、震災後に急増し２０１４年には19万トンなった。

しかし2017年には再び8万トンとなり、大きく減少を始めている。この背景には、マダラに関しての漁獲枠が設定されておらず、日本のほとんどの他魚種同様に、自主管理に基づいて管理されている影響が大きいためと考えられる。

ヒラメ――震災後資源が急増、しかし小型のヒラメが市場に並ぶ

マダラ同様に、ヒラメについても、東日本大震災後に資源が急増し、同時に宮城県を主体に漁獲量が急増している。

ヒラメの資源推移を図4-9で見ると、震災後に資源が激増していることがわかる。実際の資源量は高位の何倍も増加していることが読み取れる。福島沖のヒラメ資源は震災前の8倍に増加したのだ。

ヒラメも、マダラ同様に漁獲枠が設定されていない。震災後、量販店の売り場で、カレイを少し大きくしたようなヒラメをたびたび見かける。漁業者や漁船ごとに漁獲枠が設定されていないので、どうしても獲れるだけ獲りたいという心理が働いてしまっている。

マサバについても、東日本大震災の影響で、資源が増えてきていると考えられる。2012年に34年ぶりに、前年のほぼゼロから、北海道の道東沖でマサバが4000トンとまとまって漁獲された。この魚群は、2011年の震災の影響で漁獲されずに生き残ったマサバが北上したものと考えられる。

しかし、その後、わずか数年で日本の巻き網船団の数が増え、漁獲されるサバが徐々に小型化、そ

図4－9　ヒラメの推定資源量

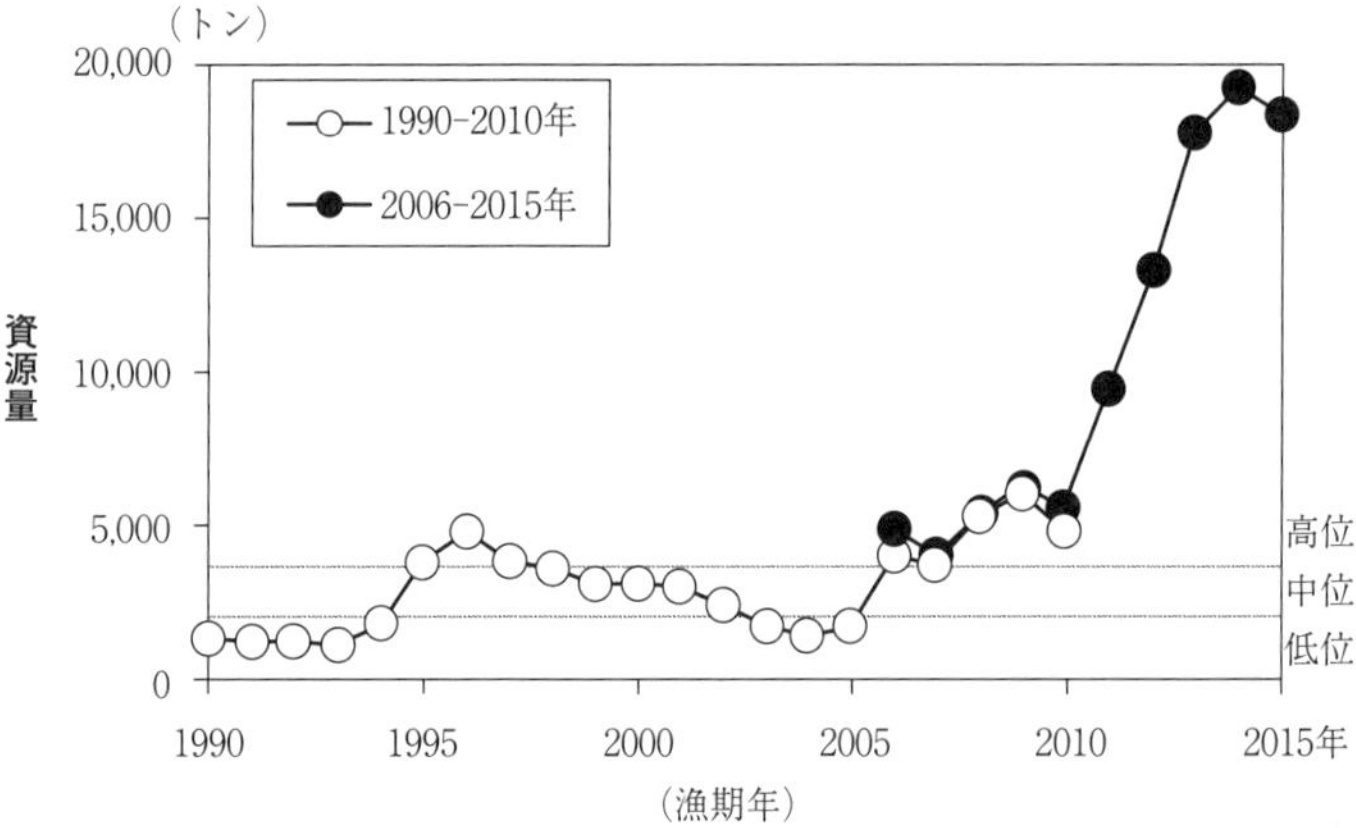

注：TACもなく小型のヒラメを獲り続ければ再び資源は減少に転じる。
出所：水産教育・研究機構

してせっかく北海道の道東沖に来た大きく成長してから漁獲すべきサバまで獲ってしまっている。しかも大半が食用に向かない大きさであるため、フィッシュミール向けにしてしまった。（2015年）。

ノルウェーをはじめとするサバを漁獲する漁業先進国では、まずこのような資源的にも経済的にもよくないことは行わない。資源をみずから潰してしまう漁業をしても止める仕組みがない。北欧など漁業先進国の管理と比較すれば「獲りすぎ」という問題の本質は明らかである。

ウナギの稚魚価格暴騰と日本の責任

深刻なウナギの資源状態。もともとウナギは、ハレの日に食べる食材だ。それが1980年代後半頃、欧州産のヨーロッパウナギの稚魚（シラスウナギ）が中国に生きたまま大量に輸出され、養殖物のウナギが日本に安価でかつ大量に輸入されるようになった。やがて、ヨーロッパウナギの稚魚は乱獲で

図４－10　ニホンウナギ稚魚国内採捕量の推移

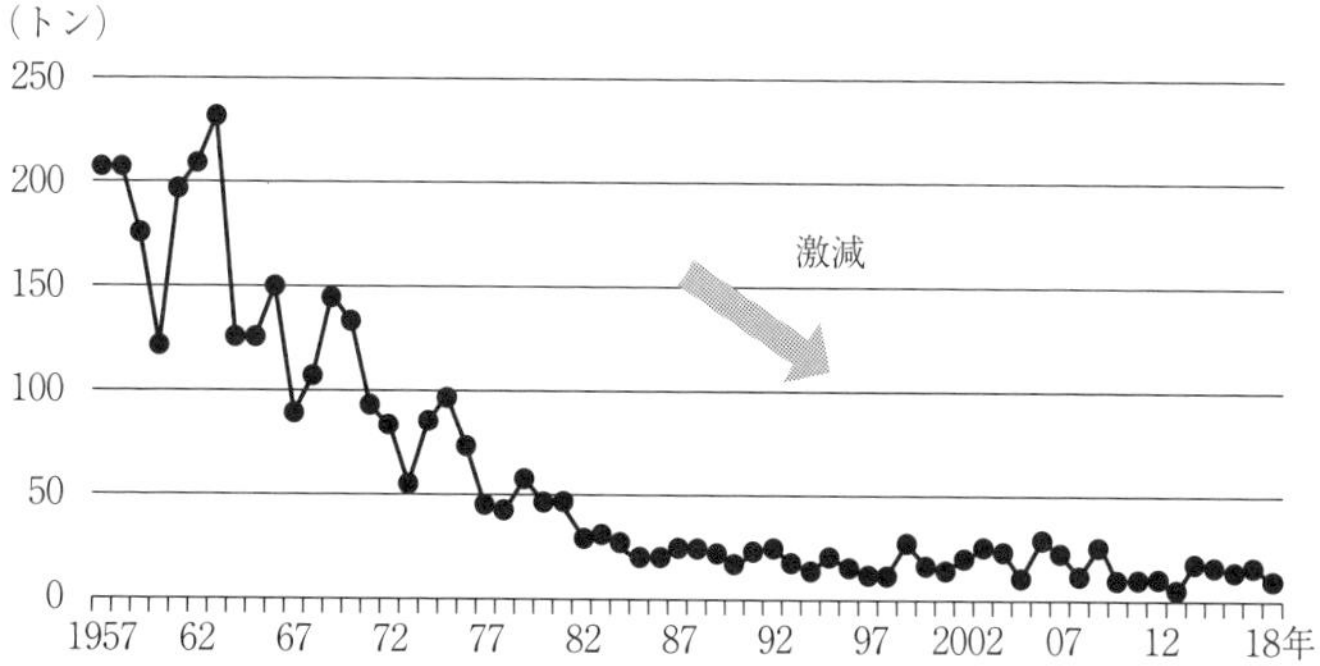

注：1982年頃までは、クロコ（シラスウナギが少し成長して黒色になった状態）が入っている可能性がある。そしてそのクロコも同様に減少している可能性が高い。
出所：2002年までは農林水産省「漁業・養殖業生産統計年報」による。2003年以降は水産庁調べ（捕獲量は、池入数量から輸入量を差し引いて算出）。みなと新聞より。

激減。２００７年に国際貿易を規制するワシントン条約で規制が決まり、その後取引が激減した。ニホンウナギは２０１４年に国際自然保護連合（ＩＵＣＮ）により絶滅危惧種に指定されたものの、ＩＵＣＮには法的強制力がないので、輸出入に影響が出ていない。

図４－10を見れば一目瞭然なのだが、ウナギ稚魚の漁獲量、そして資源も激減している。２０１４年には、国内の漁獲が一時的に増え「稚魚豊漁」「ウナギ稚魚、豊漁スタート」と報道された。しかし、漁獲量が激減すると分母が小さくなるので、ウナギに限らず、少しでも増えるとすぐ「豊漁」といわれて、まるで回復しているかのように誤解されてしまう。また、２０１７年秋から18年春にかけての漁期で、稚魚の不漁が極端になってきた際には、その理由として「黒潮大蛇行」によるなどとも報道された。しかしながら、ウナギの稚魚は同じマリアナ諸島付近で生まれて、台湾、中国、そして日本にも回遊して来るといわれている。黒潮大蛇行の影響とかかわりがない、これらの国々でも同様に不漁となっているの

で、それが主な原因でないことがわかる。

台湾・中国・日本と稚魚の不漁が続き、供給環境は悪化の一途をたどっている。ウナギの価格は養殖のための稚魚がキロ100万円を大きく超える高値となっている。稚魚の供給が減少すると価格が高騰、高騰した稚魚を求めてさらに無理して獲るようになり、資源の減少が加速してしまう。

ウナギの供給は、99％以上が養殖物だ。香港・中国から来る養殖用ウナギの稚魚は、漁獲の減少とともに相場が暴騰した。2017年10月～18年2月までの輸入単価はキロ370万円と、前年同期の120万円の3倍となった。2013年に築地のクロマグロの初セリで1本約1億5000万円という価格が出て、マスコミをにぎわせたが、その時のキロ単価がキロ70万円。生きている稚魚の価格とはいえ、いかに法外な価格かがわかる。

高騰する稚魚の密漁も後を絶たない。ワシントン条約（CITES）事務局は、日本で報告されている養殖種苗採捕量と実際の養殖池入量がかけ離れており、採捕中の43－63％が密漁か未報告物だと試算した。また、種苗の輸出を禁止している台湾から香港を経由して輸出されている可能性が指摘されており、日本の養殖池に入る種苗の57－69％は不透明な採捕や密輸で補われていると推定されている。

2016年に開催されたワシントン条約の会議で、ニホンウナギの国際取引を制限する提案は見送られた。しかしEUは、ウナギ全種の資源状況及び取引などについて、科学的データをもとに2、3年かけて討議し、2019年の次回会議までに「持続的取引を確実なものとする勧告」をまとめると呼びかけている。

ヨーロッパウナギやニホンウナギの減少により、代替品として注目されたアメリカのウナギが絶滅危惧種に、また東南アジアのピカーラ種も準絶滅危惧種になるなど、日本の需要を背景とした負の連鎖が起きている。ウナギの完全養殖の研究はされているが、それが実用化して店頭に並ぶまでには、相当の時間と努力が必要な段階。完全養殖は、まだウナギの稚魚の減少の解決策になっていない。

卸売市場の衰退と活性化の手段

取り扱いが減り、水産物の卸売市場の衰退が続いている。2008～16年を比較している図4－11を見ると、産地及び消費地の地方卸売市場、そして中央卸売市場の減少が続いている。卸売市場の衰退の要因は、市場を通さないで流通する、市場外流通（直取引）が挙げられる。たしかにその要因もあるが、最大の要因は、国内の水揚量の減少によるものと考えられる。

卸売市場の売上げ構成は、大まかに鮮魚（主に国産）約4割、冷凍品（国産と輸入）3割、塩干品3割である。(7) 利益源である鮮魚の流通が減少。冷凍品は、国内での水揚げが減って、不足分を補ってきた輸入原料が買い負けで減少。国産と輸入原料を利用する塩干品の卸売市場向けも、中国を中心とするアジアでの水産加工品が、同市場を通さずに量販店や外食チェーンに供給されるケースが増えてきていると考えられる。合わせて、国内市場の縮小そのものの影響も大きい。

卸売市場の活性化のカギは、国内の水産資源の復活である。輸入原料は、これからも世界で水産物の需要が増えてゆくことが確実であり、短期的な市場環境の変化はあっても、中長期的には、ますます期待できなくなってくる。卸売市場、特に産地の卸売市場は、その地域に魚の水揚げが大量にあっ

図４－11　水産物卸売市場数の推移

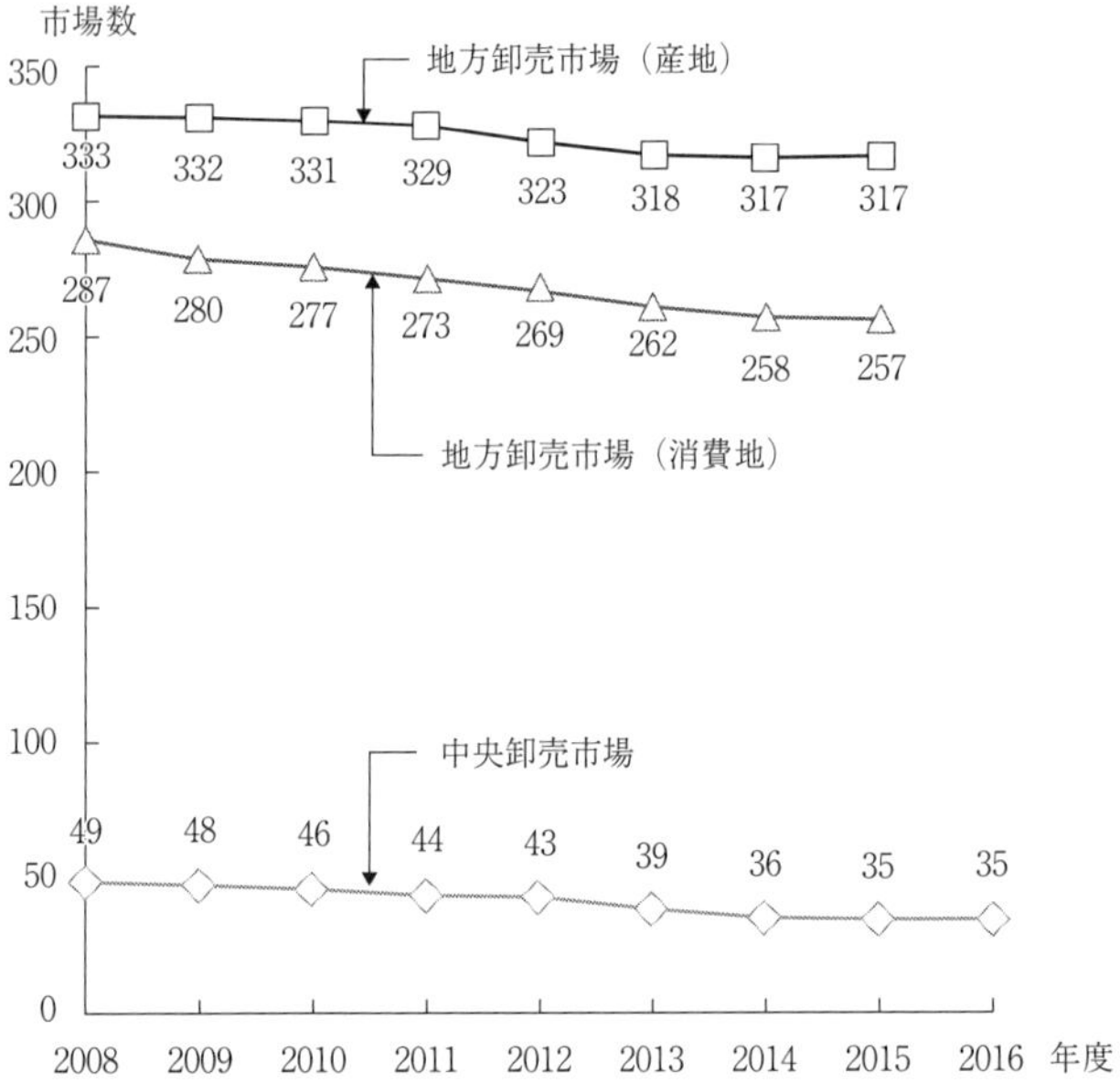

出所：『水産白書2018年版』

たことで、かつて活性を呈してきた。国内の水産資源を持続的にする取り組みを行い、市場法で密漁や禁漁区以外での漁獲物は受け入れるとされていても、卸売市場ごとに「調達方針」をつくり、資源量の少ない未成魚は扱わない等の、特色を出す戦略も考えられる。

さらに、回復させて資源を、持続性がある水産エコラベルの認証を得て、輸出と国内の両市場にバランスを取って販売できる機能を持たせることだ。魚が売れないというのは、口癖のようになっている。しかしながら、それは国内での話であり、世界の市場は拡大しており、ポテンシャルは高い。かつ、持続性がある魚とは、概して世界、そして国内市場でも必要とされる

図４－12　水産加工品生産量の推移

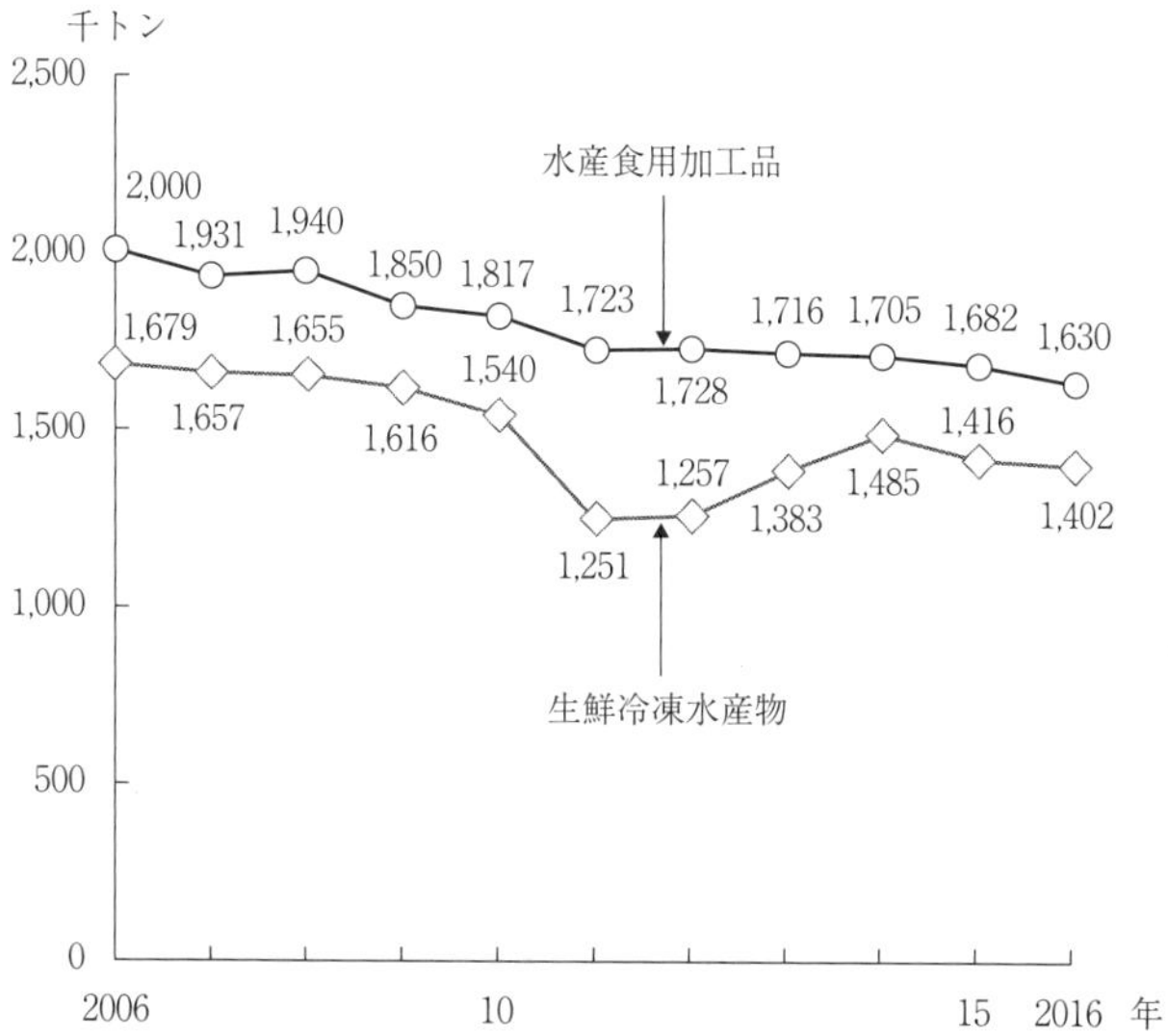

出所：『水産白書2018年版』

価値がある魚と同じなのである。

国内水産加工品の推移

国内水産加工品の生産量の減少が止まらない（図４－12）。国内水揚量の減少に加え、漁獲枠がほぼ機能していないために、大きくなる前の魚も獲ってしまう。このため、水揚量が一時的に回復していても、加工に回る大きさの魚の比率が低く「豊漁」「加工原料不足」という相反することが、サバなど同じ魚種で起こる。３年待てば、卵も産むし、魚の価値が上がり、加工にも向くようになることはわかっているが、共有地の悲劇が起こるので、小さい魚まで獲ってしまい、それを漁業者は止められない。そんな事象が全国で繰り返されている。

国内水産加工品が減少する理由は、加工

原料不足だけではない。中国を中心とするアジアでの廉価な加工品の流入だ。1990年代の半ば頃から、中国を中心とした海外加工がサバ、シシャモ（カラフトシシャモ）等で始まった。当初は日本の加工業者も積極的に技術供与に加わり、国内での人手不足やコストの上昇を抑えようとした。機械などの設備投資はほとんどせず、テーブルと包丁、冷凍機といった最小限の設備で急速に広がっていった。中国・アジア諸国の最大の強みは、安価な労働力であった。原料は、サバやタラ類、カニ、エビ、タラコ等、多岐にわたる輸入原料であった。日本だけでなく、欧米の会社も同様に中国に原料を持ち込み、加工した製品を自国に輸出するかたちをとっていた。

だが、時間の経過と経済発展により、状況は大きく変わった。加工地でもある大連、青島といった水産加工場の周りには、電気、自動車産業等、水産加工以外の工場が増加。日本同様に、水産加工場の現場は、人材の争奪戦になると人気がない。ましてや他業種のほうが給与が高いとなると、ますます人の確保が難しくなってくる。

いつの間にか、人件費が安かった中国での人件費が増加し、コストの削減のために、機械の投資といった「中国で加工する意味合い」が薄れてきている事例が増えている。また、中国・アジア諸国の水産物加工品の需要自体が大きくなっており、もともと輸入原料を中国に持ち込んでから加工して再輸出するというかたちから、自国消費の割合を増やし始めている。

さらに、加工場が自己資金を増加させていることにより、原料を持ち込んでもらって加工するだけではなく、自社のリスクと資金で原料を調達するようになり、買付時のライバルとなってしまっているケースも少なくない、そしてそのケースは今後増加していく見通しである。タイ、ベトナム、インドネシア等での加工においても、今後中国同様のケースが起こっていく。このような状況下で、日本の水産加工業を活性化させる手段は、国産水産物をサステナブルにして、それを加工して、国内外にバランスよく販売していく戦略を取ることに尽きる。

重要な流通業の役割

資源管理に関して流通業の役割は決定的に重要だ。流通業が扱ってくれなければ、魚には価値が出ない。欧米では、環境NGOが重要な役割を果たしている。イギリスのMSC[8]では、量販店のMSCマークが付いた製品の扱い状況を2016年に公表した。イギリス最大手のテスコは、その中で7位と低迷した。すると翌年には同社は、MSC商品を増やし、3位と大幅に飛躍している。大手量販店の仕入れに決定的な影響を与えていることがわかる。

欧米の大手量販店だけでなく、日本のイオン、日本生活協同組合等、大手の量販店も、期限と取り扱いの割合とともに、国際的な水産エコラベルであるMSCとASCの取り扱い内容を、取扱の20%といったように、具体的な数値とともに宣言し始めた。安易な宣言内容は、グリーンウォッシュ（上辺だけの欺瞞的な環境訴求）と批判され、商品撤去を含め厳しい措置が取られる[9]。販売側も調達方針で宣言している以上、実際と内容が異なっているケースは排除せざるを得ない立場にある。

アメリカでは2016年より、末端の量販店だけでなく、その中間業者に関するサステナビリティ関連のランキング付けが始まっている。日本でもグリーンピースが、2018年で第7回となるスーパーマーケットランキングを行った。量販店により対応はまちまちであったが、サステナビリティでのランキングが高い企業ほど、その重要性と怠った場合のリスクに気づき、対応を進めている。

中小の漁業者は消滅してしまうのか

漁獲枠に譲渡性がない場合はともかく、漁獲枠の売買ができる譲渡性がある場合は、中小の漁業者が消滅し、資金力のある大手のみになるという意見があるようだが、果たしてそうだろうか。日本の場合は、中小だけでなく、大手の漁業者も含めて大変厳しい状況である。

寡占化を防ぐための方法としては、シェアの上限を定めることだ。アイスランドでも、ノルウェーでもシェアの上限がある。また、すでに説明しているように、大型、中型、小型や巻き網、釣り等、船の大きさや漁法によってカテゴリーを分けて、それぞれのカテゴリーの中で漁獲枠をやりくりして、かつシェアの上限を設ければ、特定の企業や漁業者に寡占されることなどない。さらに漁獲枠の有効期限を設定すれば、より機能する。

ただし、その地方のニーズの本質をよく汲み取る必要がある。日本の漁業は、50年以上前に主な改正が終わってから、本質的な変更がされていない漁業法によって縛られてきた。戦後、民主化を目指し、多くの漁業者が独立して現在の姿がある。しかし、時代が変わり、魚が減り、漁業後継者の減少が続いてしまっている。本来であれば、同じ規模の漁業者が、個人ではなく会社規模にして、漁獲枠をいくらか集約して運用していけば、中小の漁業者の再編が進み、若者が新規に入りやすい漁業会社にしていくこともできるかもしれない。

資産としては、資源管理が機能している漁獲枠を資産とし、それを担保に、新造船を作ったり、船の数を集約したりすることで再び中小の業者が、魚がたくさん獲れていた頃の活況を取り戻すことも、やり方次第では可能だ。

また、次のようなケースが新潟県で甘えびのカゴ漁で個別割当制度を実施したケースから考察できる。当初は漁船ごとに備え付けられるカゴの数が1隻当たりで決まっていた。しかし、漁船とカゴの数の組み合わせではなく、年間の漁獲量に重点を置くことで、漁業者の考え方が変わった。漁獲量は決まっているので、1隻にカゴの数をこれまでの2隻分集中させることにした。そうすることで、漁船の数は減り、1隻を交代で漁をすれば、休みが増える。これは、漁船のカテゴリーごとに船が大型化し、隻数が減少している北欧でも同様の傾向がみられる。小規模であっても小規模なりの効率化が実現できるのだ。本来であれば、2隻で、漁期や漁具等決められたルールの中で、できるだけ獲るというのが日本の方式だが、個別割当制度により、よい変化が起き始めた。

こうした流れで、仮に漁船や漁業者数が減ったとしても、資源が回復したことで、6次産業化も含めた、加工、運送、流通等別のかたちで雇用が増えて、地域が活性化していくこともある。小規模の漁業者や、中規模の漁業者がそれぞれのカテゴリーの中で、大きくなっていくとしても、それは中小の漁業者が、個別割当制度の導入で消えていくというのとは、まったく別次元の話なのだ。

漁業者のイメージする資源管理とは

２０１５年に農林水産省によって、漁業者によるモニター（２８１人）が漁業先進国で実際に行われた。その回答内容には、日本と漁業先進国の施策のちがいに伴う、経営上の問題や不満が必然的に

図４－13　「水産資源の管理」という言葉のイメージ

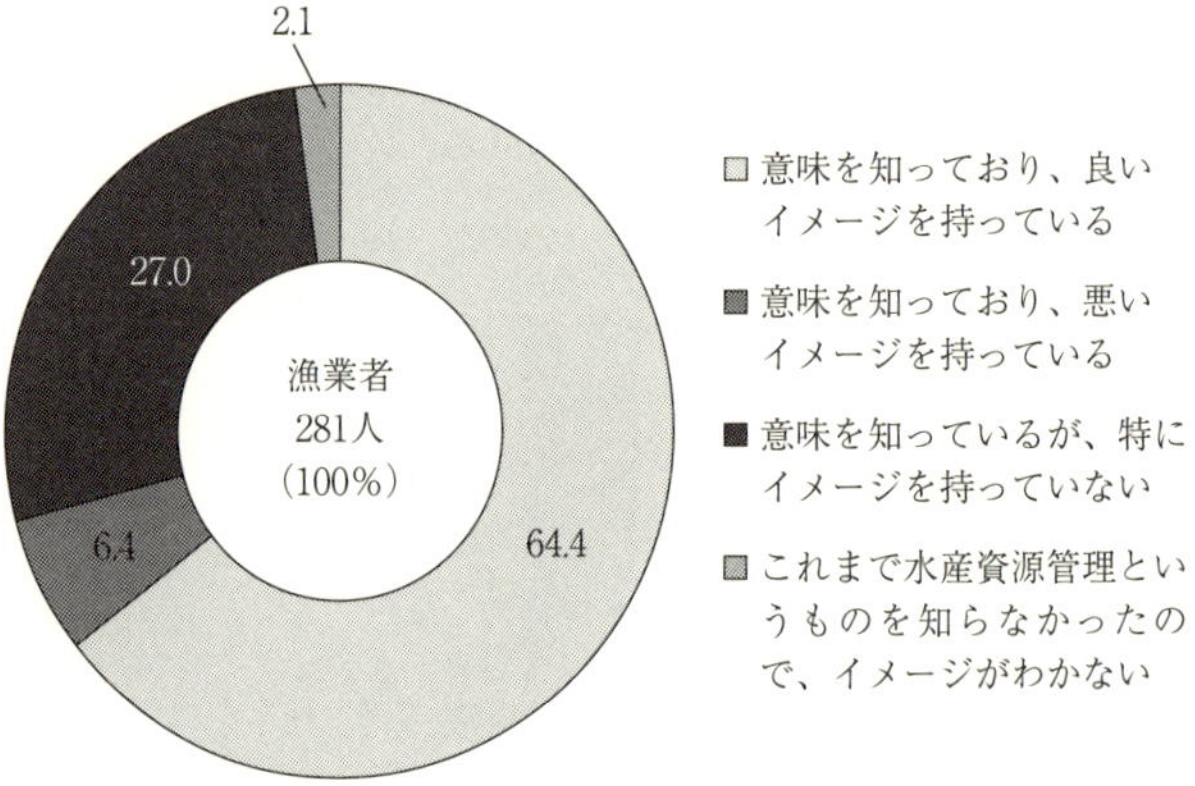

注：表示単位未満を四捨五入したため、計と内訳の積み上げは一致しない場合がある（以下同じ）。
出所：農林水産省　大臣官房統計部

出てきている。その具体的な内容に関して解説する。

最初に「水産資源管理」においてだが、64・４％が意味を知っており、良いイメージを持っている一方で、イメージを持っていないが27％、悪いイメージを持っているが６・４％、その他２・１％となっている。現状の資源管理では２０１７年の水揚げ数量が４３０万トンと、過去50年で最低のレベルで減り続けているという現実がある。資源管理が必要とわかっていながらも、その効果が出ていないのでイメージがわかなかったり、ただでさえ魚が減って獲れなくなっているので、これ以上規制されたくないというイメージも持たれやすい（図４－13）。

実施している資源管理措置については、いわゆる「自主管理」を含む資源管理措置が70・８％と多く、公的規制による資源管理が19・２％。資源管理措置を実施していないが10％となっている（図４－14）。ここで出てくる「自主管理」が曲者なのだ。

図４－14　実施している資源管理措置

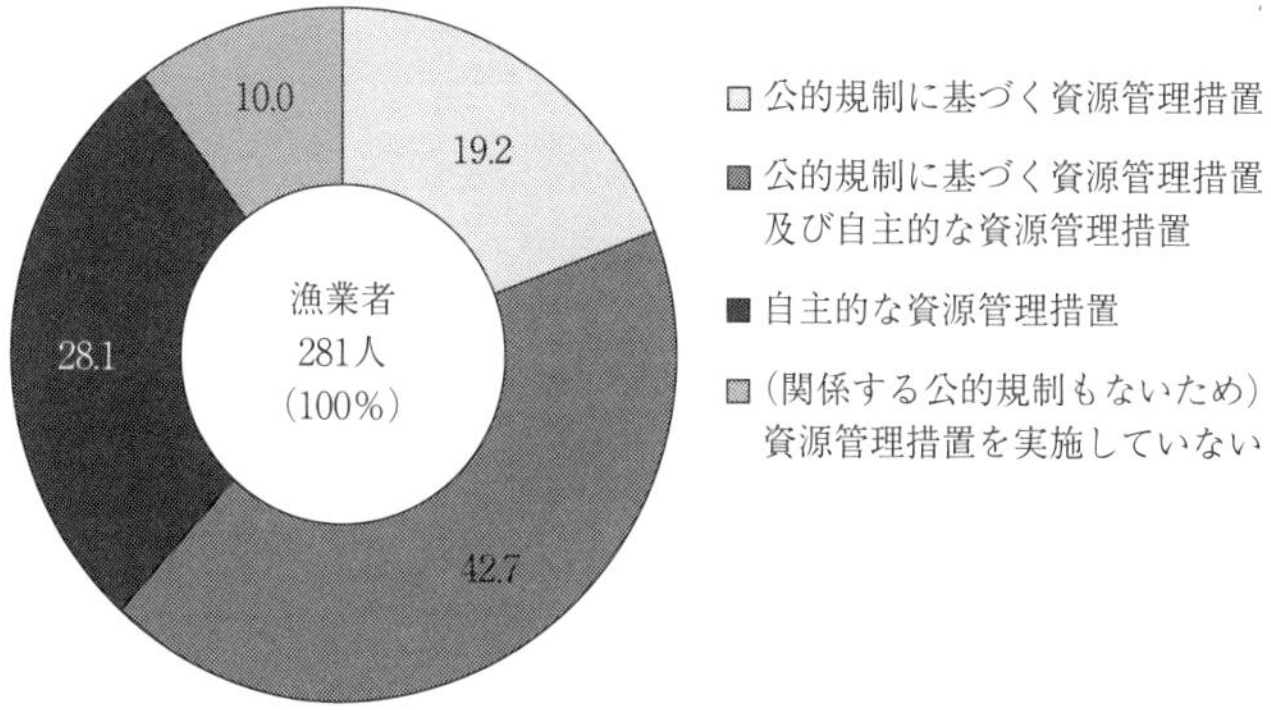

注：漁業先進国と比較して、客観的に効果があるのか検証が必要。
出所：図４－13に同じ。

魚が獲れなくなり、供給が減って単価が高くなると、水揚げ金額を増やすために、少しでも多く獲ろうという意識が働く、また、価値が高い大きな魚を獲りすぎてしまい、魚のサイズが小さくなる。それでもとりあえず「親の敵と魚は見つけたら獲れ」となり、小さな魚の中から大きな魚を選別しても、大部分は食用価値がない。このため極端に安い魚が占めることになり、水揚げ金額が減少するという悪循環に陥る。そのような環境下に多くの魚種が陥っている中で、漁業者が自主的に決める資源管理の内容は、どうしてもできるだけたくさん獲るという方向になってしまう。また、その管理・運用方法自体も、漁業先進国のものと大きく異なる。

実施している「資源管理措置の具体的内容」及び「水産物を持続的に利用していくために実施すべき資源管理措置」というアンケート（図４－15および４－16）に対し、半分以上が実施しているという「漁期と漁場及び出漁回数の制限」に効果がないとは言わない。また「網目の大きさ」についても同様だ。しかしながら、漁獲量も

図4－15　実施している資源管理措置の具体的な内容（複数回答）

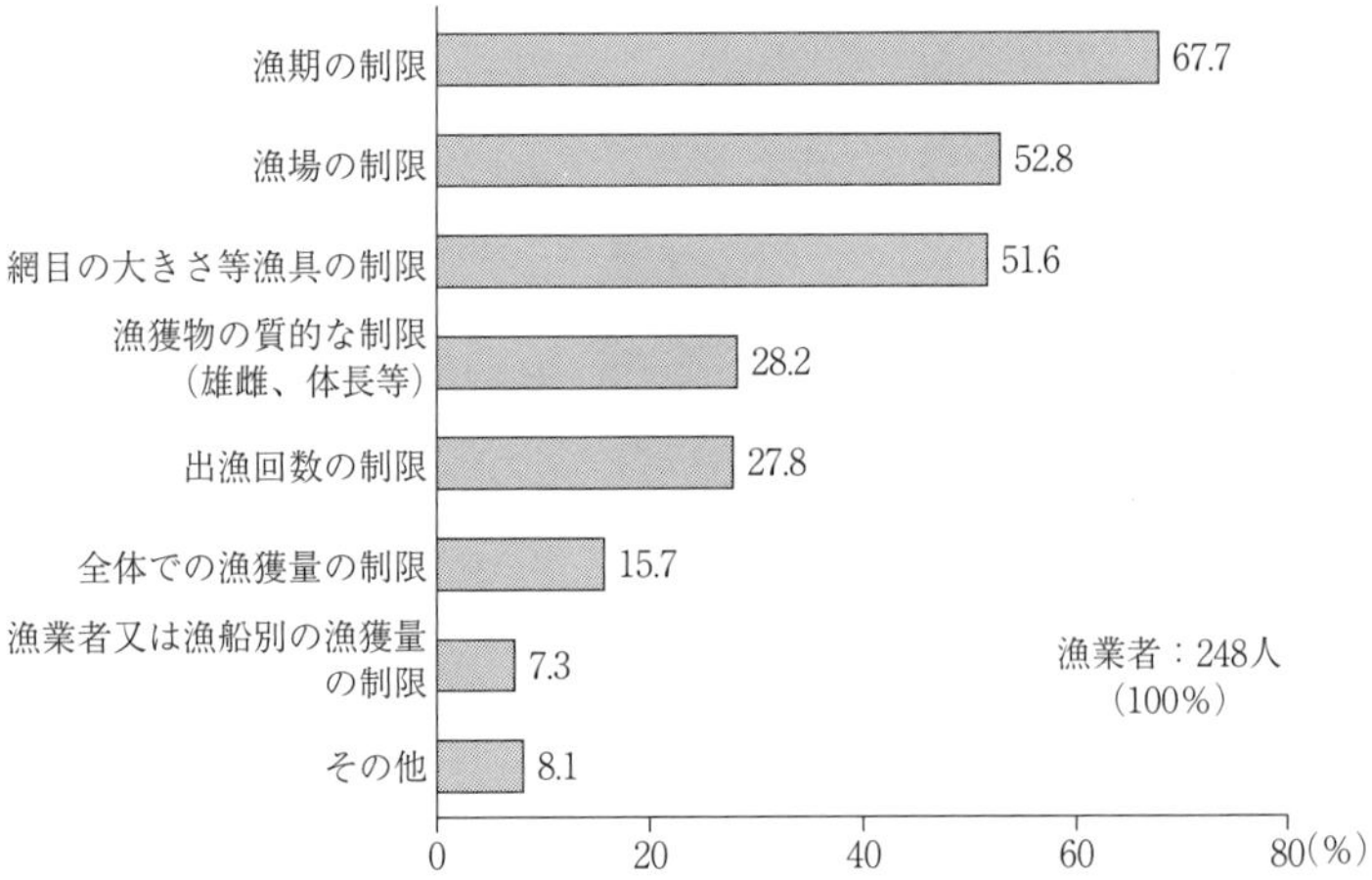

出所：図4－13に同じ。

図4－16　水産物を持続的に利用していくために実施すべき資源管理措置（複数回答）

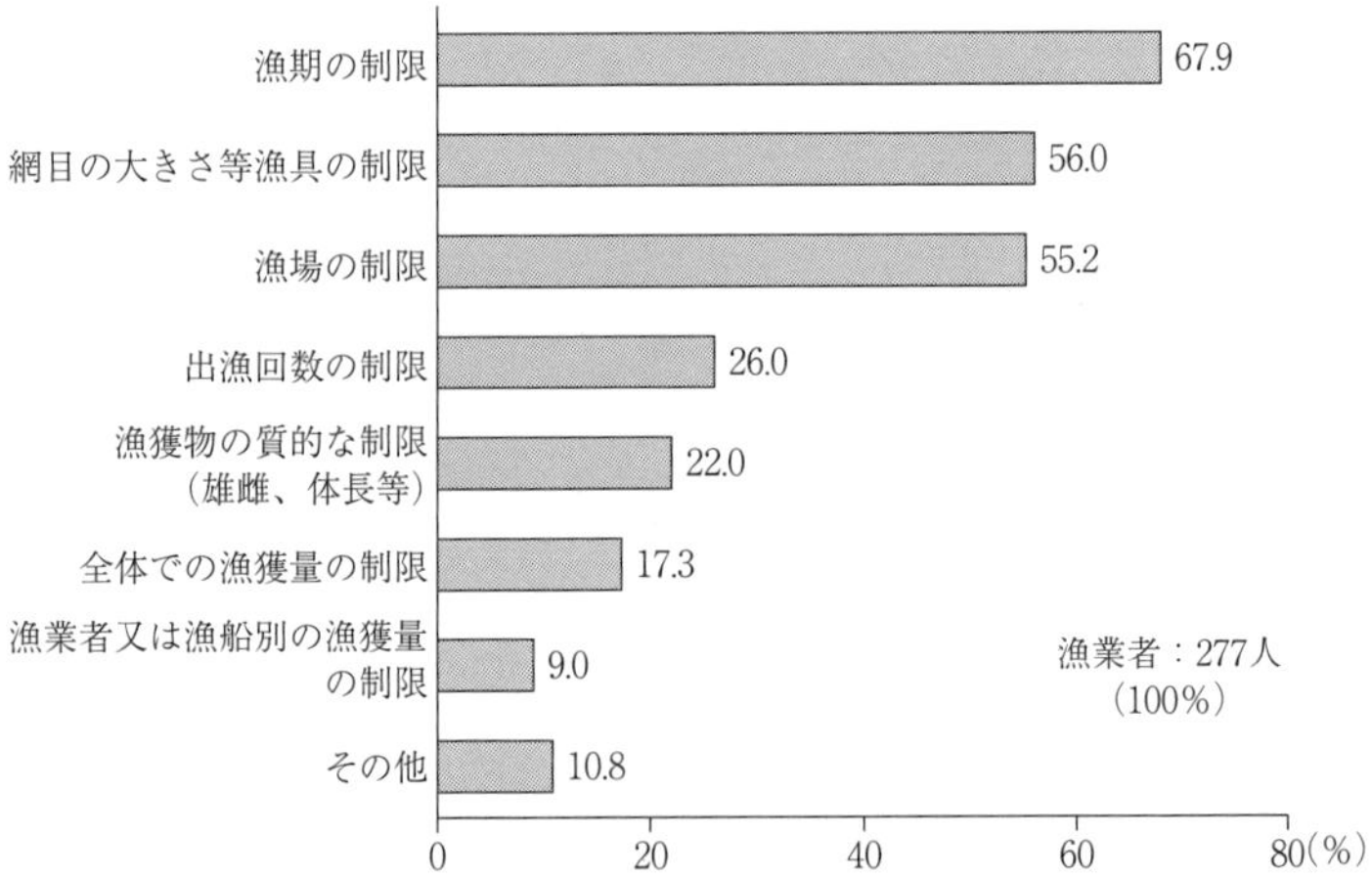

出所：図4－13に同じ。

資源も年々減ってしまっている現実に対し、根本的に改善していくための具体的な方法を漁業者の多くがまだ知らないことを意味している。

前者をインプット、後者をテクニカルコントロールと呼び、日本の資源管理の主な手段である。ルールを決めて、用意、ドンで、あとは腕と運次第の「race for fish」である。そんな典型的な日本的管理の中で、全体での漁獲量、漁業者または漁船別の漁獲量の制限を実施している漁業者も、ごく一部ある。[10] この管理方法はアウトプットコントロールと呼ばれる漁業先進国が主に採用している方法に近いやり方で、黒字化と資源の改善の点で結果を出している。

また、図４－17を見ると、漁業経営において不安に感じていることは、そのほとんどが、科学的な根拠をもとに資源管理を行い、漁獲枠（ＴＡＣ）を設定し、それを個別割当制度（ＩＱ、ＩＴＱ、ＩＶＱ他）で分配して厳格に運用すれば、手遅れになる前の資源状態であれば、改善ができる可能性が高い。ただし、資源状態が悪ければ悪いほど回復に時間がかかってしまう。病気や怪我は早く手当てをしたほうが、治療が短く済むのと同じ理屈だ。

価格の低迷の理由は、水揚げが一時的に集中する大量水揚げ（サバ、イワシなどの大衆魚）や大きくなる前に獲ってしまい、残っているのは価値の低い産まれたばかりの未成魚がほとんどといったケースが多い。個別割当制度は、漁獲量が厳格に決まることで、水揚げが分散される。漁業者は獲る量が決まり、価値がない小型の魚を獲ることは避けるようになるだろう。このため、小型の魚は大きく成長する機会を得る。卵を産む産卵親魚の資源量がサステナブルではない水準に減少した場合は、禁漁も必要となる。[11]

図４－17　漁業経営において不安に感じていること（複数回答）

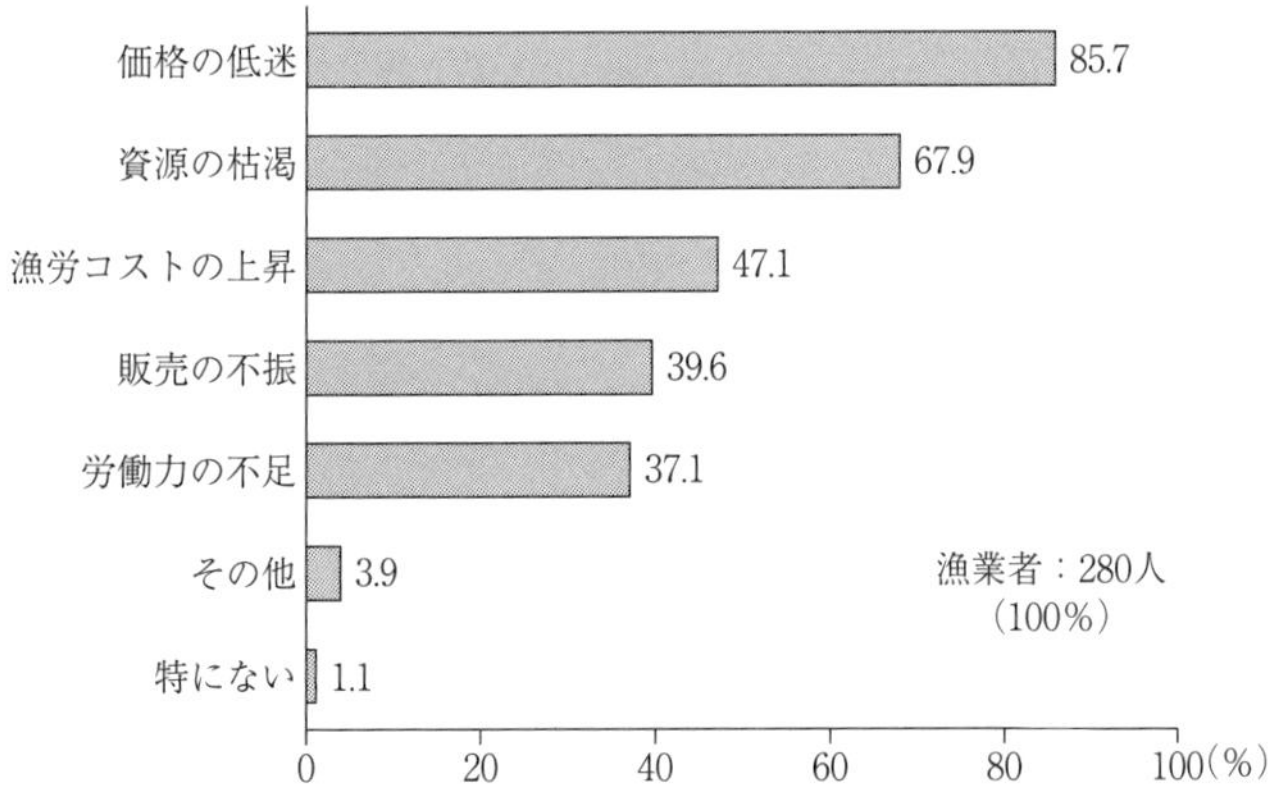

出所：図４－13に同じ。

資源の枯渇に対する不安を解消するための手段も個別割当制度の適用だ。現在、マサバやマイワシの資源が一時的に回復しつつある。そこで、前述したように、水産加工場が減少してきている中で、冷凍工場などの加工施設の投資が再び始まってきている。

冷凍工場の成功は、工場の稼働率にかかっている。魚が潤沢に水揚げされる前提で作られているので、水揚げの減少が一番のリスクとなる。そこで、どうしても原料確保が優先となる。一方で、漁船側としては、受け入れ側の能力が向上することで、できるだけ魚を獲って水揚げしたい。そこで、たくさん獲ることが優先されてしまう。他方で、科学的根拠に基づいたＴＡＣで個別割当制度を厳格に運用すると、魚の獲れるうちに、短期間でできるだけ投資を早く回収したいという考え方から、資源の持続性による長期的な見方ができるようになり、資源に対する不安が解消されていく。そして稼働率が向上し、投資リスクも大きく減少していく。このため北欧では立派な水産工場が増えて

図4－18　漁労所得の近年の傾向

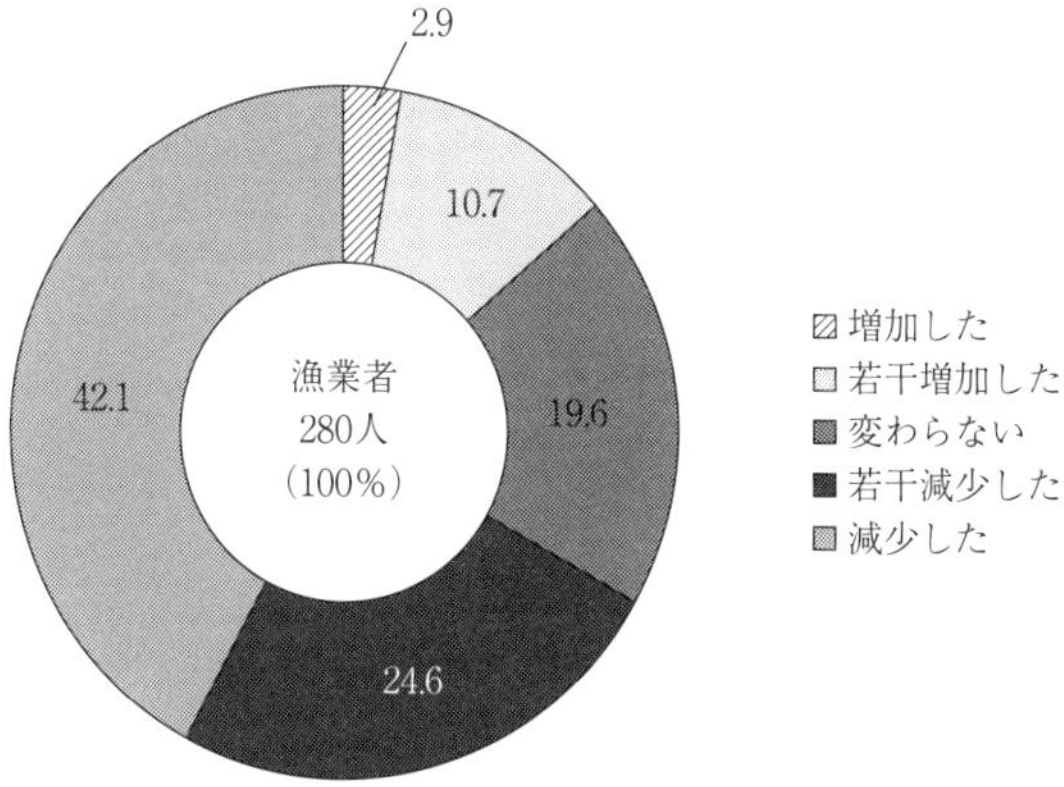

出所：図4－13に同じ。

いる。

資源は、管理していても、農作物で不作や豊作があるように、TACを大幅に減らされたり、禁漁に追い込まれたりすることもある。しかし、各魚種の資源管理をしっかりすることで、たとえばサンマは我慢しても、マサバが十分にある。マサバを我慢してもマイワシがあるし、その頃はサンマも戻ってくるというように、一つの資源が短期的に減っても、他の魚種で十分カバーできる体制をつくり上げていくことができる。資源の枯渇に対する不安も減っていくことになる[12]。

漁労コストの上昇についても同様である。漁労コストの上昇は、水揚げ金額が持続的に上昇していくことで解消できる。日本の漁労所得と比べ、ノルウェーは3倍以上ある。小さくて安いサバや、産卵期前後の脂がのっていないサバの価値は低い。これも旬の美味しい時期だけに水揚げ期間を集中させ、かつ分散させることで単価を上げて漁労コストの上昇を調整できる。現実問題、漁業で儲かるようになると、漁船の性能が上がり、より低い漁労コストに抑えることが可能となる。海の中の魚をサステナブルなレベルの資源にしていく。これが漁労コストにも大きく影響するのである（図4－17）。

販売の不振については、その根源においしくない魚や、市場価値に比べて高すぎる魚は売れないということがある。現在の早獲り競争で獲られた魚は、市場のニーズを見て獲られているのだろうか。ノルウェーのサバをはじめ、売れないような輸入水産物はそもそも日本に入ってこない。一方で、今の日本の漁業は見つけたら獲るだけだ。脂がのっていない春や夏のサバが、整然と鮮魚売り場に並ぶ。食べておいしくないことはわかっていても、獲れたから売る。これでは、消費者の魚離れをますます加速させてしまう。

この点も個別割当制度が適用されていれば、そもそも単価が安いまずい魚は、漁業者が獲りに行かない。そしておいしい旬の時期だけ水揚げするようになる。そうなれば、自然と消費者が魚に戻って来て、販売不振が改善されるのではないだろうか。国産魚の販売不振は、制度の不備により、自業自得となってしまっている。これを変えることができるツールが個別割当制度である。

「漁業者は高給」というイメージ復活へ

より良い環境の船で、十分な水揚げ金額を確保できる体制が構築でき、払える給料が高ければ、働きたい人は増える。ノルウェーでは、平均的なサラリーマンより漁業者のほうが、収入が高いと言われている。個別割当制度の厳格な適用により、水揚げ金額と利益が増えたら漁船を北欧並みの環境にしていくことだ。ノルウェーの漁船が豪華なのは、人材確保のために魅力的な漁船にしているという理由がある。

かつて遠洋漁業に出向する漁船は多くの船員を必要とした。そしてその人員を魅了して確保を可能にしたのは、高い給料であった。遠洋漁業の全盛時は、世界中が日本の漁場と言ってよいくらい、全世界に展開してたくさんの魚を獲り、多くの利益を出し、さらに船を造って人を集めるという繰り返しであった。しかし、今では世界の漁場からは閉め出され、巨大な漁船も残っていない。

本来であれば、日本の水揚げ金額も、国際的な水産物の需要増加を反映し、単価が上がることで、漁労所得は上昇しやすい環境になっている。国産も輸入も供給量が減り、輸入品は「買い負け」により、輸入価格は上昇傾向にある。しかしながら、水揚げの減少傾向と、小さくて価値が低い魚や価値がないおいしくない時期の魚の水揚げを止めていかねば、漁労所得を上げられる機会を逸するだけでなく、資源の減少により仕事自体ができなくなってしまう懸念が日本のあちらこちらで発生し続ける（図４－18）。

個別割当制度を活かす

図４－19で、漁業経営を続けていく上で目指している「品質を向上させる」に対する回答は、さらに個別割当制度の適用が当てはまる。魚の品質の中で最も重要な要素の一つは「鮮度」。鮮度というものは、新鮮な状態の魚を維持することはできるが、鮮度の悪い魚を鮮度の良い状態に戻すことはできない。また鮮度の悪い魚を加工して、品質の良い加工品を製造するのは至難の業だ。

個別割当制度であれば、漁業者は一回に水揚げする量を、品質が維持できる数量に制限するように

図4−19　漁業経営を続けていく上で目指していること（複数回答）

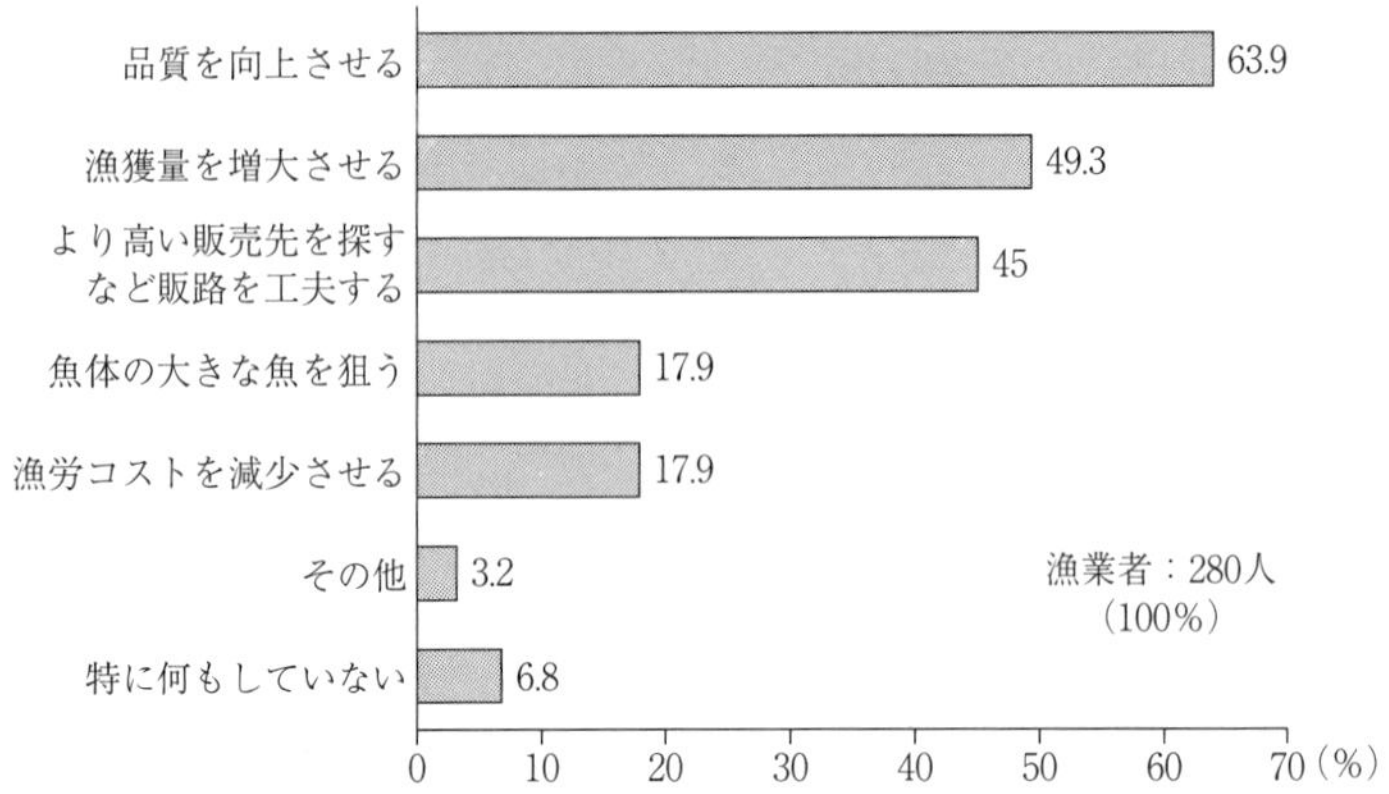

出所：図4－13に同じ。

なる。サバ、イワシなど本来食用に十分に向く魚を、一回に漁業者ができるだけ多く水揚げしてしまうために、品質の維持は一部の量を除いて難しい。個別割当制度が機能していないため港で1日に処理し切れない魚が水揚げされる。当日処理し切れない魚も、水揚げされトーッに氷を入れて翌日の処理に回ることがある。鮮度を当日分と翌日、もしくは翌々日分と同じレベルにすることは今の設備では難しく、鮮度が落ちてきた時点で、食用ではなくエサ用に処理されてしまうのは、経済的にも単価が安くなるので実にもったいない。

また、当日に処理できる量であっても、その量自体が多いと、食用に丁寧に選別、冷凍するには時間がかかる。このため非食用に大量に速いスピードでエサやフィッシュミールに処理されてしまうケースも少なくない。釧路港のマイワシの水揚げでは約9割程度が、非食用のフィッシュミール向けに回る。これは、大量の処理が現場に要求されるためである。1990年代、釧路には20を超えるフィッシュミール工場があったが、今では2工場（２０１５年）しかない。90年代にマイワシが姿を消し、原料がなくなったからである。２０１１年から再びマイワシの水揚げが増えているが、それに合わせてフィッシュミール工場を増やすだけでは、また同じことが起こる。漁船が品質重視をして分散して魚を水揚げし、加工場も食用を主体とするシステムを構築する必要がある。そして資源状態が悪くなってきたら、早めに漁獲量を減らすか禁漁して回復を待つ。これをしないと、いつの間にか獲れなくなるくらい魚の資源を減らしてしまった後に気づくという、同じ間違いが繰り返されてしまう。

漁獲量を増大させることは、魚の資源が豊富な間は可能だ。漁船を大きくし、最新技術を導入していけば漁獲量を短期的に増やすことは可能だ。だが、資源の持続性がなければ、それまで設備投資した漁船、水揚げされる魚に期待して建てられた加工場、そしてそこで働く人、家族、地域コミュニティーを資源の減少とともに衰退させてしまう。漁獲量の増大は、資源の持続性とのバランスにおいて、はじめて実現すべきものだ。

北欧などの漁業先進国は、それが可能になっている。しかし、彼らが目指している漁獲量の増大は、水揚量の絶対量の増大ではない。絶対量の増大は短期的には可能であるが、それが続けられないことがわかっているからだ。そこで、漁船の設備や加工場の処理を増大させ、鮮度のよい状態で、一度に大量に水揚げできる大型の最新鋭の漁船や加工設備を増やしている。

漁業先進国では、水揚げされた魚を処理する工場側の生産能力は水揚量以上に増強され、大量の魚を鮮度が良い状態で処理し、食用に回す施設が整っている[13]。冷凍加工場の能力も、１工場当たり５０

0〜1000トン程度が標準になっている。1990年代前半、ノルウェーサバの日本向け輸出が10万トン以上に急増し始めた頃は、冷凍工場の生産能力はまだ150〜300トン程度であり、また全体の受け入れ能力も今の三分の一程度であった。それが、資源の持続性が担保されていることにより、投資が30年近く毎年続き拡大してきている。そしてこれからも、漁船の大型化、最新鋭化が進み、豊かになりながら確実に続いていくだろう。日本の太平洋側では時化《しけ》による「申し合わせ休漁」という休漁措置をよく聞く。天候が良い時に漁船が一斉に出漁して処理できないくらいのサバ等を水揚げして1〜2日休漁とし、また同じ大漁・休漁ということが繰り返されることが多い。

ノルウェーではこのようなことは滅多になく、サバやニシンの水揚げが多い秋から冬の漁獲シーズンにかけてはほぼ毎日水揚げがある。(14) これは、天候のちがいではなく、漁船のちがいがある。前にも述べたが、日本の漁船は長細い、一方でノルウェーの漁船は横幅もある。このため、時化でも船が安定しやすいのである。日本は、トン数制限で魚船の大きさを制限しているが、ノルウェーでは長さによって制限している。このため横幅が広く安定した漁船となり、安全な操業ができ、かつ水揚げを分散できるのだ。

より高い販路を探す

販路の拡大も重要だ。世界では魚の需要が増加している。日本人がそうであるように、海外でもおいしい魚は高いし、そうでない魚は安い。数量面で23万トン（2017年）と大きく伸びているサバの輸出は、有望株のように見えるが、たくさん獲れた小さな、日本では食用に向かないサバを主体に輸出に向けているのが現状である。同じサバでもノルウェー産が、日本をはじめ価格が高い市場向けであるのに対し、日本のサバはアフリカや東南アジア等、価格の安さが優先される市場への販売主体となっている。

「買い負け」という言葉で象徴されるように、世界では、日本よりも高い価格を出して水産物を買い付けられるようになった国々が存在している。高級魚のメロやロブスターなど、日本向けがすっかり減少してしまっている水産物がいくつもある。日本がやるべきことは、品質も価格も低下させてしまう大量水揚げを止めさせ、品質の良いサステナブルな水産物を販売する戦略を取っていくことだ。日本の水産物がサバの冷凍品のように「安い」から売れるのではなく、日本ブランドとして高く評価される水産物を販売できる仕組みをつくる必要がある。個別割当制度は、漁業先進国の現状を見てわかる通り、水揚げが分散され、品質を向上させるツールとして威力を発揮することができる。

魚体の大きな魚を狙う

これは、漁業者の誰もが考えていることだ。しかしながら、現在の早獲り競争の域を出ない資源管理では、どうしても「親の敵と魚は見つけたら獲れ！」となってしまう。巻き網や底曳きで漁獲されている魚をマスコミが映像として放映し、欧米などの漁業先進国の魚と比較すれば、実態が簡単に把握されることだろう。そして日本は同じ種類の魚なのに「なぜそんなに小さな魚を獲ってしまうのか」と誰もが驚くことだろう。ここにも、個別割当制度の有無が大きく関係しているのだ。

漁業者は一般の人以上に「こんなに小さな魚を獲ってよいのだろうか」と考えている。だが、今の

図４－20　漁場を探す上で重視しているもの（複数回答）

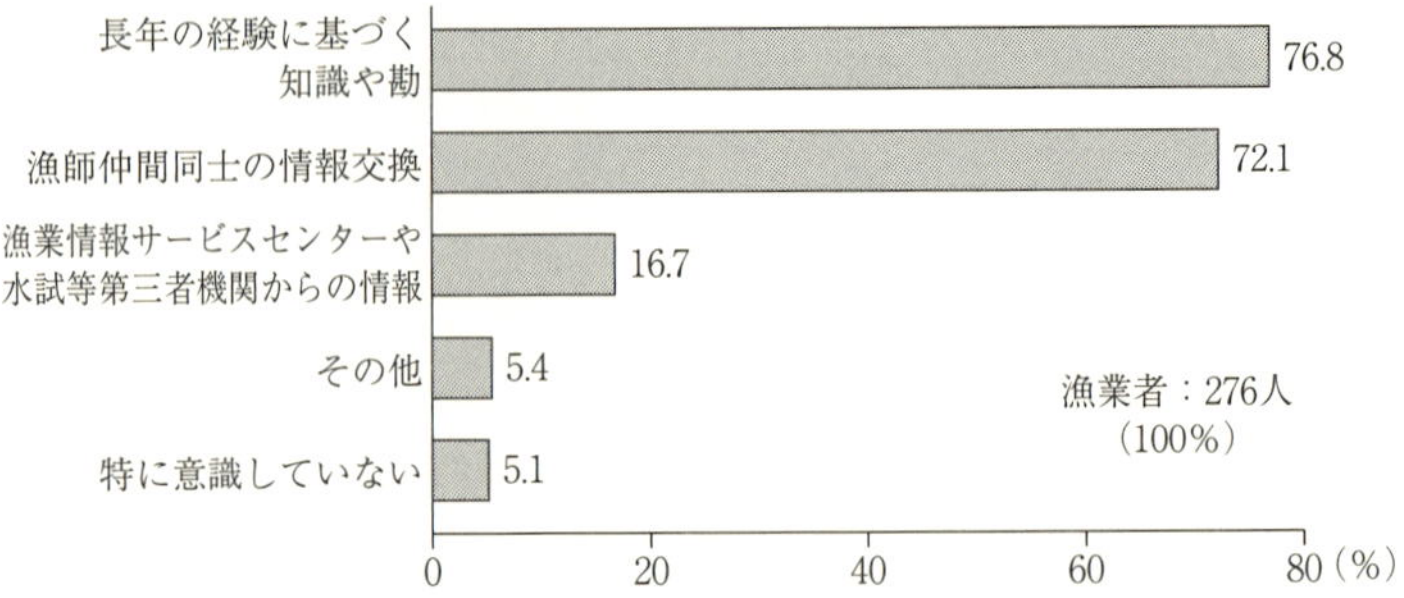

出所：図４－13に同じ。

日本の制度では「共有地の悲劇」が起こる典型的な漁場の管理となってしまっており、自分が獲らなければ他の人が獲ってしまうことになる。このために、わかっていても、資源が崩壊するまで獲り続けてしまうのである。

この問題を解決するには、法制度を整えて管理することが不可欠だ。個別管理制度が厳格に運用されれば、効果は出る。しかし、太平洋のマサバで適用されているＩＱ（個別割当）では効果は期待できない。なぜならば、実際のＩＱに比べ漁獲量は半分程度しかなく（後述）、これでは小さい魚でも見つけたら獲るのみである。

漁労コストを減少させる

個別割当制度は、漁場探索の効率化において、燃料費を削減させる。日本では、魚が獲れた場所、そして獲れた魚の大きさや量は、現状ではほとんどオープンではなく、[15] 漠然とした情報にすぎない。このため、漁船は広い範囲で魚を探し、また他の船より早く良い漁場に着こうと、全速力で燃料を使って動き回る（図４－20）。

個別割当制度は、この「早い者勝ち」という概念を取り払う。このため、漁場や漁獲物に対する情報の共有化が進む。魚が見つかると一挙にわれ先に漁場に向かい、他の船も追随、あとから獲った漁船が水揚げする頃には値崩れなどというケースは起こりにくい。漁獲量が決まっているので、情報を共有して、順番に水揚げを分散しながら漁獲したほうが、お互いに得となっている。

また、燃料コストは漁船数を減らし、大型化することによっても進む。ノルウェーではたとえば3隻の漁船を持つ船主が、2隻に減らし、その分漁船を大型化するケースが少なくない。漁獲できる量はＩＶＱ（漁船別個別割当）によって決まっている。より大型の漁船で、品質が良い状態で獲って運ぶ回数を減らすようになっている。こうすることにより、燃料費が3隻分から2隻分へと削減される。

漁船の大型化と最新化も、別のコスト削減を生む。日本の漁港での水揚げは、同じサバでも大勢の人が水揚げに立ち会う。一方でノルウェーのサバ水揚げは、ポンプを魚が入っているタンクに入れて、そこから魚を吸い込んでいく。機械化が進み大型の巻き網船でも、10名も乗船していない。このため人件費も削減される。

この部分だけを取ると、日本同様にノルウェーでも漁業者が減っているではないか、と取られるかもしれないが、根本的なちがいがある。魚が減って住み慣れた町から都会に仕事を求めなければならない日本と異なり、魚の資源が潤沢で持続的なノルウェーでは、加工、販売、設備、保管物流等、様々な仕事の選択肢が広がる。漁労コストは下がり、漁船で働く人の環境は良くなる、そして漁船から降りても、魚を基軸とした産業が地元から広がっていく地方創生が起こせるのである。

沿岸漁業者たちが「異常」に気づき立ち上がり始めた

北海道から九州、四国、日本全国の漁業者が資源管理の「異常」に気がつき、立ち上がり始めた。昔はあんなに魚が獲れていたのに！　日本だけの狭い視点だけだと、全国で魚が獲れなくなっているので、仕方がないと思っていた面があったのかもしれない。しかし、海外で起こっていることを知るようになり、改めて日本と比べることで、その「異常」に気づき始めたのだ。自分たちがやっている早獲り方式は、獲った者勝ちではなく、獲りすぎで資源が減ってしまうため、獲った者も負けであることを悟ったのである。

魚が減った理由は、漁業者が一番わかっている。２０１８年に、ＷＣＰＦＣ（中西部大西洋まぐろ類委員会）に向けて漁業者向けにクロマグロの漁獲枠を15％増やす説明がされたが、零細漁業者からは、枠の増加に対する質問はなく、配分方法や現行の制度に対する批判が集中した。海外の成功例を実際に見てきた人々は、異口同音に成功例の導入を広める主張をするようになっている。

情報不足のため本来最も恩恵を受けるはずの漁業者が反対する資源管理制度

資源管理がきちんと機能している国々では、魚を獲る漁業者が最も儲かる。大きな価値のある魚を獲り続けられるからだ。まず魚の資源を持続的にすることを最優先し、その中で、いかに価格が高い時期に決められた数量の中で魚を獲っていくかを考える漁業になっている。

漁業先進国で一般的になっている個別割当制度は、漁業者に最も恩恵を与えるシステムだ。それどころか、漁業者が強くなりすぎてしまうので、水揚げ地の加工場にも魚を買える枠を設けるなど、公平を期せるように制度は徐々に変化しつつある。

しかし日本では、正しい情報が漁業者に行きわたっていないので、自分たちが得をするはずなのに、内容をよく知らないために反対してしまうのはとても残念なことだ。一方で、海外の成功事例を知った漁業者で、そのやり方に対して反対する人はおらず、大勢は少しずつ、しかし確実に変わりつつある。正しい情報の浸透が求められている。

資源管理に関する国の方向が変わってきた

２０１８年12月、70年ぶりといわれる改正漁業法が成立した。柱の一つにＴＡＣとＩＱ（個別割当制度）がある。その設定方法は、資源管理の効果を決定的に左右する。本書では随所にノルウェーやアメリカ、そして日本のＴＡＣと漁獲実績の数字を紹介している[16]。対象魚種を増やしても、これまでのように実際の漁獲量より多く設定したり、漁獲量が増えたらＴＡＣを増やしたりする内容であってはならない。

日本は、１９７７年の２００海里漁業専管水域の設定が広がる以前は、世界中の海に進出し、水産資源を開拓してきた。しかしながら、その管理においては「漁獲量」ではなく、「禁漁期間・禁漁区の設定」や「漁具・漁法の制限」といった、それぞれインプット、もしくはアウトプットコントロールを主体とした管理を行ってきた。このため、ルールを決めたら、後は獲った分だけが利益になるかたちとなってしまい、いわゆる「race for fish」「早い者勝ち」での漁業が繰り返され、時代の経過とともに、海の魚がどんどん消えていってしまった。

これまでのやり方は、様々な魚種で「魚が減る」⇒「小さな魚でも獲ってしまう」⇒「収入が減少」という負のスパイラルに陥ってきた。日本の水産業に必要なことは、北欧をはじめ、成長を続ける世界の水産業から良い例を組み合わせて、結果が出ている仕組みを取り入れることだ。海外の漁業関係者と話していると、日本の資源管理に関する関心は高い。それは、日本のやり方が陥りやすい、「絶対にやってはいけないケースを多く含んでしまっている」からだ。

TAC設定の留意点

漁業法の改正によって「早期に漁獲量ベースで8割をTACの対象とする」こととなった。これまで、科学的知見がないなどでわずか8種類の魚種しかTACがなく、8割以上は当たり前である漁業先進国と大きなちがいがあったわが国にしてみれば、大きな進歩である。TACの設定においては、これまでの反省から運用面も含めて、以下の点を注意する必要がある。日本では水産資源が、国連海洋法条約の前文にある「国民共有の財産」として位置づけられていない点について、水産業改革高木委員会（第二次・2018年）で最初に提言されている。

① **漁期中にTACを増やさない**：1996年のTAC法施行以降、漁期中にTACが増やされるケースが後を絶たない。漁業先進国では例外を除きTACが漁期中に増えることはない。漁獲の前にその年のTACをもとに、価格が付けられていく。途中で、TACが増えていくようでは、それまでに冷凍原料として販売され在庫している分の相場が下がるリスクがつきまとう。このため買い手は価格

表４－２　北海道・道東巻き網TACと漁獲実績（2017年）

（単位：トン／百万円）

魚種	漁獲量	当初TAC	追加1回目	追加2回目	最終TAC	増加量	増加比率	水揚金額	単価（￥／kg）
サバ類	12,211	17,459	7,100	0	24,559	7,100	141％	1,042	￥85
イワシ類	121,820	54,188	38,869	29,561	122,619	68,430	226％	4,445	￥36

注：水揚げ量が増えるとTACも増える。これでは効果がない。

の提示も慎重にならざるを得ない。

②　**漁獲量＝TACを原則とする**：日本のTACは、8魚種のほとんどで漁獲できない量にTACが設定されてしまっている。これでは、規制がほとんど効かず、資源管理を行う上でのTACとしての機能が果たせない。2017年に北海道の道東沖のサバとイワシに設定されたTACの運用例を説明する。サバについては、TACが2万4559トンに対して漁獲実績は50％しかない。しかも、当初の配分の1万7459トンから7100トンも追加されている。イワシについては、TACが12万2619トンに対して、漁獲実績は12万1820トンと表面上は100％の消化となっている（表4－2）。

しかしながら、当初の配分は5万4188トン、それを漁期中に3万8869トン、さらに2万9561トンを追加している。つまり、漁獲の伸びに対して、配分を増やしてバランスをとっているのである。このようにTACが、漁獲ができないくらい多く設定されていたり、漁獲が伸びてきたら配分も増やしたりでは、資源管理への効果は期待できないのである。

③　**枠の配分に対する留意点**：漁法・漁船のタイプごとの枠を決めることが重要だ。巻き網、底曳き、定置網、一本釣り、小型船等、漁法による漁獲枠を、魚が獲れなくなった最近の実績ではなく、少なくとも20年前、30年前の実績も考慮して決めること。魚が獲れなくなっている状態になると、機動力がある

中・大型の漁船より、零細漁業者のほうが、操業範囲が狭く漁獲能力も低いので、実績面で不利になりやすい。

枠の配分の際に、漁船間の枠については、ノルウェーでの枠の運営のように、小型船から中・大型船に漁獲枠が移譲できないようにしておくことも不可欠である。その制限がないと、漁獲能力が高い大型船に漁獲枠が集中しやすくなり、地域によっては沿岸の小型漁船がいなくなってしまうことにもなりかねない。それぞれの枠の配分シェアを資源状態に合わせて配分させることも必要なことである。またその際に、FAOの原則に基づき、沿岸漁業者を優先すること。また、離島枠を設定し、離島の振興に役立たせられる運用も必要であろう。

④ **収益納付の適用**：資源を持続的にすることを促進するために「収益納付」制度を積極的に行う。これは、たとえば年間（平均）10トンの漁獲実績に対し、資源回復のために漁獲を8トンに制限する。残りの2トンは都道府県、もしくは国がその金額を貸し付ける。ただし、その際の条件として、たとえば3年間待って資源が回復しないようであれば、その金額の返済は不要とする。一方で2トン分の漁獲が減っても水揚げ金額が減少していない場合、及び漁獲量含め資源管理に関するルールを怠った場合は返還する。この制度では、漁業者に漁獲量を減らして、獲り損なった分に対しての損が生じずリスクがないことがメリットだ。また、資源が回復すれば、中・長期にわたっての事業継続がしやすくなり、将来の展望が明るくなる。

⑤ **投棄の禁止**：未利用魚や小さくて価値がない魚などが、日本ではいまだに投棄されている。投棄を禁止しTACの中で、その分も数量のカウントを行うこと。ノルウェー、アイスランド、ニュージ

ーランドといった漁業先進国では、投棄は禁止である。EUも2019年までに投棄禁止とすることが決定している。投棄が禁止されれば、漁業効率が落ちて、水揚げ等余計な手間がかかる。投棄の禁止は漁業者からの不満が出る。しかしながら、TACにこれまで投棄していた分がカウントされれば、売れる魚の量が減り、経済的な痛手を被る一方で、漁業者の意識が変わり、小さくて価値がない魚は獲らないようになる。結果として小さい魚がいる漁場を避けたり、漁具を工夫したりして、大きくて価値がある魚を狙うようになる。そのための設備投資等に補助金を使っても、それは有効に働く。アイスランドでは漁業者が自主的に網目を大きくしているケースもある。

魚種が多くて投棄を止めることができないといった理由については、ニュージーランドのように、同じく魚種が多い国ができて日本にできないはずはない。同じマダラの資源でも、ノルウェーは小型マダラの投棄を1987年に禁止して資源を大幅に増やして現在に至る。

EUは遅ればせながらノルウェー同様に投棄を禁止する。その間の経済的なロスは計り知れない。冷凍設備を持たない漁船への選別機の搭載不可とステレオカメラの搭載も有効な手法だ。

⑥ **混獲**：混じって漁獲された魚種に対しても、それぞれのTAC内でカウントすること。たとえば、サバのTACが終わったが、アジのTACが残っており、アジとサバが混獲になるので、仕方なく獲ってしまったというのは不可である。この場合、混獲される海域は禁漁区とすることだ。カラフトシシャモの漁場で、それを狙って食べにくるマダラの混獲に関しても同様で、ノルウェーの場合はともに禁漁区として即座に指定される。

漁船にはVMS（衛星漁船管理システム）を搭載させて証拠が残るようにすれば違反は起きない。

ノルウェーの巻き網漁船は、クロマグロの漁獲枠を実質的に持っていないに等しい。このため近年資源管理の成功で大西洋クロマグロの資源が回復し、サバやニシンを狙って追いかけている。このとき漁船は混獲しないようにクロマグロを避けて漁をしている。

⑦ **入目**：水揚げ時には、水分や傷んだ魚といったロス分がある。このようなロス分をカバーするために「入目」が存在する。北欧のサバの場合は、入目は食用で2％、非食用で0％である。ここで入目が1割以上等でカウントされてしまうと、実際と報告の漁獲量が異なってしまう。日本は表面上の魚価を維持させるため、入目を増やして調整する習慣があるので注意が必要だ。

計量は水揚げ地で、機械化して測るようにして、第三者がいつでもチェックできる制度にしておくことが不可欠だ。箱数に箱の仕切り（表示）重量を乗じて数量を報告して魚価を払う形式は、入目を厳格にしておかないと箱の中身の重量が、実際の仕切り（表示）重量より多いということが起きやすいので、注意が必要。

ノルウェーでは、サバなどの青魚が大量に水揚げされる現場に自動測量機が設置されており、水揚げの不正ができないようになっている。過去に測量機が人為的に操作されて水揚げ重量のごまかしが発覚した事件があった。そのサバを主体とした青魚の冷凍工場は、即座に閉鎖された。

⑧ **調査枠**：資源調査費用の捻出方法で一石二鳥なのが、TACの中に調査枠を設定して協力してくれる漁船に分配する方法である。その際、TAC＝漁獲量であり、TAC自体に価値がある運用になっていることが不可欠である。この仕組みは、漁船のほうから、利益になるので参加を申し出てくる。調査船と合わせて調査を行えば、かなり広範囲なデータを集めることも可能となる。

２０１８年7月から8月にかけて、ノルウェー（2隻）、アイスランド、フェロー諸島（デンマーク統治領）、グリーンランド（同上）、デンマークが各1隻の計6隻で、日本の面積（38万㎢）のほぼ10倍の３８０万㎢の海の海洋調査が行われた。対象はサバ、ニシン、ブルーホワイティングなどだ。ノルウェーの2隻は、民間の漁船である。ノルウェーでは、現在は漁業省からと、青魚の水揚げごとに魚価の1・35％を漁業者から徴収して賄っているが、以前は調査枠を漁船に与えることで調査費用を賄っていた。

⑨　**系統ごとの管理**：名前が同じ魚であっても、学名や明らかに系統が異なる場合は、系統ごとにＴＡＣを設定する必要がある。大西洋のニシンのＴＡＣは、同じノルウェーで獲れても春に産卵するニシンと、主に北海（大西洋）で夏に産卵するニシンでは、系統が異なるのでＴＡＣを別にしている。日本のサバでも、太平洋系群と、対馬暖流系群では系統が異なる。[17] 資源評価でも分けて評価している。ところがＴＡＣでは学名が異なるゴマサバ（これも2系統あり）2種4系統を1本で管理している。あまりにも粗いサバ類1本のＴＡＣ管理だ。かつＴＡＣや個別割当が実際の漁獲量を大きく上回るのでは、資源管理の効果が期待できないので、きちんと分類すべきである。

ＩＱとＩＴＱについて

①　**個別割当制度**（ＩＱ、ＩＴＱ、ＩＶＱ）：個別割当制度は、科学的根拠に基づくＴＡＣのもとで運用されていれば、資源管理に効果を発揮するという点では同じである。規制改革会議（２０１８年）でＴＡＣ対象魚種の8割に取り込もうとする個別割当制度には、ＩＱ（譲渡可能個別割当）が提

言された。かつ漁船の譲渡等と合わせた移転を可能とし、漁業者間で国の許可のもとに、特定魚種についてのIQ数量を年度内に限って融通できるとしている。このやり方であれば、個別割当制度をおおむね有効に利用できるものと考えられる。ただし、実際に漁獲できる量より大きいIQの設定は効力がなくなるので不可である。

② **ITQとIVQ**：IQの設定が進むと漁業者は、ITQ、IVQといった欧米やオセアニアでより一般的な制度のほうが、IQより自分たちに有利であることに気づくようになる。ITQについては譲渡性があるため、それ自体が大きな資産となる。しかしながら、漁業者以外の資本家などが取得し、投資対象に回ったりしてしまうと、漁業から離れてしまうこともあり得る。このため、ノルウェーのIVQ（漁船別個別割当）方式にして、漁船に枠が付いて、かつ漁業者でないといけないという条件を付ければ、本来の漁業者のための枠となる。

枠を持てるシェアを1魚種最大で10％等の制限を設けたり、外国人の所有を制限したりすれば、日本の資産としての運用が続くことに変わりない。また、ロシアでは外国人の漁船や枠の所有を実質的に排除したり、ニュージーランドでは、それまで同国内で操業していた日本船を含む漁船の帰属を同国にして支配を強めたりと、個別割当制度により、外国による植民地化が進むどころか、外国の排斥が進んでいるのが時代の流れであり実態である。

③ **有効期限の設定**：個別割当制度の枠の相場は、漁業先進国でそうであるように、サステナブルな資源であれば、将来の需要増により、中長期的には確実に上昇することになる。このため、新規参入者には不利となり、今後欧米同様に水産物が「国民共有の財産」という位置づけになると、北欧の漁

表４－３　北部太平洋巻き網漁船　サバ類のＩＱと漁獲量

（単位：トン）

	ＩＱ割当量	漁獲量	消化率（％）
2009年	156,546	102,281	65
2010年	216,237	115,587	53
2011年	335,224	106,366	32
2012年	441,168	109,504	25
2013年	386,357	184,276	48
2014年	434,642	233,651	54
2015年	464,684	264,374	57

出所：第２次水産業改革委員会中間提言（日本経済調査協議会）

業会社が儲かりすぎてそうなっているように、そもそもなぜ、国民共有の財産を使って大きな利益を出し続けているのか、という批判を受けやすくなることが考えられる。

このような不公平感をなくし、ＩＱに紐づいた資産の高騰を抑えるためには、たとえば20年間等の有効期限を設けることが考えられる。ロシアでは、個別割当をインセンティブにして、新造船や新工場の建造が進んでいる。その際の枠の有効期限は、それまでの10年から15年へと延長されている。日本では、漁業で大きく利益が出るという概念が稀薄なために、理解し難い面であるが、漁業先進国で、個別割当制度を運用している場合、ノルウェーなど漁業者の利益が大きすぎることに対する不満が出やすい。

④　**ペナルティー**：漁業者はできるだけ多くの枠が欲しいと考える。しかしそのために、資源がサステナブルにならない漁獲できる以上の枠を配分していたのでは、資源管理の効果が期待できない。２００９年から本格実施されているサバのＩＱでは、枠に対して実際の漁獲量は５割程度となっている（表４－３）。ＩＱが大きすぎ、これでは漁業者が大きくて価値がある

魚だけを、旬の時期だけを狙って獲るというインセンティブはわきにくい。ノルウェーサバの場合は、枠と漁獲実績がほぼ１００％であることが当たり前であることと対照的である。

漁船ごとの枠の適正化を図るためにペナルティー制度がある。ロシアでは２０１９年より、これまで最低50％であった枠の消化率を70％に引き上げる。２年連続で70％を下回ると枠が取り上げられてしまうというものだ。こうすることで、枠だけ持っていて漁獲していない漁船は、ペナルティーで枠を取り上げられたりすれば困るので、現実に即した枠の引き下げを要求するケースもある。

これを日本でも消化率を最低で70〜80％等に設定し、ＴＡＣもＩＱも数量を減らせば、漁業先進国並みの枠の運用、及び資源管理ができるようになってくる。ＩＱを漁獲量ベースで設定しても、その消化率が、北部太平洋のサバのように50〜60％にすぎない状態と同じようなＩＱの消化率であれば、ＩＱ制度を適用したが資源回復につながらなかったという間違った判断材料になりかねないので注意が必要だ。

⑤ **加工場が所有できる枠**：アイスランドで適用されているＩＴＱは、漁船と加工場が同じ会社である場合が多いので、加工場が所有する枠の意味はあまりない。一方で、日本の場合は、サバなどで見てみると、漁船と加工場には資本関係がなく、市場を通じて魚が買われているケースがほとんどである。この点、両者の関係の独立性が保たれているノルウェーの青魚（サバ、ニシン等）のケースと似ている。ノルウェー式の場合は、加工場の能力が水揚げに対して大きすぎるため、収益の大半は漁業者側と言われている。

加工場にとっての原料不足は死活問題である。銚子、八戸といった漁港で繰り返されている大漁の水揚げによる浜値の下げを期待する水揚げパターンでは役立ちにくい。しかしＩＱ制度の運用が効果的になり、水揚げの分散が起こると、漁業者の立場が強くなる。その状況を回避するために加工場ごとに原料を仕入れられる枠があれば、最低これだけの魚は確保できるというめどがつく。アラスカのカニ漁業で適用されており、加工場への安定供給につながる。

もっとも、日本の加工場の規模が大きくないことを考慮すると、現時点で八戸、石巻、銚子といった漁港でそれぞれ何トンという水揚げ枠を、魚種ごとに配分するのが現実的かもしれない。

【第４章　注と参考文献】

（1）「領海」や「漁業水域」の幅については、昔から国家間の争いの原因になってきた。領海の幅は、大砲の弾丸が届く限りというのが、最も古典的な考え方とされている。18世紀末、着弾距離が３海里だったことから領海３海里の概念が固定化していった。しかし、国際的なルールに基づいて３海里で統一されていたわけではなく、ノルウェーなどスカンジナビア諸国は４海里、ソ連（当時）は12海里を主張していた。このわずか1海里の認識の差が、国家間の紛争の原因にもなった。イギリスの漁船隊は１９０５年にノルウェー北部からロシア沿岸にかけてのバレンツ海に有望な漁場を発見し、これまで通り過ごしていた海域にもその活動範囲を広げた。ノルウェー国内では、破壊的な能力を持つトロール漁法に対して、沿岸からはるか沖合までを使用禁止としているにもかかわらず、イギリス漁船団が、３海里の近場にまで来て操業を行い、それが重大な社会問題を起こした。陸から何海里からの漁業を認めるかについては、その管轄水域を広げたいと主張する国が増加してきた。そこでその範囲を12海里にすることが、１９６０年の第二次国連海洋法会議で話し合われた。ところが1票の僅差で合意できなかった。しかしその後、１９６０年代に欧米、ニュージーランドなど一方的に12海里を設定する国々が増えていくことになる。そして最終的に1977年の200海里漁業専管水域の宣言へとつながっていく。

(2) 第5章で詳述。

(3) 1958~76年にかけて争われ、タラ戦争と呼ばれる。

(4) アメリカ、カナダ、ニュージーランドなども含め、200海里設定後の入漁料の上昇、技術移転の要望、フェイズアウトの前提等、遠洋漁業への対応に対し、細かい条件闘争は別にしても、進出されてきた側の国々の意向は、ほぼ同じである。日本はここでも沿岸国の強さを思い知らされることになる。

(5) ニュージーランドやフォークランド沖にまで行かなくても、手遅れになる前に資源管理を行えば、日本のEEZ内と隣接する公海で十分イカは獲れる。スルメイカは一年魚なので、漁獲量は環境要因にも大きく左右される。そうであっても、資源があっての漁業。資源が少ないとき我慢して回復を待つ。資源が減っている時は無理して獲らせない。それを制度として実践していくことが不可欠だ。

(6) エサの中の魚の比率を下げるために、濃縮大豆タンパクなどの比率を増やしたり、虫（ハエの幼虫等）をたんぱく源として利用したりする研究も進められている。年間450万トン程度生産されている魚粉（フィッシュミール）や魚油（フィッシュオイル）といった原料は、養殖量の増加とともに、不足が確実視されている状況である。

(7) 北海道水産物荷主協会取引懇談会資料（2015年）による。

(8) 第1章の注（13）を参照。

(9) イギリスの大手缶詰業者であるジョンウェスト社は、2011年に、16年までに小型の魚まで獲れてしまうFADs（集魚装置）を使用した巻き網での漁獲を段階的に廃止し、サステナブルなツナ原料に切り替えると宣言したものの、環境保護団体（グリーンピース）の船で現地調査が行われ、2015年現在でわずか2％しか進んでいないことがトレースされて判明。環境保護団体に、テスコ、ウェイトローズ等の店頭での製品撤去を含め、厳しい対応を迫られた。これはグリーンウオッシュの一例だが、日本でも同様の傾向が出てくると予想される。

(10) 前述の新潟県における甘えびでのIQ（個別割当制度）が該当。

(11) 日本での現在の資源状態では、本来禁漁にすべき水準の魚種は、ホッケをはじめ、少なくない。必要に応じて補助金での措置を含めた禁漁で回復を待つか、そのまま漁を続けて魚がいなくなってから禁漁とするかは、その後の資源回復を考えると大きなちがいとなる。

(12) ノルウェーでは、サバ、ニシン、シシャモ等、どれかの魚種が減っても、他の魚種の資源がカバーしてくれる。そして減った資源は確実に回復するので、市場も復活を当てにして待っている。日本の今の管理では、いったん資源が減ると、それが回復するかわからない。

(13) たとえばノルウェーの青魚を1日に冷凍できる能力は1万８０００トンと巨大で、日本の釧路から銚子にかけての処理能力の3倍以上だ。また大型巻き網船が鮮度の良い状態で魚を運べる能力は１０００トン前後が多く、中には２０００トンもの量を運べる漁船も少なくない。

(14) 翌年の漁獲枠の増減などにより、戦略的に水揚げを10％まで翌年分から前借りもしくは、翌年分へ先送りすることも行われる。

(15) 漁業者はそれぞれに絶好のポイントを決めており、そこは誰にも知られたくない、教えたくないという心理が働く。

(16) 表１－３、表３－１、表３－２、表３－４、表３－５、表４－２、表４－３など。

(17) サバについては、サバ類として1本のＴＡＣになってしまっている。サバ類とはマサバ（学名 Scomber japonicus）とゴマサバ（学名 Scomber australasicus）の2種類である。それぞれ別にして資源の評価がされており、そもそも市場評価も異なり、マサバが上である。マサバとゴマサバは混獲されることがあるが、それでも別々にＴＡＣを分類し、混獲の場合は、数えられなくても割合等で管理していくことは物理的にも可能である。

・日本トロール底魚協会『二十年史』
・『北海道機船連50年史』
・高林秀雄『領海制度の研究（第２版）』有信堂高文社（１９７９年）。

第5章　国際海洋秩序の構築と日本の水産外交

日本の水産外交の歴史は、自国の権益の飽くなき追求とその帰結としての「玉砕主義[1]」と言うべき惨憺たる敗北の記録である。そこには、周辺国の利益への配慮や資源の保全・管理の視点がことごとく抜け落ちていた。

そのマイルストーンは200海里体制の発足と日本の遠洋漁船の排除である。欧米の価値観の一方的な押しつけとして語られることが多い国際捕鯨委員会の商業捕鯨のモラトリアム決定（1982年）も、実は日本の玉砕主義の当然の帰結として起きたことである。1992年の大規模流し網漁の禁漁も、保全や管理の観点が抜け落ちた旧態依然の略奪的漁業を遂行した結果である。近年では、ウナギや太平洋クロマグロをめぐる国際交渉で迷走を続けている。

本章では、戦後の日本の水産外交の玉砕の歴史を振り返ることで、なぜわが国はかくも非生産的な「玉砕」を繰り返し続けるのかを分析し、玉砕からみえてくる政策の失敗の構造的要因を照らし出していく。

1　日本の略奪的漁業

(1) 海の秩序をめぐる攻防

海洋は18世紀後半に確立された「海洋の自由」の原則により統治されていた。すなわち、狭い領海――日本を含む多数派は3海里であったが、国際慣習法としては領海の幅は確定していなかった――の外には広大な公海があり、公海に存在する天然資源はどの国の船でも漁獲が許され、また公海上の漁船に法執行できるのはその漁船の旗国だけであった。この「公海自由」の原則により、旗国に規制の意思がないときは、公海上の資源を無制限に漁獲することが可能であった。当時は技術的制約もあり、人間が海洋の水産資源を取り尽くすことは困難であったため、このような緩やかな国際海洋法秩序でも、大きな問題は発生しなかった。実際、漁船の能力や保存方法（干すか塩蔵に限られていた）などの技術的な制約のため、漁業資源の枯渇問題は一部の海域の一部の魚種について局所的に発生するにとどまった。

しかし、この状況は19世紀後半の第二次産業革命により急速に変わっていく。すなわち、重工業化が進み漁船が次第に巨大化し、船上で缶詰加工を可能にする工船も導入されるようになった結果、広大な海をまたいだ操業が可能になってきたのである。

(2) 台頭する海の暴れ者・日本

20世紀に入り遠洋漁業国として台頭してきたのが日本である。西欧から後れて20世紀初頭に第二次産業革命を迎えた日本は、重工業化の進展とともに急速に漁獲能力を高め、東アジア、東南アジア、北洋（ロシア東岸、アラスカ沖）の各国の領海の目先に大船団を送り込み、公海自由の原則を錦の御旗に資源を根こそぎ漁獲する「略奪的漁業」を展開するようになる。１９３６年には日本の総水揚量は３８０万トンに達し、世界の総水揚げ量の実に約４割を占める圧倒的な漁業国にのし上がっていた。[2] しかしながら、資源の保全や管理、沿岸国にまったく無配慮な操業は世界の各地で深刻な摩擦を引き起こし、日本の漁業は海外で「傍若無人」（ruthless）と評価されていた。[3]

日本の漁獲方法が国際的に問題となった最初の事例は、北太平洋のオットセイ資源の乱獲である。ベーリング海のプリビロフ諸島（アメリカ領）を最大の繁殖地とする北太平洋のオットセイは、３海里外の公海上で日本とカナダ――当時、カナダについてはイギリスが外交権を持っていた。日加両国とも繁殖地となる島を有していなかった――の船により沖合で大量に乱獲され、急激に個体数を減らしていた。１８６７年には２００万頭程度いたものが、１９０９年にはわずか1万５０００頭である。幼獣の餌をとりに海に出た雌が捕獲されると、島に残された幼獣も死亡することになるため、沖取りは資源に2倍の悪影響を及ぼす捕獲方法であった。

さらに、日本の船はしばしばアメリカの領海に侵入し違法漁獲を繰り広げていた。今で言う違法・無報告・無規制（ＩＵＵ）漁業である。１９０６年7月16日には4、5隻の日本のスクーナー（帆船の一種）がアメリカ領海深くに侵入し、アメリカ当局により乗組員が拘束される事件が起きた。その翌日も日本のスクーナーは大規模な侵入を繰り返し、朝には2名が射殺、1名が重傷を、夕方には3名が射殺、4名が拘束される事件が発生した。この事件以降、日本のスクーナーは3海里に浅く侵入しては、発見されると3海里外に逃げることで拿捕を避けるようになる。

日本のスクーナーの違法操業の横行は、1911年にアメリカのイニシアチブで北太平洋のオットセイの保存に関する暫定条約がアメリカ、ロシア、日本、イギリス（カナダを代表）の間で締結され、沖取りが禁止されるまで続いた。その頃にはすでにオットセイの個体数は沖合での捕獲が商業的に採算がとれなくなるほど減少していたのである。(4) 同条約は沖取りを禁止するとともに、加盟国が領有する島でのオットセイの捕獲収入を沖取り禁止に協力する他の加盟国にも分配する優れた規定を持っていた。(5)

オットセイの沖取りが禁止されたことで、個体数は順調に回復していった。すると、1926年に、日本は資源の回復により漁業被害が大きくなったとして、条約の保全措置を変更することを提案する。これに対し、アメリカはオットセイの繁殖状態と漁業資源への影響を把握するために日米共同調査を提案したが、農林水産省はこれを「無意義」であるとして拒絶してしまうのである。(6)

日本は1936年にも条約の改正を提案したが成功しなかった。この頃、北海道では（日本の）流し網漁船による乱獲によりサケマス漁業は著しい不漁にさらされていた。そのため、160万頭を超えるまでに回復したオットセイによる「食害」に漁業者から不満の声が高まっていた。(7) こうして、1940年になると日本は条約離脱を通告し、翌年離脱してしまう。略奪的漁業で国際的な悪評を買っていた日本の離脱は、連合国に極めて否定的な心証を与えることになり、戦後連合国軍総司令部（GHQ）統治下では日本の狩猟者による沖取り[8]が一切行われないよう細心の注意が払われていた。なお、GHQは日本海域で調査を実施し、オットセイが日本の漁業者を妨げもしなければ、水産資源の重大な減少も引き起こさなかったと結論づけ、日本の条約離脱理由を否定している[9]。

(3)　ロシアとの鍔迫《つばぜ》り合い

さらに、日本の漁業者は19世紀末よりカムチャッカなどのロシア近海に進出し、サケマス漁を展開するようになった。これが後に日本の基幹漁業となる「北洋漁業」の始まりである。しかし、ロシア領海内での密漁が横行し、日本漁船がたびたび拿捕されていた。拿捕が相次ぐと読売新聞など主要各紙で漁業者保護のために軍艦の派遣を求める記事が掲載されるなど、社会全体として国際法や他国の主権の軽視が顕著であった。実際、日露戦争の最中の１９０５年には軍艦が派遣されるようになり、武力で威嚇しながらの漁業が繰り返される。

１９１０年代には日本の大手水産会社がロシアの陸上基地での缶詰の大量生産体制を構築し、海外にも輸出するようになる。しかしながら、ロシアは次第に日露戦争後に日本漁業者に与えた漁業権を回収する動きを見せるようになる。ロシア革命によってその動きはさらに加速し、日本漁船の拿捕が相次ぐと、軍艦がたびたび派遣された。

さらに１９２１年に漁業権をめぐる交渉が難航すると、政府は閣議決定により「自衛出漁」を認め、軍艦を派遣し、日本漁船のロシア領海内での「密漁」を公然と保護するようになる。背景にあるのは、「自分たちが開拓した漁場」という強力な「権益」意識である。こうして政府公認の自由自在の密漁により漁業者は膨大な利潤を享受したが、ロシアの漁業者はそれによって窮乏状態に陥ることになった。

1922年、ソビエト連邦が発足し、次第に国家形態を整える中、ソビエト連邦の領海から日本のサケマス漁船の排除が進んでいく。それに対応して、日本の漁船はますます公海操業に重点を置くようになり、公海での工船カニ漁業や工船サケマス漁業（いわゆる沖取り）が急速に発展していく。標準的な工船は3000トンであったが、後に5000トン規模の工船も導入されるようになり、大規模化が著しかった。[10]

(4) ブリストル湾事件

1936年になると、調査船・天洋丸（農林省の傭船）がアラスカ・ブリストル湾の公海上でサケマスの漁場調査を開始し、さらにサケマス漁船・秩父丸が農林水産省の許可を得ず、ブリストル湾で流し網のサケ漁業を行い、アラスカ漁業者の多大な懸念を生む。[11] そうして、1937年になると多数の日本漁船がブリストル湾に現れ、アラスカの漁業界をパニックに陥れる。いわゆる「ブリストル湾事件」である。

これを契機に、アメリカ西海岸では日本製品の不買運動が発生した。米国議会では外国船によるアメリカ領海沖のサケマス漁業を排除する法案がたびたび提出され、ルーズベルト大統領が日本の対応によってはアラスカ沿岸から日本漁船を締め出す宣言を出す意向を固めるなど大騒動となる。あまりの反発に、調査船の操業は1937年をもって打ち切りとなり、日本政府はブリストル湾でのサケマス漁業に免許を発行しないことを約束したが、その後も日本漁船の操業はやまなかった[12]。1938年3月に入り、日米間で暫定取り決めが結ばれ、日本は、国際法上の権利を保持したまま、ブリストル湾でのサケマス操業について漁業免許の発給を停止することに同意した[13]。このブリストル湾事件は戦後の国際海洋法秩序にも影響を及ぼすことになる。すなわち、後述のトルーマン宣言である。

ブリストル湾事件については、国内ではアメリカの過剰反応であるとの見解もある[14]。たしかにアメリカ議員の反応には事実に基づかない感情的な非難も含まれていたが、当時の日本漁業の実態を見れば、そのような反応が惹起されるのも理解できる。1937年3月23日に開かれた帝国議会貴族院予算委員第5分科会で、男爵岩倉道倶が以下のように率直に日本の漁業を評価している[15]。

日本の漁師という者は世界で優秀な漁師であるために、ほとんど日本軍が敵軍を全滅するまでに行くと言うような、あまりに勇敢で、あまりに技術が優秀のために、ほとんど魚族を全滅するまでにやっつけてしまう。過去確か沖取漁業というものが非常な苦心の結果完成されまして、これが良いというので、非常にたくさんの許可をなさった結果、ロシアの方では非常な恐慌を感じ、かくのごとくたくさん日本の漁船が来て、河の入り口で皆獲ってしまえば、ロシアがいわゆる外の場所で獲る魚がなくなるので、非常な脅威を懐いている。その結果日本が沖で無茶苦茶に繁殖保護を無視して獲るならば、ロシアだけが河の中に入ってくる魚を保護する必要はない、また河の魚を獲れというようなことで、向こうは繁殖保護を無視して河の魚を取り始めている。ところがこれは非常に遺憾なことで、ご存知のようにサケマスというものは河に上って子を産みます…

これは今から6、7年前に日本の漁船が初めてアメリカの沿岸のブリストル・ベイに行きましたときから、非常に向こうがセンセーションを起こしまして、カナダとアメリカの間に、しばしば戦争に陥るくらいな危険な状態を魚のために何遍も繰り返して、確か1924年にアメリカとカナダの間に条約ができまして、いわゆる魚について円満なる協定ができてほっと安心したところでございます。ところが、カナダ以上に強敵の日本がはるばる太平洋を渡って来ようとは思わなかった。そのとき以来非常に心配している…ご承知のように、三マイル以外の公海というものは国際法で認めておりますが、アメリカは非常な繁殖保護に力を入れている。日曜日には子を産むためにサケマスを全部河に上らす、どの漁船も一隻も網をいれちゃいかぬ、それからまた魚を獲る方の船は機械をつけてはいかぬ、いわゆる帆船で魚を獲れ、つまり繁殖保護のためにモーター機械の付いた船は漁船に使ってはいかぬ、昨年だと思いますが、ほとんど漁業禁止に近い、一カ年休もうというふうに近い保護をやっているのであります。それで3マイル以外は公海ですけれども、繁殖保護について非常に向こうは力を入れて、いわば庭先の魚みたいに向こうは力を入れている。それをいかに公海といえども無断でもっていけば、日本の漁船が行って獲ったならば、必ず国際問題が起きるだろうと思う…3マイル以外は公海と言うことばかりではいけないと思う。(筆者により現代仮名遣いに修正)

岩倉氏のような配慮を日本の水産業界と政府が持ち、秩序ある漁業の発展を志向していたなら、戦後日本漁船が世界の海から排除されていくことはなかったであろう。

2　戦後の日本の遠洋漁業

(1)　日本への恐怖心――トルーマン宣言とマッカーサーライン

他国の利益や保全の必要性を無視して、自国の短期的な経済的な利益の極限化をひたすら追求してきた日本の略奪的漁業に対する恐怖心は、戦後の国際海洋法秩序の構築に大きな影響を与えた。まずは、終戦後間もない１９４５年９月に発表されたトルーマン宣言である。

同宣言は、「大陸棚に関する宣言」と「保存水域に関する宣言」からなる。前者は、公海海底にあるアメリカの大陸棚がアメリカの管轄権と管理に服することを宣言したものである。後者は、アメリカ沿岸に接続する公海の漁業資源をアメリカの一方的管理ないし他国との協定により管理することを宣言したもので、特に日本の北東太平洋進出を恐れて出されたものである[16]。

トルーマン宣言に触発され、メキシコ、パナマ、ニカラグア、エクアドル、ベネズエラ、ブラジルも大陸棚上部水域の漁業資源も含めた管轄権を主張した。さらに、アルゼンチン、ペルー、コスタリカ、エルサルバドル、ホンジュラスのように漁業資源への管轄権を拡大するために大陸棚とは無関係に沿岸に連なる広大な海洋への主権を主張する国もあった。なかでも沖に張り出す大陸棚を有さないチリ、ペルー、エクアドルは１９５２年に共同で「サンチャゴ宣言」を発表し、領海２００海里を主張し、後の２００海里の排他的経済水域体制の嚆矢を放つ[17]。アラスカでは日本漁業の脅威にさらされていたアメリカであったが、中南米諸国では遠洋漁業国として沿岸国の漁業資源を荒らす立場にあった。

このような国際海洋法秩序の揺動は、戦前から始まった漁船の大型化や戦後に飛躍的に向上した冷凍技術などにより、海洋は無尽蔵であるという前提が水産資源においてすでにまったく成り立たなくなったことを背景としていた。公海自由の原則に基づく伝統的な国際法では漁業問題の速やかな解決は期待できなかった。よって、沿岸国は管轄水域を拡大することで自国の水産業を守ろうとしたのである。[18] アイスランドが1958年に領海12海里を宣言し、領海3海里を主張するイギリスとの間にいわゆる「タラ戦争」を引き起こしたように。[19]

連合国は、戦前よりロシア沖、アラスカ沖、カリフォルニア沖、アルゼンチン沖、南洋と世界の海で操業し、略奪的漁業の限りを尽くしていた日本漁船に特に脅威を感じていた。そこで、1945年9月に「日本の漁業及び捕鯨業に認可された区域に関する覚書」を締結し、日本漁船の操業海域を厳しく制限した。いわゆるマッカーサーラインである。中国も1950年に華東ラインを制定し、底曳き網漁業の禁止エリアを設定し、中国近海から日本漁船を排除しようとした。

サンフランシスコ講和条約が発効した1952年にマッカーサーラインが完全撤廃されると、韓国政府も日本漁船が韓国の領海のすぐ外で操業するのを阻止するために「李承晩ライン」を宣言する。日韓、日米の間で漁業協定が成立するまでは、華東ラインや李承晩ラインを越えて操業した日本漁船が相次いで拿捕、拘留され、多数の死傷者が発生した。[20]

アメリカの日本漁業に対する警戒心は非常に根強く、1951年2月には吉田・ダレス書簡で「戦前までに操業していたカツオ漁場での操業は自発的に行わないこと」「北米近海でのサケ、マス、ハリバット、ニシンの操業は行わないこと」等の意思表示をするとともに、サンフランシスコ平和条約では第9条にて、公海での漁業について他国との漁業交渉を義務づけていたのである。そのため平和条約発効前には、日米加三国漁業条約に仮調印し、日本は北太平洋東側の水域ではオヒョウ、ニシン、サケ、マスの漁を「自粛」することになった[21]。これは「自発的抑止」と呼ばれ、すでにアメリカ、カナダが資源が許容する満限まで利用している資源については日本が漁獲を自粛することを謳っていた。自発的抑止の受け入れは、沿岸国の管轄権拡大を阻止する安全弁であったが、沿岸国の優先的漁業権を認めるもので、従来の国際法の法理（公海自由の原則）とは著しく異なっていた。日本はすでに海洋法秩序の変革の動きに否応なしに巻き込まれていたのである[22]。

(2) ソビエト連邦も警戒——ブルガーニンラインとその後

1952年のマッカーサーライン撤廃後は、日本の遠洋底曳き網漁船は、海域をめぐる係争や制限を抱えない南シナ海・ベーリング海・オーストラリア近海へと積極的に展開し、1950年代末からアフリカ西岸、南方漁場、ニュージーランド海域などの新漁場を開拓していく[23]。母船式北洋サケマス漁も1952年に再開されたが、例のごとく船団数を激増させ、ソビエト近海で漁獲量を急増させた（表5－1）。

しかし、この影響を受けてカムチャッカ半島、サハリンなどで繁殖のために遡上するサケマス類が激減し、定置網の漁獲が急減したためまたもやソ連の反発を買ってしまう[24]。ソ連は1956年に日本

表5－1　北洋サケマス漁業の推移

年	母船式漁業			以南流し網漁業		
	母船数	独航船数	漁獲量（トン）	大臣許可隻数	知事許可隻数	漁獲量（トン）
1952	3	50	3,810		2,004	23599
1953	3	85	13,858	191	1,998	18997
1954	7	160	38,358	206	1,691	22001
1955	14	334	116,210	325	917	47068
1956	16	500	92,869	221	289	41625
1957	16	461	100,001	231	256	49414
1958	16	460	91,618	241	211	59379

注：独航船＝母船の周りで流し網でサケを獲る船
　　以南流し網漁業＝北海道を基地とする流し網漁業
出典：岩崎寿男『日本漁業の展開過程：戦後50年概史』舵社、1997年、79ページ。

漁船による乱獲に対応するためにブルガーニンラインを発表する。これは、カムチャッカ半島と千島列島周辺の公海上に「サケマス漁撈調整区域」を設定することで日本漁船の操業を制限しようとしたものだ。

これを受けて、同年日本の働きかけで急遽日ソ漁業条約が締結されたが[25]、日本は協定で設定された漁獲割当量を大幅に超過して漁獲し、政府はこれを黙認する状況が続いた[26]。当時の交渉責任者の河野一郎農林水産大臣が大手水産会社首脳との席で「割り当ては目安であり、たいしてこだわる必要はない」と言い放っていた[27]。こうして、官民一体となった割当量の大幅超過が長年継続することになる。

漁場には水産庁の監視船「東光丸」も派遣されたが、ソビエトの監視船を発見すると水揚げ量をごまかしている母船に連絡するなど違法漁獲を取り締まるよりも、むしろ支えていた。水産庁も漁獲量を正確に把握しながら、残る操業日数から逆算して漁獲量を実際よりも少なくソビエトに通告するなど、官民一体となりIUU漁業を推進していたのである。[28]日本漁船による乱獲の影響は甚だしく、１９５７年に西カムチャッカに99カ統あったサケマス定置網は１９７３年にはわずか11カ統に減少していた。[29]日本漁船によるＩＵＵ漁業は１９７０年代末の２００海里体制移管後も蔓延していた。１９８３年には漁期開始の５月に日本のサケマス流し網漁船３隻がソビエトの監視船により摘発された。さらに、わずか６日間に１７０隻の日本漁船が禁漁区で操業していることがソビエトの飛行機により確認され、日本の大量越境操業に対して激しい抗議を受けていた。これはソビエトの取締船や水産庁の監視船を引きつける「おとり船」を使った組織立った禁漁区での密漁であった。[30]ソビエト側の数字の正確さを検証する術はないが、同年の出漁漁船が２０６隻であったことを考えると、違法操業の蔓延ぶりが甚だしい。まさしく「日本漁業恐るべし」である。[31]今後の漁業交渉への悪影響を恐れた水産庁の意向を受けて、全国鮭鱒流し網漁業組合連合会が５月末に全船寄港指示を出すに及んだが、過去の略奪的漁業への反省は乏しかった。[32]

(3)　コモンズの悲劇

高度回遊性魚種のマグロ類を狙う日本の延縄漁船の進出も急速に進んだ。１９５０年代中頃には、インド洋、大西洋、太平洋東部に達し、１９６０年代中頃には処女資源を求め、三つの大洋の南限と北限でも操業するようになっていた。こうして、日本は世界最大の遠洋漁業国として、再び世界の海を制覇するようになった。図５－１（ａ～ｄ）に刺身商材の中心である各海域におけるメバチマグロの国別漁獲量を記したが、１９６０年代から70年代にかけてどの海域でも日本が圧倒的な地位を築い

図5−1　メバチマグロの国別漁獲量

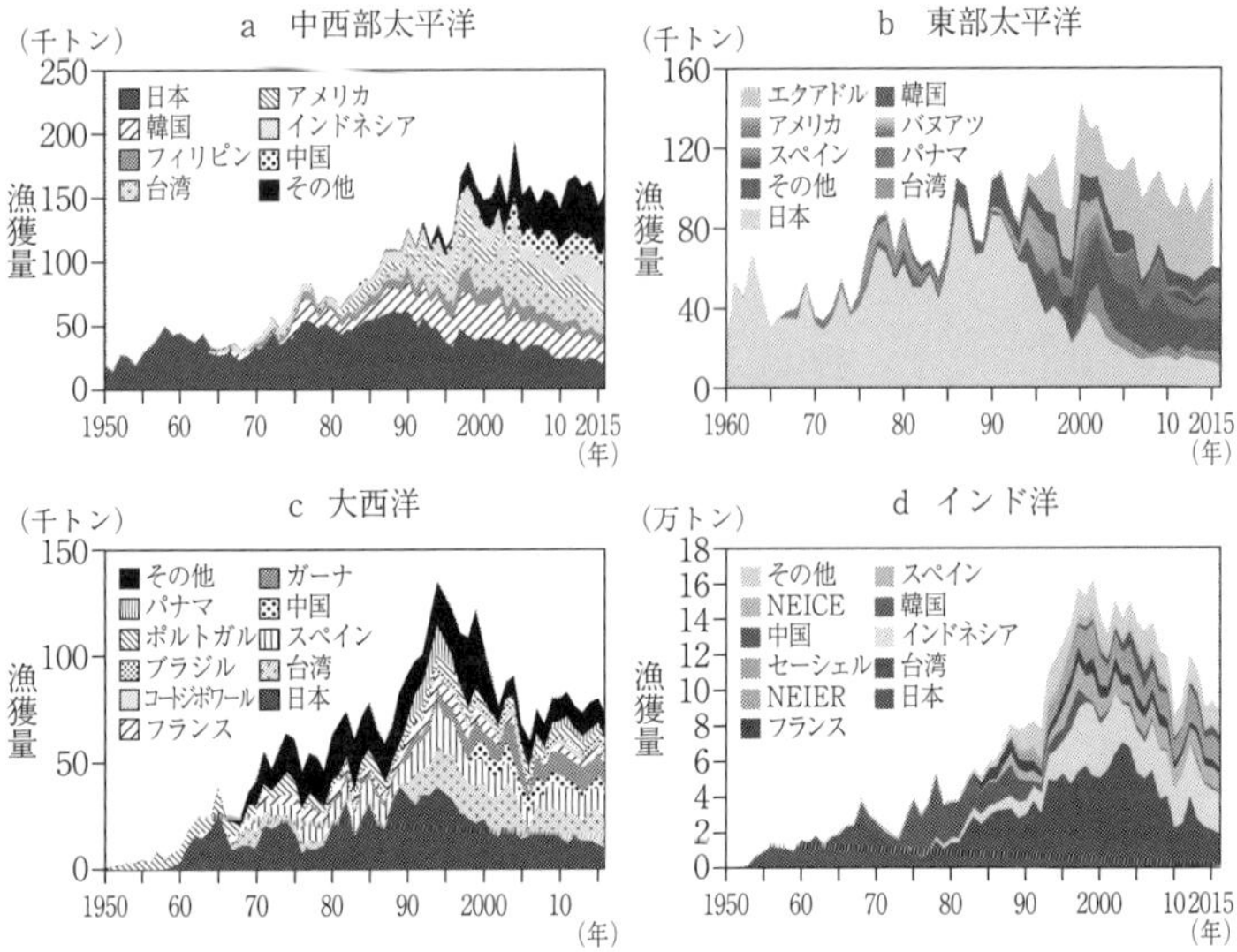

出所：国際水産資源研究所「平成29年度国際漁業資源の現況」<http://kokushi.fra.go.jp/index-2.html>
2018年7月4日アクセス。

ていたことがわかる。キハダマグロ、ビンナガマグロ、カジキ類、ミナミマグロ、カツオ（中西部太平洋のみ）でも同じ状況であった。

マグロ資源は、各海域の地域漁業管理機関により管理されているが、北洋漁業で見られたように日本の監視体制は極めて緩かった。たとえば、ミナミマグロではオーストラリア政府により行われた日本の市場流通データの分析により、日本が長年にわたり漁獲枠を大幅に超過して漁獲していたことが2006年に明らかになり、2007年のみなみまぐろ保存委員会（CCSBT）年次会合で漁獲枠の半減措置を受けている[33]。水産庁はそれまで漁業者の報告を鵜呑みにする甘い管理体制をとっていた。水産物の市場流通データを集計している水産庁が漁獲枠と比べて不自然に大きい流通量の問題を知らなかったはずはなかろう。水産庁は国際的批判を受けてようやく重い腰を上げ、タグ（識別札）と監督指導官による水揚げの監視体制を導入する[34]。

このように、戦前から近年にかけて日本の行政府には自国漁船による乱獲を止める意思もなければ、違法な漁獲を防止しようという意識すら欠落していた。不正が起きていると考え得る状況でも、外国から指摘されるまで見て見ぬふりをしてきた。このような素行で日本の国際的名声を著しく傷つけ、その後続く水産外交でますます不利に立たされることを繰り返してきたのだ。

なお、１９７４年の時点で、日本の天然漁獲において外国２００海里内での漁獲が占める割合は43・７％と、圧倒的な存在であった[35]。しかし、世界の沿岸国の領海の外で無節操な大量漁獲を続けたことが、のちの２００海里体制発足の大きな誘因となる。マイヤーズ（Myers）とワーム（Worm）たちの研究によると、戦後漁獲圧の高まりによって各海域で大型の捕食魚（マグロ、タラ、ヒラメ類）の単位努力量当たりの漁獲量（ＣＰＵＥ）は急激に低下し、１９７０年代に入るともとの10分の１程度の水準となっていた[36]。大西洋クロマグロ西ストックやミナミマグロのように深刻な枯渇状態にある資源も現れてきた。いわゆる「コモンズの悲劇[37]」と呼ばれる現象であり、海洋の自由の原則が機能不全を起こしていることはあまりにも明白であった。特に小型漁船による沿岸漁業を中心とする発展途上国は、先進国を中心とする遠洋漁業国による大量漁獲に反発を強めていき、２００海里体制の発足につながるのである[38]。

3　商業捕鯨のモラトリアム

(1) 戦前から孤立していた日本

「地球の友」「グリーンピース」などの欧米のＮＧＯが展開した10年以上にわたる長いキャンペーン活動の結果、１９８２年に商業捕鯨のモラトリアム提案が採択された。日本では、水産関係者により、商業捕鯨の禁止は欧米のＮＧＯによる非科学的で感情的な反捕鯨キャンペーンの結果である、他国の食文化を否定し、欧米の価値観を一方的に押しつける「文化帝国主義」であるとの議論が展開されている。たしかにそのような側面がないわけではないが、商業捕鯨のモラトリアムの採択とそれに続く商業捕鯨の禁止の永続化は、実は日本のオウンゴールの産物である。

日本は捕鯨問題でも戦前から国際的に孤立していた。後発国として捕鯨の拡大路線を突き進む中、日本は１９３１年に採択されたジュネーブ捕鯨条約にも、資源状態が著しく悪化していたセミクジラの漁獲禁止措置を不服に加盟を見送っていた。ジュネーブ捕鯨条約の改訂版である１９３７年の国際捕鯨協定の交渉会議には代表すら送らなかった。外務省がオブザーバーとしてでも参加すべきであると強く働きかけたものの、いかなる国際的規制にコミットすることにも否定的であった農林水産省の強い反対で見送られていたのである。[39]

戦後はアメリカのイニシアチブにより１９４６年に国際捕鯨取締条約が締結され、条約の管理機関として国際捕鯨委員会（ＩＷＣ）が発足した。日本はサンフランシスコ講和条約が締結される前に早々にＩＷＣに加盟していた。しかし、これは日本が保全管理に積極的になったことをまったく意味していなかった。単にＧＨＱによって課された規制よりもＩＷＣの規制のほうが緩かったため、また自国に不利な規制がＩＷＣで導入されることを阻止するために、早期に加盟しようとしたにすぎない[40]。実際、加盟後の日本の振舞いを見ると、保全管理の意識がほぼ皆無であったことが見て取れる。

ＩＷＣでは法的拘束力のある決定は「付表」の修正により行われ、その決定には４分の３の賛成を必要とした。しかも、決定に不服のある締約国は異議申し立てを行うことで規制から免れることができたため、保全管理措置を強化することは容易ではなかった。折しも戦後の鯨油と鯨肉（主に日本）の高い需要を背景にノルウェー、日本などの南氷洋捕鯨国は捕鯨船を増強し、過大な設備投資を行っていた。そのため、主要漁場の南氷洋での資源状態が悪化していても南氷洋捕鯨国はＴＡＣの削減に反対し、科学委員会の勧告をはるかに上回るＴＡＣの設定が常態化していた[41]。特に鯨油だけでなく鯨肉も利用する日本の捕鯨船は採算性が高かったため、撤退を余儀なくされた他国の捕鯨船を次々に買収するなど活発な投資を行っていた。

そのため、日本は科学委員会のＴＡＣの削減勧告に特に激しく反対し続けていた。ＩＷＣでは少数の捕鯨国の反対で合意を阻止することができたため、実に１９６５年まで20年近くにわたり科学委員会の勧告を上回るＴＡＣが設定され続けた。この時期、操業効率が高い大型の鯨種から狙われ、次々と資源が枯渇し、１９６３年にはシロナガスクジラとザトウクジラの捕獲が禁止されることになった。１９６２年からはＴＡＣが段階的に削減されていったが、その後もＩＷＣで決定したＴＡＣを大幅に満たせない状況が続いた。

資源の枯渇に疑問の余地がなくなり、次第にＩＷＣでの規制が強化されると、日本は巧妙にＩＷＣの規制の裏をかくようになる。たとえば１９６３年から日本の大手水産会社３社はフォークランド諸島に陸上の捕鯨基地を設けて捕鯨を行うようになった。これは当時のＩＷＣのＴＡＣ規制が、南氷洋の母船式操業のみを対象としていたためである。水産庁は外国基地で生産した鯨肉の輸入関税を撤廃させることで規制逃れを支援していた[42]。

さらに、日本の捕鯨会社は、１９６０年代から捕鯨船の船籍を非加盟国のブラジル（１９７４年ＩＷＣ加盟）、チリ、ペルー（ともに１９７９年ＩＷＣ加盟）に移し、便宜置籍船化することで規制逃れを行っていた[43]。こういった非加盟国からの鯨肉輸入は反捕鯨運動が高まっていた１９７８年の時点でも全輸入量の４分の１を占める状況であった[44]（表５－２）。１９７７年に開かれたＩＷＣ年次会合ではこの非加盟国からの日本への輸出が重大問題として議論され、非加盟国との取引を禁止する「決議」が過半数の支持で採択された。問題の当事者である日本は棄権票を投じていたが、法的拘束力のない決議[45]に対する棄権は、非加盟国からの輸入を停止する明確な意思を日本が持っていないことを示唆していた。

(2) シエイラ号スキャンダル

１９７９年６月には、悪名高い海賊捕鯨船シエイラ号に日本人が乗り組み、日本の大手水産会社の船舶部保有の運搬船 Yamato Refeer に鯨肉が転載されているところを撮影され、イギリスの

表５－２　鯨肉輸入の実態

	（トン）	（百万円）
ソ連	18,421	6,736
アイスランド	4,285	1,598
※キプロス	2,775	2,066
※スペイン	2,644	641
韓国	2,382	1,456
※ペルー	2,018	447
※ソマリア	596	499
ノルウェー	548	304
ブラジル	318	130
※北朝鮮	7	2
※中国	6	1

注１：1978年、大蔵省調べ。
　２：※はIWC非加盟国。ペルーとスペインは1979年、加盟した。
出所：『朝日新聞』1979年７月25日朝刊より

Observer 誌によりすっぱ抜かれる。シエイラ号は船籍を非加盟国のソマリアやキプロスなどに次々と変えて、大西洋にて捕獲が禁止されているシロナガスクジラ、ザトウクジラ、ナガスクジラを、また同じく捕獲が禁止されている授乳期の子連れの母鯨を含め無差別に年間４００～５００頭捕獲していた。

捕鯨史上最大のスキャンダルと言われるシエイラ号問題については、ＮＧＯにより１９７５年にすべてのＩＷＣ加盟国に通知されていた。また、１９７６年にアメリカ下院公聴会にて、日本人のバイヤーが乗船・監督し、スペイン産のスタンプを押して日本に輸出されていることが指摘されていたが、日本は関与を否定していた[46][47]。しかし、表５－２に見られる鯨肉の輸入統計からして、水産庁が日本の関与を知らなかったとは非常に考えにくい。

この*Observer*誌の記事を受けて、シエイラ号問題は新聞、テレビで幅広く報道され、欧米における日本の捕鯨に対するイメージを劇的に悪化させ、反捕鯨運動の火に油を注ぐことになった。決定的なオウンゴールである。日本は、1979年7月5日にIWCの決議に従い、ようやく非加盟国からの鯨肉輸入を禁止したが、遅きに失した。信じ難いほどの愚行と言える。

東京水産大学（現・東京海洋大学）の平沢豊は、1978年に出版された『200海里時代と日本漁業』の中で日本に自省を求める厳しい評価を下している(48)。

早くから、捕鯨について資源研究を強化し、資源研究者の結論に基づいてIWCが厳正に運営されてきたら、米国を中心とする自然保護団体も動かなかったろう。IWCに対する不信感が、鯨類絶滅に対する危機感が、反捕鯨論者を集結させた…反捕鯨団体は、鯨の資源管理・維持よりも鯨そのものの捕獲の禁止を目的とする動物愛護主義者が中心になっている。理屈ではなく感情である。ここまで来る前に、IWCを尊重し、鯨類資源維持に努力していたら、動物愛護主義者が出る必要もなく今日の状態は避けられた筈である。IWCを半身不随にしたのは、常に規制強化に会議で反対してきた日ソ両国である…過去における業界の利潤追求のために、我が国民は永久的に食べられる鯨を失うことになった。国民が鯨を永久に食べられるという権利は業界の目先の利潤追求とこれを許した水産行政によって損なわれた。国益を守るという業界、政府の行動は国益を損なうものでしかなかった。

(3) 商業捕鯨モラトリアムをめぐる激論

そもそも商業捕鯨のモラトリアムが国際的に議題となったのは、1972年の国連人間環境会議（UNCHE）でのアメリカによる提案が最初のことである。この提案は10年間のモラトリアムを規定したものであったが、賛成51、反対3（日本を含む）の圧倒的多数の支持で採択されていた。日本ではこの商業捕鯨のモラトリアム提案について、ベトナム戦争での枯れ葉剤使用に対する批判を逸らすことを目的に突然提案されたものであるとの「クジラ陰謀論」が水産関係者により流布されているが、これも捕鯨への国民の支持を喚起するための後付けのPR戦略にすぎない[49]。

この経緯は真田康宏により詳細に分析されている[50]。1971年のIWC年次会合では、アメリカが鯨種別の捕獲規制――当時は1頭当たりの平均鯨油生産量に基づく全体のTACしか設定されていなかった――や国際監視員制度の導入を強く提案したが、原則的な合意にとどまり、即座の実施に移せなかった。このため、アメリカ国内ではIWCへの批判と改革を求める声が高まり、IWC年次会合直後の7月には上院で10年モラトリアムを求める決議が満場一致で採択されていた。

このモラトリアムの要求に対し、当初は国務省や商務省が消極的な立場をとっていた。しかし、日本は1971年のIWC年次会合で採択された南半球のマッコウクジラの捕獲制限措置に対して閣議で異議申し立てを行うことを決定し、IWCの捕獲制限に従わない意向を表明する。国務省の担当官は在米日本大使館に、日本の異議申し立てはモラトリアムを不要としてきた我々の立場を著しく困難にするものであり、「世界の非難は日本に向けられよう」と激しく批判し、さらに商業捕鯨のモラトリアムについて適切なフォーラムで提案する可能性があることを通知していたのである。UNCHEに外務省初代環境問題担当官として参加した金子熊夫は、事前に対応の必要性を水産庁に訴えていたが、同庁は「ストックホルム会議で捕鯨問題が議論されるはずがない」と取り合わなかった。

UNCHEの商業捕鯨のモラトリアム決議には法的拘束力がなかったため、アメリカは同様の提案を1972年のIWC年次会合に提出した。しかし、科学委員会の否定的勧告もあり採択されなかった。ともに10年の時限付きとなっていたのは、永続的な捕鯨の禁止ではなく、モラトリアムの間に資源調査を実施し、科学的評価の不確実性を解決することが趣旨とされていたからである。

モラトリアム提案は1974年のIWC年次会合まで提出され続けたが、1974年の年次会合で新管理方式（NMP）という非常に厳格な資源管理ルールを導入することで妥協が成立し、以降モラトリアム提案が提出されなくなっていた。

この「小休止」の間に日本がせっせと行っていたのは、上述の規制措置をないがしろにする非加盟国からの大量輸入であった。UNCHEでモラトリアム提案が国際社会の幅広い支持を得て、欧米で反捕鯨運動が勢いづく中、国際社会の流れをまったく読めない突出した外交音痴ぶりと言えよう。よもや4分の3の多数決のハードルは越えられないと高を括っていたのであろう。

ところが、NGOのIWC年次会合へのオブザーバー参加数が1978年から急増する（表5-3）。NGOが集中的な動員をかけ始めたのである。そして、シエイラ号への日本の関与について否定できない証拠を突きつけられた直後の1979年7月9-13日のIWC年次会合で、アメリカが保全管理措置の問題が是正されるまでの商業捕鯨の禁止提案、オーストラリアが原住民捕鯨を含むあら

表５－３　NGO の参加数

年次会議	開催年	NGO 参加数	年次会議	開催年	NGO 参加数
第１～14回	1949～62	0	第25回	1973	10
第15回	1963	1	第26回	1974	9
第16回	1964	1	第27回	1975	8
第17回	1965	4	第28回	1976	9
第18回	1966	4	第29回	1977	9
第19回	1967	5	第30回	1978	16
第20回	1968	4	第31回	1979	26
第21回	1969	4	第32回	1980	36
第22回	1970	5	第33回	1981	46
第23回	1971	4	第34回	1982	47
第24回	1972	5			

出所：IWC 年次会合議事録より筆者作成

ゆる捕鯨の禁止提案を提出したのである。[51] これは10年といった明確な年限の伴わない禁止提案である。両提案は修正され、ミンククジラを除く母船式商業捕鯨が禁止されることになった。同年、さらにインド洋のサンクチュアリー提案も採択されていた。同時期、ＮＧＯやアメリカの働きかけにより、非捕鯨国の加盟が増えて行き、メンバー構成も大きく変わっていく。

こうして次第に外堀を埋められ、１９８２年の商業捕鯨のモラトリアム提案の可決に至るのであった。１９８２年の提案が依然として「モラトリアム」となっているのは、「１９９０年までに資源状態を包括的に評価し、ゼロ以外の捕獲枠の設定を検討する」との付帯条項がついており、少なくとも名目上は永続的な捕鯨の禁止を規定したものではなかったからである。

(4) 捕鯨維持国間の対応のちがい

商業捕鯨のモラトリアム決定に対しては、日本はノルウェーなどとともに異議申し立てを行った。たしかに、資源管理が大幅に強化された1970年代に入り――他の大型鯨が軒並み枯渇したため――ようやく南氷洋で漁獲され始めたミンククジラについては、資源量は健全である可能性が高く、一律のモラトリアム措置は必要ではないという議論には説得力があった。

他方で、これまで南氷洋で乱獲の限りを尽くし、片っ端から資源を枯渇させてきたのも事実である。よって資源量が不明なミンククジラについて適切な漁獲枠を設定できるようになるまでモラトリアムを導入すべきとの主張にも説得力があった。科学委員会もモラトリアムの必要性については意見が割れ、本会議に勧告を出せない状況であった。

日本は1982年のモラトリアム決定に異議申し立てをしたものの、当時は持続的利用の観点から捕鯨を断固として維持するような確固とした方針があったわけではない。すでに1977年9月27日に開かれた関係閣僚会議（農林、外務、通産、環境など8閣僚が出席）で「捕鯨の禁止を求める国際世論に従うべきではないか」という意見が多く、鈴木善幸農林水産大臣も、200海里の漁業交渉や貿易への悪影響などを考え、段階的に捕鯨から撤退する方針を示していた[52]。

異議申し立ては1982年11月の閣議で決定されたものの、田沢吉郎農林水産大臣は記者会見にて「今回の異議申し立ては、わが国が3年後も捕鯨を続けることを決定することを意味するものではなく、立場留保のため行うものである」と発言し、モラトリアムの受け入れに含みを持たせていた。すでに日本では鯨肉は一般市民の食卓にあまり上らなくなっていたため、市民も捕鯨についてさほど強い関心を示していなかった。

こうして、確固たる意思を持たない日本は２００海里内から日本漁船を排除するアメリカの制裁の脅しに屈し、１９８５年に異議申し立てを撤回してしまう。これにより、１９８８年3月をもって日本はすべての商業捕鯨を停止し、それ以降はいわゆる「調査捕鯨」のかたちでしか捕鯨を継続させることができなくなる。

同じ捕鯨国のノルウェーの対応は日本とは対照的である。ノルウェーも、アメリカの水産物禁輸措置の制裁の脅しを受け、１９８７年にいったん商業捕鯨を停止していた。しかし、ノルウェーは異議申し立てを撤回しなかった。自国周辺海域でミンククジラの資源調査を行い、資源量が健全であることを確認し、１９９２年から異議申し立て下で商業捕鯨を再開するのである。日本もノルウェーのようにに対応すればよかったのである。しかし、乱獲の限りを尽くしてきた日本の遠洋漁業には、もとより原理原則などなかったのだ。

科学的な問題については、南氷洋ではＩＷＣのもとで１９７８年から国際鯨類調査10年（ＩＤＣＲ）という目視による大規模な資源調査が始まっていた。この調査により、１９９１年にはミンククジラの資源量は76万頭（中央値）程度あり、商業捕獲に耐え得る資源量であることが明らかになった。しかし、本会議で商業捕鯨の再開を可決させるには4分の3の多数の支持が必要であり、非捕鯨国が大半となったＩＷＣで可決される見通しはまったく立たない。異議申し立てを撤回した日本が「調査捕鯨」に頼らざるを得ないのはこのためである。

他方で、資源調査の結果、科学的不確実性の観点から反捕鯨の立場を維持できなくなった反捕鯨側は1992年からは南氷洋のサンクチュアリー提案[53]を提出するようになる。この提案は1994年に可決されたが、捕鯨禁止の恒久化を図る反捕鯨側は1982年のモラトリアム決定の際の付帯条項や科学的見解を明らかに無視しており、国際法の悪しき先例というべき対応をしている。それゆえ、日本も異議申し立てを維持した上で、科学的結論が出るまで商業捕鯨を一時停止するという戦略をとっていれば、ノルウェーのように商業捕鯨を再開することが可能であったし、十分に正当化できた。実際、ノルウェーの商業捕鯨に対する批判は激しくない。しかし、日本は乱獲と規制逃れの限りを尽くした上に、原理原則もなく、場当たり的に異議申し立てを撤回した結果、半永久的に「調査捕鯨」のかたちをとらざるを得ない状況に立たされているのである。しかも、この調査捕鯨でも失態をおかすのである。

日本は南氷洋での調査捕鯨で資源量が豊富なミンククジラの漁獲枠を徐々に増加させ続けたが、事実上黙認されてきた。しかし、2005/06年漁期からはナガスクジラも調査捕鯨の対象にするようになり、さらに2007/08年からは欧米で特別視されているザトウクジラの調査捕鯨を開始する計画を発表する。これは世界的な反発を引き起こした。あまりの反発に計画は中止されたものの、2010年にオーストラリアにより国際司法裁判所に提訴されてしまう。

オーストラリアの主張は、日本の調査捕鯨は国際捕鯨取締条約で認められている科学調査を目的としたものとなっておらず、条約違反であるという本質的問題提起である。審理の結果、捕獲頭数の算定基準が科学的に決められていない、実際の捕獲頭数が計画を下回っていることなどから、オーストラリア側の主張が認められ、2014年に日本が敗訴している。[54]

もとより南氷洋で商業捕鯨を再開する意思を持つ企業は日本に存在しない状況で、国家の面子（反捕鯨運動には屈しない）や天下り先維持などのために調査捕鯨を続けていたのが実態である。ことの経緯を知っている者は、現在の日本の調査捕鯨が、調査が本当の目的でないことを理解している。それなら、過度な反発を買わないかたちで続けていればよいところを、またしても調子にのってしまったのである。しかも、全面的に敗訴したあげくに、日本政府は、海洋資源に関して国際司法裁判所の強制管轄権を拒否する通知を2015年11月に国連に送付し、「法の支配」を標榜していた日本外交の名声を傷つけてしまうのである。愚の骨頂の極みと言えよう。これにより、日本が周辺諸国と抱える領土紛争等の懸案について国際司法裁判所で解決しようと提案しても、これまで以上に相手にされなくなるであろう。「調査捕鯨」のために、より大きな国益を損なうことをしてしまったのである。

4　海洋法の変容と国連海洋法会議

(1)　海は誰のものか・ふたたび

200海里体制の確立へ

すでに触れたように、略奪的漁業の限りを尽くした日本の遠洋漁業が、第二次世界大戦後に伝統的な海洋法秩序を動揺させる強力な着火剤となった。

戦後の海洋の新たな秩序構築は、第一次国連海洋法会議（1958年）、第二次国連海洋法会議（1960年）、第三次国連海洋法会議（1973年～1982年）を経て、1982年国連海洋法条約として結実し、領海12海里、排他的経済水域200海里体制が確立した。狭い領海と広い公海からなる「海洋の自由」が漁業にとって不合理であることは、すでにあまりに明白であった。しかし、水産庁が中心となり対処方針を決定していた日本は、世界の趨勢を読むことなく「海洋の自由」の変更に抗い続け、結果として傷を大きく拡大していくことになる。東京水産大学の平沢豊はこの過程を「津波」としてウィットに富んだ表現をしている(55)。

200海里時代は日本の漁業にとって津波のようなものだ。日本その他の国の遠洋漁船が沿岸国の漁場で地震を起こした。それが直撃波となって、当該国の沿岸漁民を襲うとともに、他は大洋を越えて我が国に跳ね返ってきた。我が国の漁業者は実績確保を念頭に置いたため、その実績を最大に失う結果になった。

海洋の自由とその欠陥

「海洋の自由」の理論的支柱は「国際法の父」と称されたフーゴー・グロチウスに行き着く。グロチウスは、オランダの通商の利益を擁護するために『自由海論』（1609年）を刊行し、大航海時代にスペインとポルトガルが進めた海洋の領有を否定した。これ以降各国の法学者による「海洋法論争」が繰り広げられたが、グロチウスの海洋の自由論は、海洋の無尽蔵性ないし非競合性を前提としていた。すなわち、海はある人が利用しても、他の人の使用を妨げず、また使用しても同じ状態で永久に存在する。そうであるなら、「海洋の分割」ではなく「海洋の自由」が、人類全体の利益の観点から正当化されたのである。

たしかに、船舶の航行や海底電線の敷設などでは海洋の無尽蔵性の前提がかなりの程度成り立つ。しかし、すでに見てきたように、漁業については成り立たない。海洋の水産資源が可尽であることは、第二次産業革命による漁獲能力の飛躍的発展を待つまでもなく、グロチウスと海洋法論争を繰り広げたジョン・セルデンの『閉鎖海論』（1635年）、さらにザミュエル・フォン・プーフェンドルフの『自然法と万民法』（1672年）でも指摘されていた。水産資源が可尽である限り、その利用が無制限に認められるはずはない。よって、日本のような遠洋漁業国が、海洋の自由の原則を錦の御旗に、沿岸国の利益や資源保全の必要性を無視して略奪的漁業を行うことが正当化されるわけではなかった。こういった指摘は日本の海洋法の大家・小田滋からもなされていた。日本の水産外交における玉砕の歴史を振り返ると、この当然の法理に対する甚だしい無理解が目につく。

18世紀に入り、海洋の自由の原則は、「狭い領海」と「広い公海」の二元構造に収束し、公海は公海自由の原則で統治されることになった。しかし、領海の幅については定まらなかった。日本が信奉した領海3海里は国際慣習法として確立されたものではなかった。3海里の領有性は、大砲の射程距離の観点から18世紀末から19世紀初めにかけてアメリカとイギリスで受容されたものである。しかし、同時期、デンマーク、ノルウェー、スウェーデンは4海里、スペイン、フランスは6海里と、領海ないし中立水域の設定はバラバラであり、領海幅員の最小幅として3海里の距離が受容されていたにすぎなかった。[56]

18世紀半ばから始まった産業革命により覇権国として君臨するようになったイギリスは、自国船が拿捕されると軍艦を派遣し、武力による威圧をもって3海里を超える管轄権の行使を許さなかったが、3海里に絶対的な根拠があったわけではなかった。大砲の着弾距離は第二次産業革命後に飛躍的に伸び、南北戦争で使われた長距離砲の着弾距離は20から30kmに及んでいた[57]。つまり、大砲の着弾距離に基づく限り、領海を3海里に制限する理由は消滅していたのである[58]。

19世紀後半には、領海3海里主義は、大砲の着弾距離との関係よりも、むしろ漁業との関係で特に問題となっていた。当時、各国の3海里のすぐ外に漁船を繰り広げていた遠洋漁業国のイギリスと、沿岸資源と自国の漁業を守るために3海里を超える領海を主張する他のヨーロッパ諸国の間で漁業紛争が相次いでいた。

日本漁船の進出による打撃を受けていたロシアも1912年に太平洋岸に12海里の漁業水域を設定したが、日本とイギリスはこれを認めなかった。しかし、1894年にパリで開かれた万国国際法学会では、領海3海里は沿岸漁業の保護には不十分であると決議し、条約案として領海6海里を提案していた。1930年にハーグで開催された国際連盟の国際法典編纂会議では領海幅について合意できなかったが、領海3海里への意見を求めたところ、出席35カ国中、賛成国17カ国、反対国17カ国、保留1カ国（内陸国のチェコ）であった。賛成国は、英米独仏日などの大国であったが、領海3海里はすでに国際社会での支持を失っていた[59]。

(2) 国連による海洋法会議の開催

沿岸途上国の権利確保へ

第二次世界大戦後は、トルーマン宣言に触発された開発途上国による管轄水域の拡大を図る動きがますます強まってきたため、1958年2月に始まった第一次国連海洋法会議で領海幅の確定が試みられることになった。それに先立って国連総会のもとに設置された国際法委員会は、8年間の研究の成果をまとめた海洋法案を第11回国連総会（1956－57年）に提出していた。

同委員会は、漁業管轄水域ないし領海の拡大を求める沿岸国の主張については、それが公海漁業を自由とする伝統的国際法の欠陥から生じたものであり、現行法が海洋資源の枯渇に対する十分な保護を与えていないこと、また沿岸国が外国漁船による乱獲から十分に保護されていないことを確認し、沿岸国が資源保存の緊急の必要性から、外国漁船を排除するような一方的な主張を行うことを余儀なくされていることを指摘していた。よって、提出された海洋法案では、資源の保全措置は関係国の同意に基づき作成されるという原則に立ちながらも、保存の緊急の必要性があるときは一定の条件に従って沿岸国が一方的な規制権を行使できるとした。国際法委員会は、現行の国際法の欠陥に対処し、沿岸国の懸念に応えることで、領海拡大の傾向を抑えることができると考えたのである。[60]

第一次国連海洋法条約会議：ミスター・スリーマイル

国際法委員会の勧告を受けて開催された第一回国連海洋法会議では、日本は最大の遠洋漁業国として現行の海洋法秩序の欠陥に向き合う必要があった。しかし、日本は海洋法秩序の変容に向き合おうとしなかった。会議では領海3海里を金科玉条とし頑なまでにその立場を守り続けようとし、「ミスター・スリーマイル」と揶揄された。[61] カナダが領海3海里＋12海里の漁業独占のための接続水域（後に領海幅は6海里に変更）、イギリスが領海6海里（ただし3海里外は航空機と船舶の自由通行権）、アメリカの領海6海里＋12海里の漁業独占のための接続水域（ただし10年間の漁業実績を持つ国は領海外での漁業継続の権利）、インド・メキシコ共同案として領海12海里の提案が出された。しかし、問題の日本は何も提案しなかった。[62]

この会議で最も多くの支持票を集めたのはアメリカ提案（ただし、接続水域での漁業実績を10年から5年に変更）であった。同提案は4月19日の投票で賛成45、反対33、棄権7と多くの支持を集めたが、3分の2に達せず否決された。結果として、最大の議題であった領海幅を確定させることができなかった。

しかし、この会議では12海里まで沿岸国に何らかの管轄権を認めることは確定的となっており、12海里幅についてはほとんど争われることはなかった。日本は4月16日に朝到着した東京からの訓令に基づき、妥協として6海里に同意すると宣言していたが、会議はもはや6海里などで妥協し得るような事態ではなかった。[63] 12海里の水域で認められる管轄権の内容の問題を残していたにすぎなかった。[64]

最終的に第一次国連海洋法会議では、公海条約、公海生物資源保存条約、[65] 領海条約、大陸棚条約の4条約が採択された。[66] 日本は、これまで慣習法として広く行われてきた不文律のルールを確認・法典化した公海条約と領海条約は批准したものの、公海生物資源保存条約と大陸棚条約は批准しなかった。ともに、トルーマン宣言と国際法委員会の海洋法案を受けて伝統的な公海自由の原則を修正し、沿岸国の権限を強化するものであった。

公海生物資源保存条約は、緊急の保存の必要性がある場合には沿岸国に領海に隣接する公海において一方的に保存措置を取る権限を認めていた（ただし、漁業国を平等に扱うことが条件）。大陸棚条約は、大陸棚沿岸国に大陸棚の天然資源の探査・開発のための主権的権利を認めるものであった。主に海底の鉱物資源を念頭に置いた条約であったが、定着性の生物資源も同条約の対象となるため、日本はソビエトやアメリカ沖で漁獲していたタラバガニ等への適用を恐れて批准しなかった[67]。

第一次国連海洋法会議での日本の最大の問題は、古典的な領海３海里主義と公海自由の原則に固執し、水産資源の保全の必要性について何ら行動をとらず、また会議終盤まで沿岸国の利益への配慮をみじんも示さなかった点である。世界最大の漁業国、圧倒的な遠洋漁業国としての立場がそうさせたのかもしれないが、日本の立場がまったく支持されていないことが明らかなのだから、12海里の漁業水域を認めることで「損失確定」を図り、これ以上の管轄権の拡大を阻止するために動くべきであったであろう。

また、水産資源の保全の必要性を認めた上でみずから対案を出すことで、既存の公海自由の原則の欠陥に対処すべきであった。日本が拒絶した公海生物資源保存条約が、賛成45、反対１（西ドイツ）、棄権18とコンセンサスに近い状況で採択されていたことからも、最大の遠洋漁業国である日本が、今後も現行の海洋法の欠陥に対応せずにやり過ごすことはきわめて困難であることは明確であった。しかし、日本は相も変わらず既得権益の維持にこだわり、１９６０年に開かれた第二次国連海洋法会議にも戦略的な対処方針をとれずに参加することになる。

(3) 第二次海洋法会議でも日本は取り残される

第二次国連海洋法条約会議：6プラス6

第二次国連海洋法会議の最大の議題は、第一次国連海洋法会議の積み残し案件、すなわち領海の範囲を確定させることであった。第一次国連海洋法会議から日本政府代表として参加していた海洋法学者の小田滋（東北大学法学部、1976年から国際司法裁判所裁判官）は、会議前に外務省に調書を提出し、「抽象的な公海自由論、あるいは伝統的な3海里主義と言うことだけでは、沿岸国グループはもちろんのこと、いわゆる海洋国家側からもそっぽを向かれてしまう危険性は決して少なくない」と訴えた。

小田の予想は第二次国連海洋法会議で的中した。日本が信奉した領海3海里の提案はまったく出なかったのである[68]。会議では、12海里までを少なくとも漁業水域として沿岸国の管轄下に置く点ではほとんどの国が一致していたが、軍事面での影響（軍艦の海峡の航行）から領海を6海里とするか12海里とするかが争点となった[69]。

会議では、ソ連が単純な領海12海里提案、メキシコもそれに近い提案を出していた。軍事面への影響を危惧したアメリカは前回と同じく「領海6海里、外側6海里の漁業水域においては5年間の漁業実績のある他国の漁業の継続」、カナダも前回提案と同じ「領海6海里＋外側6海里の漁業独占水域」の提案を提出していた。4月16日には途上国16カ国が大同団結し、領海12海里提案を提出したことをきっかけに、アメリカはカナダに接近し、アメリカ・カナダ共同提案が作成される。共同提案では外側６海里での実績漁業の継続は10年間のみに制限された[70]。全体委員会では、16から18カ国に増えた領海12海里の共同提案は、賛成36、反対39、棄権12で否決、カナダ・アメリカの共同提案は賛成43、反対33、棄権12で可決された[71]。

本会議では３分の２の多数が要求されるため、アメリカは必死になってラテンアメリカなどの領海12海里国を切り崩しにかかった。しかし、本会議では共同提案は賛成54、反対28、棄権５と３分の２にわずかに足りず否決されてしまう。日本は棄権票であった[72]。

僅差で否決されたカナダ・アメリカの「６＋６」案は、発展途上国の要求の拡大を抑えるためのギリギリの案であり、第一次国連海洋法会議の経緯から見ても漁業水域が12海里よりも狭く設定される可能性はなかった。しかし、領海３海里主義の神話を未だに信奉する日本は、ほとんど発言することもなく、戦の場から取り残されていた[73]。そして、このギリギリの線での歯止めに失敗したがために、発展途上国の要求は２００海里に向かって走り始めるのである[74]。

第二次国連海洋法会議を振り返って、日本政府代表の藤崎万里（外務省）は、以下のように回顧している[75]。

当時、日本政府も領海３海里という基本的な立場から少しは、例えば３プラス３ぐらいまでは譲歩する用意があったが、６プラス６というところでは、とてもついていけないということで、この投票では棄権した。あえて反対しなかったのは、それまで領海３海里説をとってともに戦ってきた味方の国々から、この際６プラス６

まで譲らなければ妥協成立の見込みがなく、またこの会議で合意をえることに失敗した場合、時がたてばたつほど、領海幅員拡大の主張は国際的に強まって行き、３海里説の国にとっては不利になる一方であるから、なんとか賛成してもらいたいと申し入れてきたからである。

このとき、日本も賛成に回り、反対国や立場を留保していた国に積極的に働きかけていれば６プラス６で採択されていた可能性が十分にあった。独立により増え続ける発展途上国の要求を考えると、12海里体制が永続する保証はなかったものの、海洋分割を進めた現在の２００海里体制とはかなり異なる体制となっていた可能性がある。大陸棚については陸地の続きという合理的な理屈づけがあったが、２００海里の幅については合理的な理論が何もなかったからである[76]。

第二次国連海洋法会議後、数多くの国々が一方的に管轄権の拡大を宣言していった。高林秀雄の調査によると、１９６６年6月時点で領海12海里を宣言していたのは31カ国、領海は12海里未満であるが漁業水域として12海里を宣言していたのは32カ国、12海里以上の管轄権（領海または漁業水域）を主張する国が10カ国あった。これに対して、漁業水域を伴わない伝統的な3海里主義を取っていた国はわずか14カ国にとどまっていた。つまり96カ国中73カ国が12海里の漁業水域以上のものを導入していたことになる。途上国だけでなくアメリカ、フランス、イギリスなど広い海洋の利益を享受してきた先進国も12海里の漁業水域を制定するなど、伝統的な領海3海里主義からの大幅な政策転換が見られていた[77]。

第三次国連海洋法条約会議：エクセプト・ワン

この会議後、アジア、アフリカを中心に植民地の独立が急増する。これに伴い、１９６１年に国連総会で１９６０年代を「国連開発の10年」とすることが宣言され、南北問題の解決が国連の最重要課題の一つに掲げられた。国連総会で圧倒的な多数を占めるようになった開発途上国は、海洋法秩序の形成にますます大きな影響力を持つようになる。

国連での海洋法に関する新たな秩序形成の努力は、１９６７年11月の国連総会でマルタのアーヴィド・パルドー代表が、深海海底を「人類共同の財産」として国際管理に置くことを提案したことで再開の鐘が鳴らされた(78)。パルドーの提案は深海海底の開発を国際管理に置くことで数十億ドルの資金を生み出し、その資金を開発途上国の開発に使うことを意図していた。

しかし、マルタが国連総会に提出した大陸棚条約の改正のための国際会議の開催決議案は、大陸棚だけでなく伝統的な海洋法のすべてを再検討する国際会議を開催する決議へと修正された上で１９７０年に採択された。なお、パルドーの提案に基づき１９６８年に設置された国連の海底平和利用委員会では、パルドーは人類の共同財産の公正な利用に関する議論で日本がリーダーシップを取ることを期待し、日本に非公式に打診していた。しかし、水産庁の反対で大陸棚条約を批准していない日本はこれに耳を貸さなかった(79)。

(4)　独立した発展途上国による「数の力」――２００海里の時代へ

１９７３年12月から始まった第三次国連海洋法会議（１９８２年12月まで）では、一向に格差が是正されない途上国の苛立ちと石油輸出国機構（ＯＰＥＣ）諸国の成功から、発展途上国の急進派77カ国が先導するかたちで２００海里の排他的経済水域の導入による海洋分割へと方向転換していき、「人類共同の財産」の理念は片隅に追いやられていく。[80] 開発途上国は、１９５８年の国連海洋法会議で4条約が採択されたときには、多くは独立前か独立直後であったため、途上国の主張が十分反映されていないという不満を抱いていた。また、公海の自由が海洋の利用能力を持つ少数の先進国のみを利していると感じていた。[81] つまり、海洋の自由は「強者の論理」にすぎないと。[82]

すなわち、公海漁業保存条約は、緊急時に沿岸国が一方的に保存措置を導入する権限を認めていたが、保存措置は沿岸国と出漁国間で差別なく適用されるため、沿岸途上国にとっては強者の自由を制度的に保障するものと受け止められた。たとえば、遠洋漁業国による乱獲に対して、緊急の措置が必要になるまで沿岸国は一方的に保存措置をとれなかった。これでは、漁獲能力に優れた先進国による乱獲が許容されてしまう。

さらに、保全措置を内外の漁業者に無差別に適用するという原則は、沿岸の漁業資源に依存する沿岸国の経済上の必要性を軽視した規定であった。また、保存措置の適用が旗国により行われるため、その遵守の実効性が疑問視された。[83] 日本の北洋漁業での違法操業の蔓延を見る限り、その懸念は正しかった。

日本は１９７１年1月のコロンボで開催されたアジア・アフリカ法律諮問会議（ＡＡＬＣＣ）ではじめて領海12海里を受け入れる用意があることを表明した。日本の提案は、領海の範囲を超えて沿岸国に優先的な漁業権を認めることも含んでいた。この提案を第二次国連海洋法会議で出していれば評価されたであろうが、すでに too little, too late であった。日本提案はケニアが行った２００海里の排他的経済水域提案（領海は12海里）の前に影を薄くし、１９７２年夏以降はもはや議論の対象にすらならなかった[84]。ケニア案では２００海里の排他的経済水域内では沿岸国がすべての経済的資源に対して主権的権利を有するが、この水域における航行、上空飛行、海底電線、海底パイプラインの敷設の自由は保証された[85]。領海拡大に反対してきたアメリカにとっては、軍艦、航空機の通行に保証が得られるならそれでよく、日本がこだわる漁業の利益など眼中になかった[86]。

このような状況で、１９７３年夏の海底平和利用委員会に先立つＡＡＬＣＣでは、小田滋が40海里の「排他的」漁業水域、その外１６０海里については外国漁業の継続を制度化する私案を、外務省海洋法本部の了解の上で披露したが、日本の水産界の一部から越権行為であると不評を買った。小田は、水産界としては領海の外で沿岸国の管轄に服するなどとても考えられなかったのかもしれないが、そうした水産界の考えを支持してくれる国は世界には皆無であったと回想する[87]。さらに、国連で海底の経済資源の利用に関する議論が進む中、小田の「魚だけの海ではない」との発言が疎まれ、１９７４年からのカラカス会期の政府代表３人に含めることに水産界筋から横やりが入っていた[88]。彼以上の専門家はいないにもかかわらず、である。

カラカス会期前に、日本が頼りにしていたアメリカに加え、同じ遠洋漁業国のソビエトも２００海里を容認する姿勢に転じたことから、１９７４年5月17日の衆議院外務委員会で、大平正芳外務大臣が国会で「世界の大勢は、もはや阻止できない勢いだ。わが国も、いつまでも背を向けるのではなく、経済水域の具体的な内容がどうなるかを検討しなければならない」と述べ、既得権をある程度認めさせるための「条件闘争」を戦略とせざるを得ないと答弁していた。[89]

このように外務省が中心となり200海里受け入れやむなしの立場をとろうとしたが、水産庁が200海里案拒否を頑なに主張し続けた結果、カラカス会期直前の6月になっても領海12海里以上について政府としての対処方針が定まらない状況になった。[90] その結果、政府として領海12海里はやむなしであるが、経済水域については回避努力を続けることになった。[91] 6月18日の閣議では、「安定、公正な海洋法の確立に努力する」という極めて曖昧な基本方針が承認された。[92] さらに、6月19日にカラカスで開かれた記者会見で、日本政府代表の小木曽本雄国連大使は、5月17日の大平大臣の答弁について「日本の立場が困難になったことを説明しただけで、同水域そのものを認めるものではない」と説明し、会議の成り行きで反対の立場を貫くことが難しくなるかもしれないことを含み置きながら、日本として反対の立場を貫くことを表明するのである。[93] しかし、カラカス会議では予想された通り米ソも200海里支持に回ったため、日本は「孤立無援」の状態に陥る。[94]

カラカス会期が始まると、日本はタンザニアから「漁業の自由を主張している国は、魚が食べられないほどに自国の近海を汚染した後で、他国の海へ魚を捕りにやってくる。自分の利益しか考えない民族である」「遠洋漁業国と称しているが、彼らが魚を捕っているのは、実は我々の沿海にほかならない」と痛烈に批判されるなど、日本を厳しく批判する発言が途上国から相次いだ。[95] それでも、7月15日の本会議では、小木曽大使は、漁業資源については排他的経済水域の設定に反対する演説を行い、基本的な立場を堅持した。この演説では、海底鉱物資源については沿岸国に200海里内の排他的主権を認めることを表明しており、一貫性の欠如が甚だしかった。[96]

第三回国連海洋法会議で日本に起死回生のチャンスがなかったわけではない。２００海里体制に反対した国には、内陸国等の地理的不利国もあり、日本だけではなかった。内陸国のブータンは１９７４年のカラカス会期で以下のように発言している。

いわゆる排他的経済水域概念は公正なものではないのであって、実際には他国を締め出すことが目論まれている。海洋における権利と利益のバランスに対する一方的な変更を正当化しようとするいかなる概念も、内陸国とその他の地理的不利国による参加の権利を侵害するものになろう。それ故、排他的経済水域は、他国の権利と利益を損なうものであろう。沿岸線の長い国――主に先進国はうまい汁を吸うことになろう。これに対して、内陸国と不利国は何もえるものはないであろう。こうした概念は、富める国をますます豊かにし、貧しい国をますます貧しくすることになろう。発展途上国の内陸国は最も後進の国の中に入るのであって、こうした国の特別の事情が考慮に入れられなければならない。

実際、経済水域面積の上位は、アメリカ、オーストラリア、インドネシア、ニュージーランド、カナダ、ソビエト、日本の順で、先進国に偏っていた。

シンガポール代表もカラカス会期で、唯一の公平なアプローチは、沿岸国に12海里までの領海の主張を許すことであって、それを超える海域は国際海洋機関の管理と管轄下に置き、全人類のために非生物資源を開発し、生物資源の利用を規律する規則を制定することを提案し、このアプローチこそが人類の共同財産の原則に真に意味を与えるであろうと訴えている。この案はすでに生物資源について

FAOが提案したものでもあった。1975年のジュネーブ会期では、オーストリアを幹事として地理的不利国52カ国が結集し、数の上では3分の1を超えていた。[97]

平沢が指摘するように、日本としてもこういった地理的不利国との連携を模索し、公海の漁業資源についても「人類共同の財産」として国際的な管理に訴えたほうが、200海里内で沿岸国の一方的管轄に服するよりも不利益は小さかったであろう。しかし、日本代表団は水産庁の意向により旧体制維持を叫んで、200海里の受け入れを断固として拒否し、最後まで反対の立場を貫徹しようとしたため、「エクセプト・ワン」と揶揄されるまでに孤立してしまう。[98]

第三次国連海洋法会議の日本政府代表の小木曽本雄国連大使は、カラカス会議直前に訓令作成のために帰国した際に、漁業関係の責任者・某氏に米ソが200海里の排他的経済水域への反対を撤回することを指摘した際の2人の会話は、日本の水産業界と政府を取り巻く異様な関係を示すものとして興味深い。すなわち、小木曽が「このような事態で経済水域に反対するのは、日本および極めて少数の西欧諸国になり、例によって国内で見通しの悪さを批判されるかもしれない。また反対一本槍の訓令では…動きがとれない」ことを説明したところ、某氏は次のように述べた。[99]

その趣旨はよく分かるし、個人としてはよく理解する。しかし現在の漁業団体等の心情から見ると、政府が最初から経済水域を受け入れる方向で動いたことが明らかになれば、蜂の巣をつついたようなことになって、経済水域の設定が明らかに避けられなくなった場合に指導のしようがなくなる。経済水域が設定されることになれば、どうせ遅かれ早かれ我々は批判されるのだから、死ねば諸共で行こうじゃありませんか。

水産庁は、２００海里体制の受け入れと２００海里体制に備える漁業再編成の議論をタブーとして回避し続けたのである[100]。

すでにカラカス会期で２００海里の排他的経済水域支持を表明していたアメリカは、１９７６年の漁業保存管理法で２００海里を宣言（施行は１９７７年）した。これ以降、各国が雪崩を打つように２００海里を宣言したため、１９８２年の国連海洋法条約締結を待たずして、世界はついに２００海里体制に移行した。この結果、当時世界第７位の経済水域を持ち、韓国、ソビエト等の外国漁船が大挙して領海のすぐ外にまで押し寄せるようになってきていた日本も、１９７７年に「領海及び接続水域に関する法律」を制定し、「海洋の自由」の原則をかなぐり捨て、みずから領海12海里と２００海里の排他的経済水域を設定する。

平沢は、日本の交渉姿勢についても、「多数の国を相手にする国際会議で時代に逆行する態度に固執していては、相手を刺激するのみである。我が国はあえてこれを漁業外交の基本とした。オール・オア・ナッシング方式である」と指摘する。こういった猪突猛進の外交姿勢の結果は「玉砕」であり、遠洋漁業の崩壊であった。政府も漁業界も実績確保で凝り固まり、行政は業界の支持がなければ動こうとしなかった[101]。

5　公海での「略奪的漁業」

200海里体制への移行により、日本は公海での略奪的漁業から自国の200海里を中心とした資源管理型漁業に転換する必要があった。しかし、日本は200海里の排他的経済水域を宣言した際、資源管理強化の指針を示さなかった。1950年代初めより水産庁は「沿岸から沖合へ 沖合から遠洋へ」と漁獲努力をシフトさせることで、沿岸資源の枯渇への対応と漁業紛争の緩和を図ってきたため、水産庁や水産業界には資源管理の視点が根本的に欠落していた。

200海里体制により各国の沿岸から排除されていった日本漁船は、自国200海里内での資源管理を強化するよりも、残された公海での漁獲努力を急増させた。すなわち、ドーナッツホールと呼ばれるベーリング海の公海域（米ソの200海里に囲まれた部分）でのスケトウダラ漁と公海での大規模流し網によるアカイカ漁、ビンナガマグロ漁である。しかし、ここでも日本の水産外交の玉砕で終わる。

(1)　国際政治問題化する日本の漁法

ベーリング海のドーナッツホール

日本の漁船は1988年をもってアメリカの200海里から完全撤退させられたが、その前から徐々にベーリング公海のドーナッツホール（図5－2）に結集し、スケトウダラ漁獲を急増させてい

図5－2　アリューシャン海盆の中層性スケトウダラの分布域（アミ部分）と想定される回遊経路略図

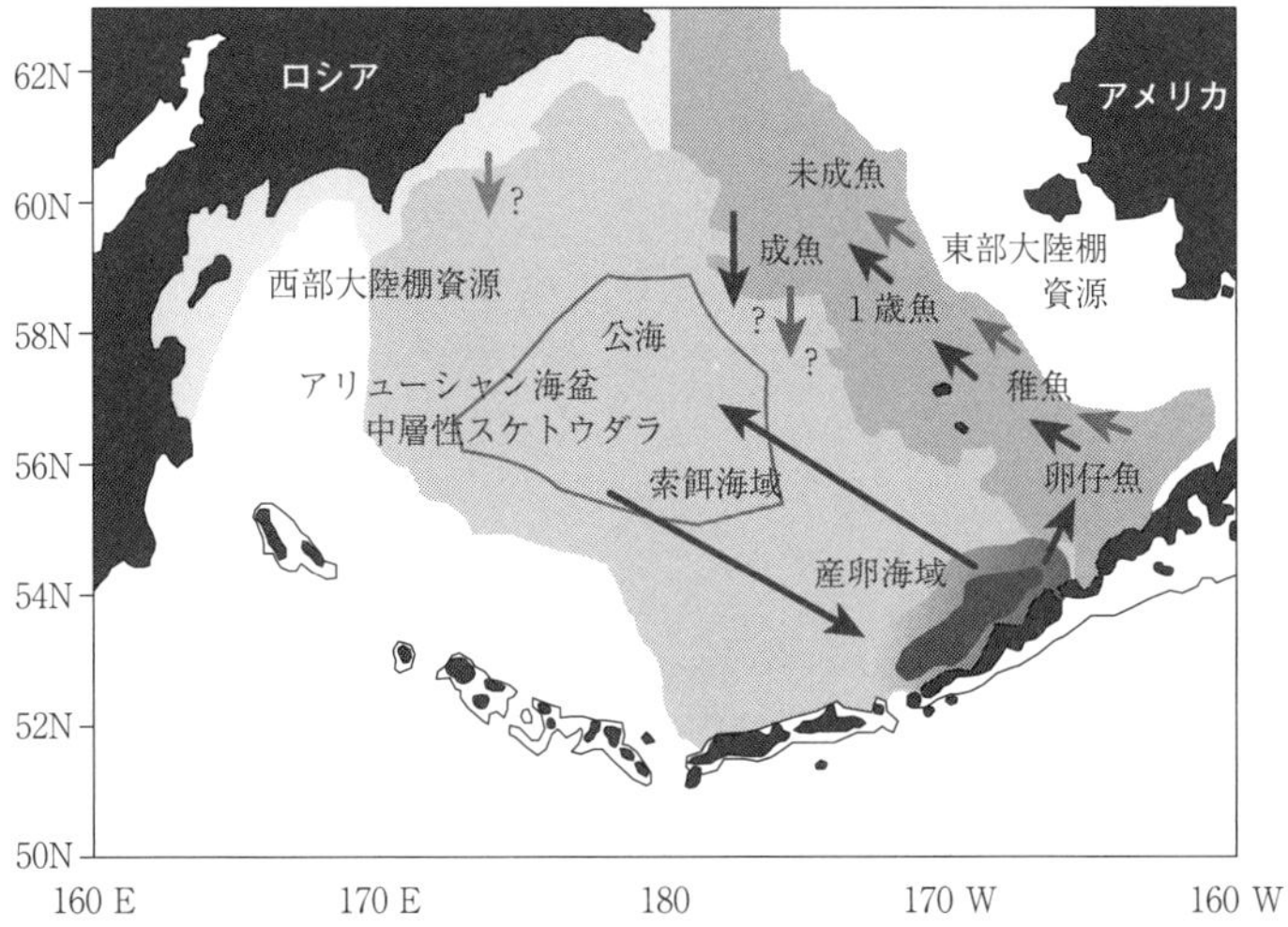

注：成魚が大陸棚から海盆に移入してくるメカニズムについてはわかっていない。
出所：国際水産資源研究所「平成29年度国際漁業資源の現況：スケトウダラ　ベーリング公海」
<http://kokushi.fra.go.jp/H29/H29_62.pdf>2018年7月26日アクセス。

た[102]（表5－4）。ストラドリング魚種のスケトウダラは米ソの200海里を越えて移動するため、ドーナッツホールでの乱獲は、沿岸国（米ソ）の資源管理の努力を無効化するおそれがあった[103]。さらに、例に漏れず、日本漁船はたびたびアメリカ200海里内に越境して違法操業を行っていた。そのため、1988年にはアメリカ上院でドーナッツホールでの漁獲禁止を求める決議が満場一致で採択される。

　資源の枯渇を恐れたアメリカの提案により、1991年に日本、韓国、台湾、ポーランド、アメリカ、ソビエトの間で条約締結のための交渉が始まった。当初、日本や韓国などの遠洋漁業国は漁獲規制に反対し

表5－4　ベーリング公海でのスケトウダラ国別漁獲量

（単位：千トン）

年	中国	日本	韓国	ポーランド	ロシア	総計
1985	2	164	82	116	0	364
1986	3	706	156	163	12	1,040
1987	17	804	242	230	34	1,327
1988	18	750	269	299	61	1,397
1989	31	655	342	269	151	1,448
1990	28	417	244	223	5	917
1991	17	140	78	55	3	293
1992	4	3	4	0	0	11
1993	0	0	0	1	0	1

注：1993年以降、資源量が激減したため、公海でのスケトウダラ漁業は停止されている。
出所：図5－2に同じ。

ていたが、資源の崩壊が明白となり（図5－3）、採算がとれなくなったため、1993年漁期と1994年漁期の漁獲停止に合意する。1994年には中央ベーリング海スケトウダラ保存管理条約が採択され、資源が回復すればモラトリアム措置を解除することになっていたが[104]、20年を超える禁漁にもかかわらず、同海域の資源は回復していない。この略奪的漁業の先陣を切って漁場を荒らしまくっていたのが日本である。ブリストル湾事件から何も学べていないようである。

公海における大規模流し網漁の禁漁

各国の200海里から排除されていった日本漁船は、次に太平洋でアカイカ（北太平洋）やビンナガマグロ（南太平洋）を対象に大規模流し網漁に従事するようになる。公海での流し網漁では、魚影の薄さに対応するため、全長35－80km、深さ12－15mに及ぶ巨大な網を利用していた[105]。

図５－３　特定水域における日米調査船調査による中層性スケトウダラの現存量（親魚量）推定値

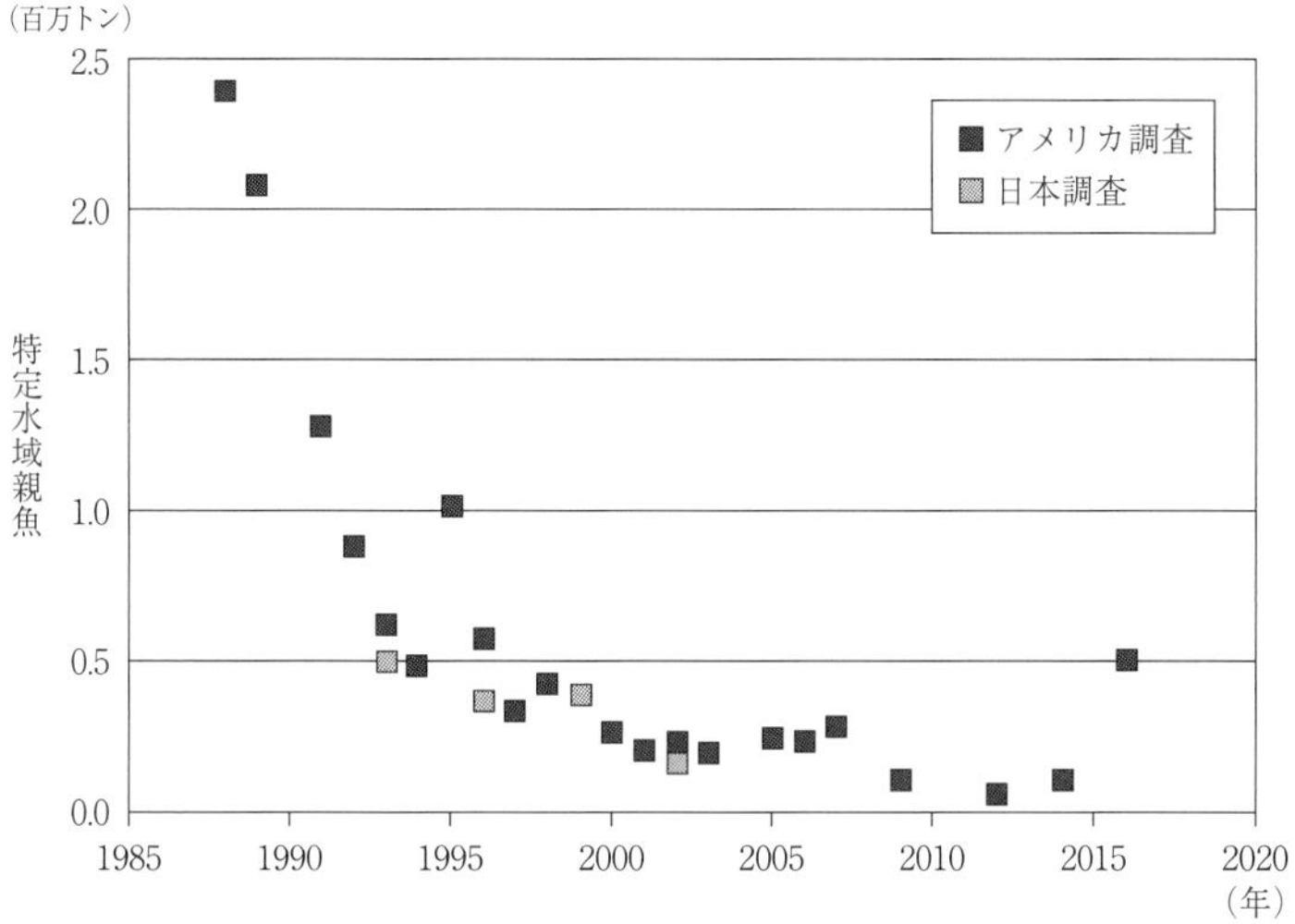

出所：図５－２に同じ。

もともとイカの流し網漁は日本の小型のサケマス流し網漁船が１９７７年に三陸・道東沖で始めたものである。長さ42ｍ、深さ10ｍ程度のサケマス用の小規模な流し網であったが、釣りと比べて８～10倍の効率で獲れ、また燃料が３分の１で済んだことから爆発的に普及し、釣り漁業者と深刻な対立を引き起こした。

水産庁は、釣り漁業者に打撃を与え、また漁獲効率が良すぎて資源の悪化を招くことから、１９７９年１月１日から東経１７０度以西でのイカの流し網漁獲を禁止した。その際に、「漁業の場合は合理的、能率的なものが必ずしも善とはならない」と至極真っ当な説明をしていた。[106] 国内での禁止により、日本のイカ流し網漁船は、１９７９年１月１日以降は北太平洋東部の公海に移動するとともに、魚影の薄い公海にあ

表5－5　北太平洋におけるイカ流し網漁船数の推移（1980－1990年）

日本のイカ漁船数		韓国のイカ漁船数		台湾のイカ漁船数	
年	漁船数	年	漁船数	年	漁船数
1981	534	1980	14	1983	129
1982	529	1981	34	1984	148
1983	515	1982	60	1985	124
1984	505	1983	99	1986	114
1985	502	1984	111	1987	97
1986	492	1985	98	1988	166
1987	478	1986	117	1989	140
1988	463	1987	140	1990	140
1989	460	1988	147		
1990	364	1989	157		
		1990	142		

出所：William T., Burke, Mark Freeberg, and Edward L. Miles (1994) "United Nations Resolutions on Driftnet Fishing: An Unsustainable Precedent for High Seas and Coastal Fisheries Management," *Ocean Development and International Law* 25(2): 127–86,p.133, table2.

わせて流し網の大規模化を進め、また漁船数を急増させた（表5－5）。こうして、台湾、韓国の流し網漁船とあわせて、世界の海面総水揚げ量（養殖を除く）の17・7％（1990年）に及ぶ漁獲をこの北太平洋の単一漁業で記録するようになる[107]。

しかし、漁獲量の急増（図5－4）とともにアカイカの資源状態は急激に悪化する[108]。流し網によるアカイカ漁獲の大部分がメスであったことも懸念を高める原因となったが[109]、水産庁は国内の流し網漁問題とは対照的に公海流し網漁については「効率的漁業の弊害」についてまったく無関心であった。もっとも、アメリカやカナダ漁船がアカイカを主対象としていなかったため、アカイカの資源悪化が政治問題となることはなかった。むし

図５－４　北太平洋アカイカ国別漁獲量

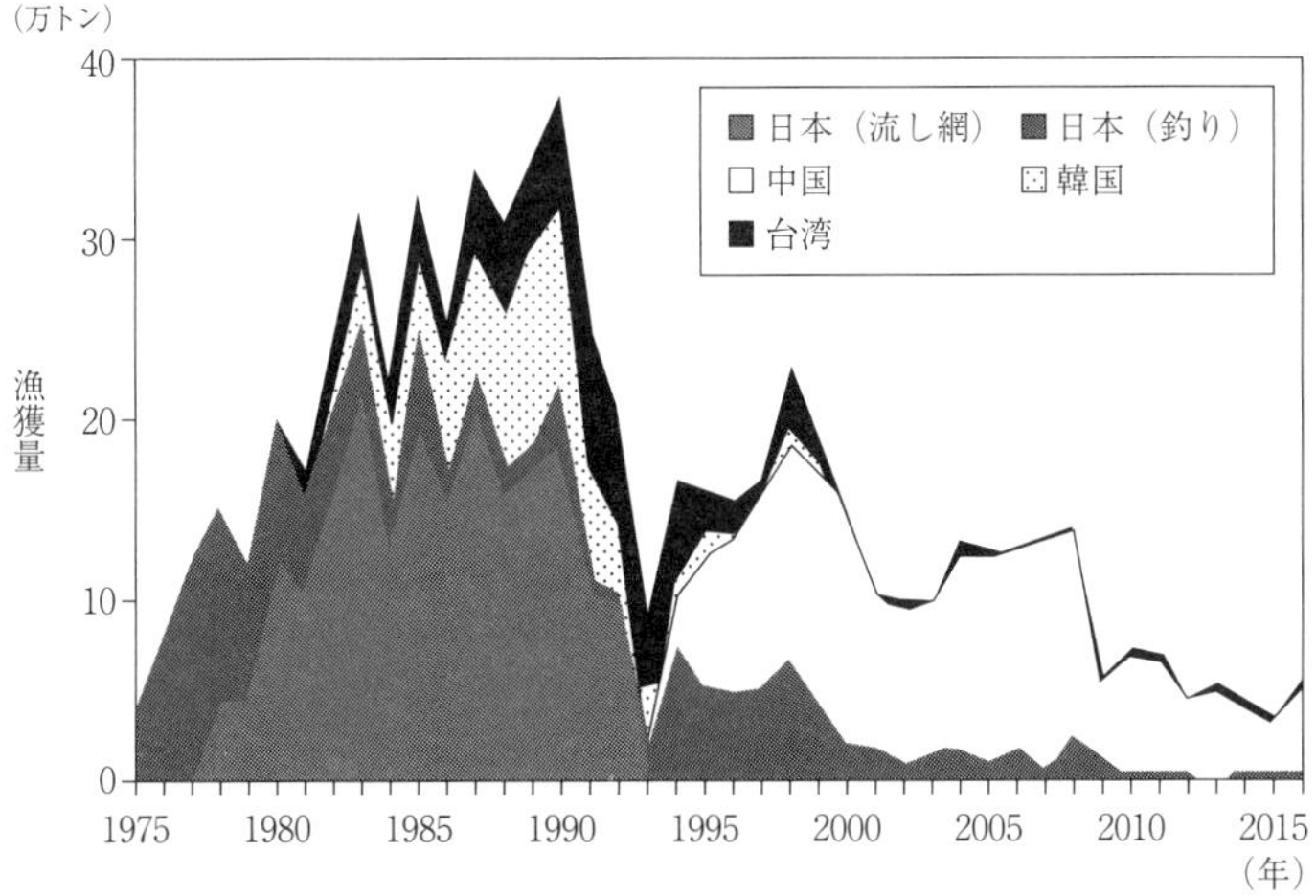

注：日本、中国、台湾の漁獲量は、NPFCの報告（NPFC2017）を用いた。韓国のアカイカ漁獲量は、FAO（2017）の統計値における北西太平洋におけるその他のイカの値をアカイカと見なした。
出所：国際水産資源研究所「平成29年度国際漁業資源の現況：アカイカ」<http://kokushi.fra.go.jp/H29/H29_67.pdf>2018年８月１日アクセス。

ろ、北太平洋ではサケマスや海産哺乳類などの混獲に懸念が高まり、政治問題化していく。

　南太平洋では１９８２年から流し網の試験操業が始まり[110]、しばらくは日本の流し網漁船10隻程度の操業にとどまった。しかし、ビンナガマグロの価格高騰につられ米ソ２００海里から排除された日本漁船が集まった結果、１９８８／１９８９年漁期には21隻に、１９８９／１９９０年漁期には65隻に急増する（表５－６）。

　同時期、台湾の漁船も日本をしのぐほどに急増し[111]、流し網によるビンナガマグロの漁獲量がいびつなかたちで激増した（図５－５）。これにあわせ、アメリカ西海岸での水揚げは１９７０年代の３万トン水準から１９８８年には４０００トン、１９８９年には１８００トンへと激減し、流し網の

表５－６　南太平洋でビンナガマグロを漁獲する漁船数（国別、漁法別）

国（漁法）	1987/88年	1988/89年	1989/90年	1990/91年
表層漁業				
オーストラリア（PL）	(3)	(3)	(3)	(3)
日本（DN）	11	21	65	20
韓国（DN）	–	1	1	–
ニュージーランド（TR）	[100]	[25]	[200]	125
台湾（DN）		7	[60－130]	11
アメリカ、カナダ、フランス（TR）	7	43	46	49
フィジー（TR）	–	–	–	2
	1987	1988	1989	1990
延縄漁業				
オーストラリア	65	63	113	
日本	307	344	?	
韓国	99	90	?	
ニューカレドニア	3	3－4	3－4	
台湾	53	63	45	
トンガ	1	1	1	

注：DN＝流し網、PL＝一本釣り、TR＝引き縄、Long-line＝延縄

出所：Andrew Wright, and David J. Doulman (1991) "Drift-Net Fishing in the South Pacific. From Controversy to Management," *Marine Policy* 15(5): 303–29, p.309, Table1.

悪影響に対する懸念が高まっていた。[112]南太平洋の島嶼諸国やニュージーランド、オーストラリアが加盟する南太平洋フォーラム漁業機関（FFA）からも、現在の規模で流し網操業が続けば5年以内に地域のビンナガマグロ漁は崩壊するとの予測も出された。[113]特に南太平洋の島嶼諸国にとってはビンナガ漁は基幹的漁業であったため、資源枯渇により大打撃を受けるおそれがあった。南太平洋での流し

図５－５　南太平洋におけるビンナガマグロの漁法別漁獲量

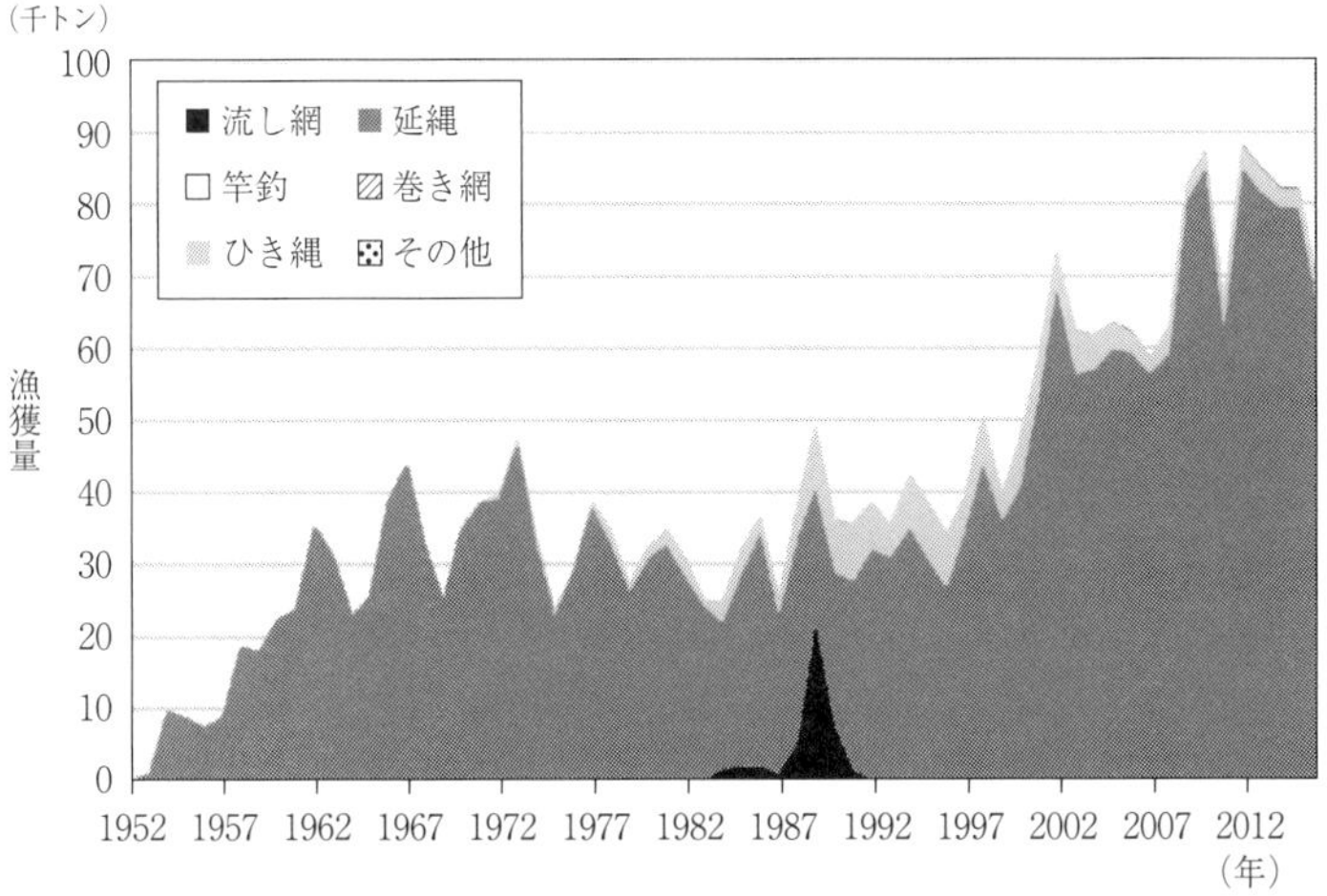

出所：国際水産資源研究所「平成29年度国際漁業資源の現況」
<http://kokushi.fra.go.jp/index-2.html>2018年７月30日アクセス。

網漁船の急増に対しては、同海域で操業する日本の遠洋一本釣り、延縄、巻き網漁業者も反対していた。実際、日本の遠洋一本釣り漁船の漁獲は、流し網の急増とともに大幅に減少し、禁漁後には急速に回復している[114]（図５－５）。

(2)　公海流し網漁の危険性

公海流し網漁は、対象魚の資源に対する影響に加え、海産哺乳類（イルカ、オットセイなど）、鳥類やサメ類を含む大量の混獲問題を引き起こしていた。日本、台湾、韓国は、他の漁法よりも有害であるわけではないと主張したが[115]、信頼性のある統計データを欠いていた[116]。１９８９年に始まった日本の大規模公海流し網漁船に対する日米加共同オブザーバー搭乗調査により得られたデータをアメリカ海洋大気庁海洋漁業局（ＮＯＡＡ）が分析したところ、統計的信頼性は低いものの、300万尾のアカイカ漁獲に対してビンナガマグロ5906 0尾、キハダマグロ10495尾、カツオ7155尾、シマガツオ143万3466尾（ほぼ洋上投棄）、サケ7155尾、キタオットセイ208頭、イルカ914頭、ネズミイルカ141頭、ウミガメ22頭、ミズナギドリ8536羽、アホウドリ539羽、ニシツノメドリ25羽、ウミツバメ17羽の混獲が記録されていた。これは1989年度の日本のアカイカ漁獲全体の4％に対する混獲であった。[117]

このように極めて大規模な流し網により対象魚も非対称魚も無差別に大量に海から剥ぎ取ることから、「Earth Trust」や「グリーンピース」などの環境NGOは「死の壁」（walls of death）、「海の霞網」（stripmining the seas）などと形容し、大規模流し網漁業の禁止を求める激しいキャンペーン活動を展開するようになった。

NGOのキャンペーン活動が盛り上がる中、アメリカは南太平洋の島嶼諸国と連携し、1989年8月末の国連総会に南太平洋での即座の流し網漁の停止と1991年6月30日を期限に全世界での停止を求める決議案を提出する。日本は、モラトリアムはその必要性が科学的に証明されれば実施することを趣旨とした対抗提案を出したが、総会で日本の立場に賛同する国は数えるほどしか現れなかった。そのため、日本も南太平洋での停止期限を1991年7月1日に遅らせることを条件に賛成に回った。

日米共同提案として、修正の上、コンセンサスで採択された決議では、他の海域でも1992年6月30日までにモラトリアムを導入するが、「効果的な保全管理措置」がとられた海域はモラトリアムの対象外とすることができた。また、各海域の公海での流し網操業の「拡大」を即座に停止することも規定され、その実施がモラトリアム適用除外の条件となっていた。

しかしながら、台湾の流し網漁船が決議に反し、インド洋、大西洋、カリブ海でも操業を始めたことで、モラトリアムの世界化の動きが強まる。１９９１年の国連総会ではアメリカが除外規定のない全世界での公海流し網漁禁止決議案を導入し、日本が１９８９年決議を再確認する決議案で対抗しようとしたが、賛同する国は１国も存在せず、完全に孤立する。水産庁は公海流し網漁存続を模索したが、外務省からも支持できないと見放され、政府内でも孤立し、最後は公海流し網禁止に同意する。[118]またしても玉砕である。

(3) ずさんな戦略と準備

日本の対応の問題は二点に要約される。第一に、このような大規模な流し網で漁獲努力を激増させる中、流し網漁に対する深刻な問題提起がなされるまで、科学的な保全措置に必要となるデータを十分に収集・構築せず、また保全措置も導入しようとしなかった点である。[119]実際、国際的な圧力がかけられるまで、日本を含む流し網漁業国は保全措置への理解を示すことがほとんどなかった。[120]

アメリカでは、日本の流し網による北米起源のサケマス混獲への懸念から１９８７年に議会で流し網影響評価・規制法が成立し、遠洋流し網漁業国は、サケマスの保持禁止や衛星位置通知システムの装備に加え、オブザーバー搭乗調査、月次漁獲報告などが要求されていた。[121]しかし、日本は１９８８年に予定されていた日米合同のオブザーバー搭乗調査をキャンセルしてしまう。アメリカが海産哺乳類保護法に基づく裁判の結果、日本のサケ流し網漁船に２００海里内での入漁許可を与えなかったことに反発してのことである。[122] 日本が合同調査を拒絶する中、アラスカに遡上するサケが激減したため、[123] 漁業者は反流し網漁で結束し「サケ海賊漁業に反対する東南アラスカ連合」（SEACOPS）が結成される。同団体は、グリーンピースなどの環境NGOと連携しながら公海における大規模流し網漁業の廃絶に取り組んでいく。[124] 日本は１９８９年になってオブザーバー搭乗調査を受け入れ、これによりサケマスの混獲は極めて小規模であることが判明したが、時すでに遅しであった。

日本は南太平洋においても同じように対応を誤る。南太平洋島嶼諸国は１９８８年11月及び１９８９年３月にフィジーのスバに集まり、同地域における流し網漁獲物の転載禁止、缶詰加工場及び冷蔵施設に対する流し網漁獲物の受け入れ禁止、流し網漁船による港湾施設の利用禁止を規定した行動計画を採択し、島嶼諸国は日本を含む流し網諸国に十分な管理体制が敷かれるまでモラトリアムを求めた。

日本と台湾はモラトリアムを支持する十分なデータがないと反対したが、島嶼諸国から流し網漁業国が情報を提供しないと非難されていた。実際、流し網漁業国は流し網漁獲の影響を把握するためのデータ構築の努力を怠ってきた。１９９０年に開かれたＦＡＯの大規模流し網漁業専門家会議は、「信頼性のある管理措置を決定するには、利用できるデータが全体として不適切であった…専門家会議はデータが利用可能となるまで待つのは賢明ではない」と指摘していたように、データ構築を怠ったことが徒となった。[125]

(4) 太平洋諸国からも失う信頼

日本の対応の第二の問題点は、問題が政治化し追い詰められるまで、大規模流し網漁業の影響を受ける沿岸漁業国への配慮をみじんも示さなかった点である。１９８９年6月にフィジーで開かれた協議では、日本は南太平洋諸国から寄せられた流し網操業削減要求を拒絶し、科学調査の結果が出るまですでに急拡大済みの現在の漁獲水準で「凍結」することを提案するにとどまった[126]。日本と台湾の拒絶により、南太平洋の島嶼諸国はより断固とした姿勢をとるようになり、１９８９年7月に開催された南太平洋フォーラム（ＳＰＦ）にて、南太平洋での流し網の即時中止を求める「タラワ宣言」を満場一致で採択する。

同宣言はオブザーバーとして参加したアメリカ、カナダ、フランス、イギリスからも支持された。この会議に出席していた日本の磯貝肥男駐フィジー大使は、この漁法によりビンナガマグロ資源が枯渇するという「証拠」がない限り禁止要請には応じられないと反論した。さらに年間７０００万ドルもの「援助」を南太平洋諸国に提供する予定であると発言したため、「日本は、金でこの問題を解決しようとしている」と島嶼諸国のテレビ、新聞で対日批判が巻き起こる。

たとえば、パプアニューギニアの日刊紙の*Post-Courie*（１９８９年7月31日）は、Japan is buying SILENCE from the Pacific Islands Nations by giving aids と大々的にこの問題を取り上げ、「あなたがた日本人は、札束外交という悪名高いレッテルを貼られていることを知っているか。島々の政治家や政府職員を招待したり、低利ローンや援助を提供すれば、自分のやりたいことは何でもできると思っているのだろうか。もし、私たち太平洋諸国が、日本の海で流し網漁を行えば…あなたたちは私たちになんと言うだろうか」と激しく日本を批判していた[127]。対日非難の嵐の中、アメリカが国連総会に流し網停止決議を提出した1989年9月に、日本は調査モニタリング船の派遣と1989／1990年漁期の操業漁船数を20隻に制限するというはじめての譲歩と保全措置を提示したが、あまりに遅すぎた対応であった[128]。

6　官民密着の弊害から離脱せよ

ここまで見てきたように、玉砕主義として形容される日本の水産外交の、稚拙さのレベルは突出していた。沿岸国や国際社会の懸念への対応を先送りし、自国の権益確保、業界の短期的な利益を最優先させた結果、国際的に孤立し、長期的には最も国益を損なう結果をもたらし続けた。多国間の外交では自国の利益だけを主張するのではなく、関係国の利害にも配慮し、落としどころを探らなければならない。そういった外交の常識を欠いていたために、日本の国益を最も大きく失う結果を招き続けたのである。

それではなぜ日本の水産分野の外交はかくも稚拙なのであろうか。外務省の担当官はもちろんのこと、水産庁の担当者も交渉の流れを知らないはずがなかろう。しかし、抜本的な対応を図るよりも、常に対応を先送りにし続けてきた。原因は、平沢豊が「官民癒着体制」と呼ぶ、官と水産業界を取り巻く構造全体に存在したと見られる。すなわち、戦前から日本の漁業の発展は、政府の果たした役割が大きく、政府主導の整理統合により、日本水産ほか大手水産会社が成立した。[129]

こうしたことから、産官の人事交流も盛んであった。戦後発足した水産庁の初代長官の飯山太平（1948年10月8日－50年3月4日）は元日本水産、長官任命前は日本定置漁業協会会長であった。[130] 第2代長官の家坂孝平（1950年5月15日－51年4月5日）は任命前は日本冷蔵（現・ニチレイ）副社長であった。[131] こういった民間水産会社出身の長官任命はその後なくなるが、他方で水産庁を退官した官僚が数多く大手水産会社や水産関係の業界団体に再就職していった。

第3代長官の藤田巌（1951年4月5日－52年1月8日）は農林水産省のキャリア官僚であったが、退官後は大日本水産会副会長に着任し、日本捕鯨協会理事長（1952年～57年）、1969年5月からは大日本水産会会長（75年4月まで）を歴任し、76年2月には藤田の提案、水産庁の指導で国内の捕鯨会社を統合して設立された日本共同捕鯨株式会社の社長に就任する。[132] この間、1957年から75年まで19年間も日本政府首席代表としてIWCの年次会合に参加し続けた。これに加え、日米加漁業委員会日本政府首席代表（1954～65年）、日ソ漁業委員会政府首席代表（1958～69、71～75年）も務めている。[133] 藤田のケースで非常に興味深いのは、規制される側と規制する側が未分化となっている点である。これでは、IWCなどの年次会合で資源管理措置に前向きな姿勢を取り、また業界の規制逃れや違法行為などを厳格に指導することはそもそも難しかった。

今の時代、退官し、業界団体に天下った官僚が政府代表を務めるようなことはもはやないが、水産系の業界団体に官僚が大量に再雇用される慣行は続いている。しかし、官と民が密着しすぎると、規制当局が国際規制を厳格に遵守させせたり、痛みを伴う交渉案を飲ませたりすることは難しくなる。国連海洋法会議でも、水産庁は国内向けに甘い観測を流し、新事態に備える漁業再編成の議論をタブーとして回避し続けたように。第2次国連海洋法会議で12海里で妥結させなければ、途上国の管轄権拡大要求を押さえることが難しくなることも、わかっていたであろう。第3次国連海洋法会議でも、カラカス会期の前に、大平外務大臣の発言にあるように、すでに200海里は避けがたいこともわかっていた。水産庁はそういった現実を直視し、次善の策を模索したり、国内漁業の再編成を図るよりも、むしろ現実から目を背け、エクセプト・ワンと揶揄されるほどの非妥協的な姿勢を取り続けた(134)。

この点に関連して平沢は、日本の社会構造では知っていてもできなかったと指摘する。つまり、カラカス会期の段階で200海里を受け入れることは日本漁業の再編成、すなわち減船や縮小を必要とする。政府として再編成を言い始めた場合、補償金を要求されるが、大蔵省（現・財務省）が予算を約束することはあり得ない。予算化に失敗した場合、責任を追及される。しかし、業界が自主的に決めたことに対しては、政府は補償金を出す義務はないと。さらに、平沢は

漁業再編成は長期的に見れば、日本漁業を安定化させる道であるが、短期的には良薬は口に苦しで、苦しい道である。コンセンサスを得ることは容易でないので、それを主張すれば、主張した人が傷つくことになる。誰も、どの組織も、このそんな役割を引き受けようとはしなかった。そのことは、私自身についても言えることである。

と指摘する(135)。

つまり、行政として、担当官として、長期的な観点から痛みの伴う真っ当な提案を行うことは、あまりにもリスクが高く、組織として、個人として、合理的ではないのである。官と民が天下りを通じて密着しすぎていることが、官に補償の要求を行ったり、圧力をかけたりしやすい構造をつくり出し、良薬の処方を困難にしていた。こうして、200海里体制に備え、減船、縮小などの漁業の再編成を遅らせた結果が、残された公海での略奪的漁業とドーナッツホールでの禁漁や公海流し網漁の禁漁であった。

また、遠洋漁業の衰退は不可避であるのであるから、国内漁業を資源管理型に転換する必要があった。しかし、国内漁業も転換を回避した結果、漁業の数十年にわたる長期的な衰退を引き起こした。1994年の国連海洋法条約の発効に際し、「海洋生物資源の保存及び管理に関する法律」（いわゆるTAC法）を制定し、漁獲量規制を導入したが、対象はマイワシ、マアジ、サバ（マサバとゴマサバ）、サンマ、スケトウダラ、スルメイカ、ズワイガニのわずか7種に限定された。しかもTACは生物学的漁獲許容量（ABC）を超えて設定され、実際の漁獲量を大幅に上回る水準で設定されることが常態化していた。TAC法には国連海洋法条約が規定する「最大持続生産量」（MSY）による管理も規定された（第3条3項、第5条2項）が、「係る漁業の経営その他の事情を勘案して定める」との除外規定を設けることで、実質厳格な資源管理を回避できるように法制化した。

このようにTACを取り切れない水準に設定すれば、行政として業界、漁業者間の枠をめぐる調整をする必要もなければ、規制に対する批判や補償要求に晒されることもない。しかし、その行き着く先は資源の枯渇と漁業の衰退、加工産業の衰退、漁業の街の衰退である。行政はそのような行く末を決して語らなかったが、知らなかったはずがない。政治も業界団体の陳情を受けて燃料補助金などで一時しのぎの救済は行うもの、問題を先送りにする延命措置にしかならなかった。補助金は資源が減少するなか漁獲圧を減らすのではなく、維持させる方向に作用するため、資源をさらに枯渇させることになる。政治も抜本的な解決を回避したのである。

こうして、日本の漁業が産業として崩壊の瀬戸際に立たされ、ようやく政治主導でＭＳＹによる厳格な資源管理を行うことが決められ、２０１８年10月に始まった臨時国会で資源管理強化を盛り込んだ改正漁業法が同年12月に採択された[136]。実に70年ぶりの抜本的な漁業法の改正案である。１９７７年に２００海里を指定した際に、あるいは国連海洋法条約が発効した際に、資源管理型漁業に転換していれば、ここまで漁業が衰退することはなかったのである。水産外交の破綻と国内資源管理の破綻は連動し、同じ論理で発生していることが見て取れる。今後、水産外交と国内資源管理の両面において愚かな政策の失敗を避けるためには、官と民の適切な距離と政治の指導力が重要となる。

【第５章　注と参考文献】

（１）平沢豊『日本の漁業：その歴史と可能性』日本放送出版協会、１９８１年。

（２）Swartz, Wilfram Ken（2004）“Global Maps of the Growth of Japanese Marine Fisheries and Fish Consumption,” University of British Columbia.

(3) Scheiber, Harry N. (2004) "Japan, the North Atlantic Triangle, and the Pacific Fisheries: A Perspective on the Origins of Modern Triangle, and the Pacific the Origins of Modern," *San Diego International Law Journal* 27(6): 27–112.

(4) Gluek Jr., Alvin C. (1982) "Convention of 1911 Canada Splendid Bargain: the North Pacific Fur Seal Convention," *Canadian Historical Review* 63(2): 179–201.

(5) Barrett, Scott (2003) *Environment and Statecraft: the strategy of environmental treaty-making*, Oxford University Press.

(6) 『朝日新聞』1927年3月24日朝刊。

(7) 第70回帝国議会衆議院請願委員会議録（速記）、第6回、昭和12年3月12日。

(8) サケ・マスなど海から川へ遡上してくる魚やオットセイなどを沖合で（海にいるときに）獲ること。

(9) 小野征一郎、渡辺浩幹訳『水産業』GHQ日本占領史42巻、日本図書センター、2000年。

(10) 萩野富士夫『北洋漁業と海軍：「沈黙ノ威圧」と「国益」をめぐって』校倉書房、2016年。

(11) この様子はたとえば『東京朝日新聞』1936年10月29日夕刊などでも「日本漁業怖るべし　アラスカ鮭罐詰業に大打撃――米國水產當局聲明」といった記事でも報じられている。

(12) 山本草二『国際漁業紛争と法』玉川大学出版部、1975年。

(13) 同前。

(14) 小野寺五典、麗吉勝治「日米漁業摩擦の起源とその背景：いわゆる『ブリストル湾事件』に関する素描と一考察」『北大水産業報』47巻1号、1996年、13-29ページ。

(15) 第70回帝国議会貴族院予算委員第五分科会（農林省、商工省、逓信省）議事速記録第一号、昭和12年3月23日、貴族院。

(16) 小田滋『海洋法25年』有斐閣、1981年。

(17) 高林秀雄『領海制度の研究（第三版）』有信堂、1987年。

(18) 同前。

(19) アイスランドが自国近海の沿岸資源を他国の船から守るためであった。アイスランド沖にてイギリスの漁船を保護するイギリス海軍とアイスランド沿岸警備隊がにらみ合う緊張は、1961年にイギリスがアイスランドの12海里を承認するまで続いた。マーク・カーランスキー『鱈：世界を変えた魚の歴史』飛鳥新社、1999年。

(20) 日本水産『日本水産の70年』１９８１年。

(21) ＮＨＫ産業科学部『証言・日本漁業戦後史』日本放送出版協会、１９８５年。

(22) 小田滋『海洋法25年』有斐閣、１９８１年。

(23) 奥田武弘「公海着底トロールをめぐる世界的な動向と北太平洋における日本の役割」『ななつの海から』９巻（２０１５年）、３－７ページ。

(24) 日本が北洋漁業を再開した１９５２年のベニザケのカムチャッカ半島などへの遡上は２３５万尾であったが、53年は１２０万尾、54年は32万尾に激減していた。本田良一『日ロ現場史：北方領土―終わらない戦後』北海道新聞社、２０１３年。

(25) 函館市「函館市史デジタル版：通説編第４巻　第６編　戦後の函館の歩み」１９８０年〈http://archives.c.fun.ac.jp/hakodateshishi/tsuusetsu_04/shishi_06-02/shishi_06-02-03-01-01.htm〉２０１８年７月４日アクセス。

(26) 萩野富士夫『北洋漁業と海軍：「沈黙ノ威圧」と「国益」をめぐって』校倉書房、２０１６年。

(27) 本田良一『日ロ現場史：北方領土―終わらない戦後』北海道新聞社、２０１３年。

(28) 同前。

(29) 平沢豊『２００海里時代と日本漁業：その変革と再生の道』北斗書房、１９７８年。

(30) 本田良一『日ロ現場史：北方領土―終わらない戦後』北海道新聞社、２０１３年。

(31) 本章注（11）を参照。

(32) 『朝日新聞』１９８３年５月28日朝刊。『朝日新聞』１９８３年６月７日朝刊。

(33) Andrew Darby, Hobart (2018) "Japanese tuna scandal starts to bite," October 24th, 2007 〈https://www.theage.com.au/national/japanese-tuna-scandal-starts-to-bite-20071024-ge64hq.html〉 accessed on July 25th, 2018.

(34) 『日本経済新聞』２００７年10月３日夕刊。

(35) 農林統計協会『図説・漁業白書（53年度版）』１９７９年。

(36) マイヤーズらの論文は大きな論争を引き起こした。ＣＰＵＥが10分の１になったことをもって一律に資源が涸渇したとは言えないことに注意が必要である。たとえば、魚住雄二「偏向科学論文の生み出すまぐろ資源の危機：マイヤーズ論文を巡って（上）」『ＯＰＲＴニュースレター』15号、２００６年15－16ページ。同（下）『ＯＰＲＴニュースレター』16号、２００

6年3ページを参照。Myers, R. and Worm, B.（2003）“Rapid Worldwide Depletion of Predatory Fish Communities,” *Nature*, 423(6937), 280-283.

（37）コモンズの悲劇は、G・ハーディングが1968年に*Science*誌にて発表した論文で、世界的な注目を集めるようになった問題である。その論文でハーディングは「コモンズの悲劇」を避けるには、私有化か国有化しかないと指摘していた。

（38）鷲見一夫『二百カイリ水域論：日本と世界の問題』東京文庫、1977年。

（39）真田康弘（2006）「国際捕鯨レジームの誕生と日本の参加問題：ジュネーブ捕鯨条約と国際捕鯨協定を事例として」『政経研究』(87)、86-98ページ。

（40）外務省「国際捕鯨条約への加入に関する措置要綱（案）」1950年9月12日（外務省外交資料館所蔵マイクロフィルムB′-0029、436-441ページ）。

（41）発足当初IWCでは主要漁場の南氷洋における母船式捕鯨の捕獲枠をシロナガスクジラ換算（BWU）で16000頭に設定していた。BWUは、シロナガスクジラ1頭当たりの産油量を基準に各鯨種の捕獲頭数をシロナガスクジラに換算する方式で、1BWU＝シロナガスクジラ1頭、ナガスクジラ2頭、ザトウクジラ2・5頭、イワシクジラ6頭となっていた。

（42）原剛『ザ・クジラ』（第5版）文眞堂、1993年。

（43）石井敦編著『解体新書：捕鯨論争』新評論、2011年。

（44）『朝日新聞』1979年7月25日朝刊。

（45）IWCでは法的拘束力のある決定は4分の3で決定される付票（規制措置が盛り込まれている）の修正が必要であった。

（46）Day, David (1987) *The Whale War*, San Francisco: Sierra Club Books.

（47）原剛『ザ・クジラ』（第5版）文眞堂、1993年。

（48）平沢豊『200海里時代と日本漁業：その変革と再生の道』北斗書房、1978年。

（49）たとえば梅崎義人『動物保護運動の虚像』成山堂書店、1999年。小松正之『くじら紛争の真実』地球社、2001年。クジラ陰謀論の検証については、真田康弘「クジラの陰謀」2016年5月3日〈http://ika-net.jp/ja/ikan-activities/whaling/324-the-whale-plot-j〉2018年9月8日アクセス。

（50）石井敦編著『解体新書：捕鯨論争』新評論、2011年。

(51) 1978年の年次会合ではパナマが捕鯨のモラトリアム提案を提出していたが、会議の冒頭で撤回されていた。『毎日新聞』1977年9月27日夕刊。

(52) 南氷洋サンクチュアリー提案は、「グリーンピース」の働きかけを受け、フランスが提出したものである。

(53) 児矢野マリ「行政法の観点から見た捕鯨判決の意義」『国際問題』636号、2014年、43-58ページ。

(54) 平沢豊『200海里時代と日本漁業：その変革と再生の道』北斗書房、1978年。

(55) 高林秀雄『領海制度の研究（第三版）』有信堂、1987年。

(56) 大砲の技術的発展の歴史については、Carman, W. Y. (1955) *A History of Firearms: From Earliest Times to 1914*, London: Routledge.

(57) 高林秀雄『領海制度の研究（第三版）』有信堂、1987年。

(58) 小田滋『海洋法25年』有斐閣、1981年、小田滋『回想の海洋法』東信堂、2012年。なお、最終的に採択された領海及び接続水域に関する条約では12海里の接続水域が設定され、自国の領土または領海内で行われた違法行為に対する取り締まり権限が認められている。

(59) 高林秀雄『領海制度の研究（第三版）』有信堂、1987年。

(60) 小田滋『回想の海洋法』東信堂、2012年。

(61) このほか、ギリシャが領海3海里提案を出したが、後に撤回された。

(62) 小田滋『海洋法25年』有斐閣、1981年。

(63) 小田滋『回想の海洋法』東信堂、2012年。

(64) 賛成45、反対1、棄権18で、反対は西ドイツ、日本は棄権であった。小田滋『海洋法25年』有斐閣、1981年。

(65) 賛成57、反対3、棄権8で、反対は日本、西ドイツ、ベルギーであった。小田滋『海洋法25年』有斐閣、1981年。

(66) 山本草二『国際漁業紛争と法』玉川大学出版部、1976年。

(67) 小田滋『回想の海洋法』東信堂、2012年。

(68) 小田滋『海洋法25年』有斐閣、1981年。小田滋『回想の海洋法』東信堂、2012年。

(69) 小田滋『回想の海洋法』東信堂、2012年。

(71) 同前。
(72) 小田滋『海洋法25年』有斐閣、１９８１年。
(73) 同前。および小田滋『回想の海洋法』東信堂、２０１２年。
(74) 平沢豊『日本の漁業：その歴史と可能性』日本放送出版協会、１９８１年。
(75) 藤崎万里「海洋法会議における日本の立場」『海洋時報』2号、１９７６年、１－５ページ。
(76) 平沢豊『日本の漁業：その歴史と可能性』日本放送出版協会、１９８１年。
(77) 高林秀雄『国連海洋法条約の成果と課題』１９９６年。
(78) 平沢豊『二百カイリ時代と日本漁業：その変革と再生の道』北斗書房、１９７８年。
(79) 平沢豊『日本の漁業：その歴史と可能性』日本放送出版協会、１９８１年。
(80) 水産資源の９割は２００海里内に存在する。
(81) 高林秀雄『国連海洋法条約の成果と課題』１９９６年。
(82) 『読売新聞』１９７４年2月18日夕刊。
(83) 高林秀雄『国連海洋法条約の成果と課題』１９９６年。
(84) 小田滋『回想の海洋法』東信堂、２０１２年。
(85) 高林秀雄『国連海洋法条約の成果と課題』１９９６年。
(86) 小田滋『回想の海洋法』東信堂、２０１２年。
(87) 同前。
(88) 同前。
(89) 『朝日新聞』１９７４年5月18日朝刊。
(90) 『朝日新聞』１９７４年5月31日朝刊。『朝日新聞』１９７４年6月12日朝刊。
(91) 『朝日新聞』１９７４年6月18日朝刊。
(92) 『朝日新聞』１９７４年6月19日朝刊。
(93) 『朝日新聞』１９７４年6月20日夕刊。

(94) 小田滋『回想の海洋法』東信堂、2012年。
(95)『朝日新聞』1974年7月3日夕刊。
(96)『朝日新聞』1974年7月16日夕刊。
(97) 平沢豊『200海里時代と日本漁業：その変革と再生の道』北斗書房、1978年。
(98) 都留康子「国連海洋法条約と日本外交：問われる海洋国家像」『グローバル・ガバナンス学Ⅰ：理論・歴史・規範』法律文化社、2018年、221-235ページ。
(99) 小木曽本雄「特別手記：第三次海洋法会議を顧みて」『海洋時報』3号、1976年。
(100) 平沢豊『200海里時代と日本漁業：その変革と再生の道』北斗書房、1978年。
(101) 同前。
(102) 水産庁50年史編集委員会『水産庁50年史』水産庁50年史刊行委員会、1998年。
(103) スケトウダラは東ベーリング海系群とアリューシャン諸島系群（ともにアメリカEEZ内で産卵）、西ベーリング海系群（ソビエトEEZ内で産卵）の3系群に分かれるが、ドーナッツホールでは産卵しないと考えられている。Balton, David A. "The Bering Sea Doughnut Hole Convention: Regional Solution, Global Implications," in Oslav Schram Stokke, ed., *Governing High Seas Fisheries: The Interplay of Global and Regional Regimes*, Oxford: Oxford University Press, pp.143-177.
(104) *Ibid.*
(105) Miyaoka, Isao (2004) *Legitimacy in International Society: Japan's Reaction to Global Wildlife Preservation*, Palgave Macmillan.
(106)『朝日新聞』1978年11月18日朝刊。『朝日新聞』1978年12月12日朝刊。『毎日新聞』1978年12月12日朝刊。『日本経済新聞』1978年12月1日朝刊。
(107) Burke, William T., Mark Freeberg, and Edward L. Miles (1994) "United Nations Resolutions on Driftnet Fishing: An Unsustainable Precedent for High Seas and Coastal Fisheries Management," *Ocean Development and International Law* 25 (2): 127-86.
(108) 奈須敬二、小倉通男、奥谷喬司編『イカ：その生物から消費まで』成山堂書店、2002年。

(109) Chang, Elaine (1992) "Driftnet Fishing in the North Pacific: Environmental and Foreign Policy Dimensions," *Fletcher Forum of World Affairs*. 16: 139-62.

(110) Wright, Andrew, and David J. Doulman (1991) "Drift-Net Fishing in the South Pacific. From Controversy to Management," *Marine Policy* 15(5): 303-29.

(111) Tsai Ting-pang "The Rise And Fall Of Driftnet Fishing" Taiwan Today 〈https://taiwantoday.tw/news.php?unit=29,45&post=36680〉 ２０１８年８月２日アクセス。

(112) Chang, Elaine (1992) "Driftnet Fishing in the North Pacific: Environmental and Foreign Policy Dimensions," *Fletcher Forum of World Affairs*. 16: 139-62.

(113) *Ibid*.

(114) 『かつお・まぐろ年鑑：１９９７年版』水産新潮社、１９９７年、１１９ページ。

(115) 公海流し網漁業の混獲比率は、沿岸漁業と比べても大きいわけではないとする分析も存在する。もっとも、比率上はそうであっても漁獲量が突出していたため、１隻当たりの混獲量は極めて多かったとみられる。Burke, William T., Mark Freeberg, and Edward L. Miles (1994) "United Nations Resolutions on Driftnet Fishing: An Unsustainable Precedent for High Seas and Coastal Fisheries Management," *Ocean Development and International Law* 25(2): 127-86.

(116) 流し網の混獲問題について日本の行政が知らなかったわけではない。１９８３年に日本の漁船の支援を受けて始まったカナダ２００海里内での流し網の試験操業では、１９８５年、１９８６年に多数の海産哺乳類、海鳥の大量混獲が確認されたため、カナダの水産海洋大臣により環境上の懸念から即座に流し網漁が取りやめになっていた。ミクロネシアでは、同国EEZ内での日本の流し網操業計画の提案を受けて１９８９年２月に試験操業が行われたが、海洋哺乳類を含む混獲があまりにも多かったため、ミクロネシアは流し網漁を放棄した。Chang, Elaine (1992) "Driftnet Fishing in the North Pacific: Environmental and Foreign Policy Dimensions," *Fletcher Forum of World Affairs*. 16: 139-62. Hewison, Grant James (1993) "High Seas Driftnet Fishing in the South Pacific and the Law of the Sea," *Georgetown Int'l Envtl. Law REVIEW* 5: 313-74.

(117) Davis, Leslie A. (1991) "North Pacific Pelagic Driftnetting: Untangling the High Seas Controversy," *Southern California Law Review* 64: 1057-1102. なお、サメ類については１９９０年のオブザーバー乗船調査によりアカイカ７９０万尾（１９９

0年の日本の公海流し網漁獲の10%）の漁獲に対して、8万9568尾（rayを含む）の混獲が記録されている。Chang, Elaine（1992）"Driftnet Fishing in the North Pacific: Environmental and Foreign Policy Dimensions," *Fletcher Forum of World Affairs*. 16: 139-62.

（118）松浦晃一郎元北米局長とのインタビュー、2011年4月22日、東京。『朝日新聞』1991年9月28日朝刊。水産庁の反対は、外務省と通産省に主導された閣議により覆された。Burke, William T., Mark Freeberg, and Edward L. Miles（1994）"United Nations Resolutions on Driftnet Fishing: An Unsustainable Precedent for High Seas and Coastal Fisheries Management," *Ocean Development and International Law* 25(2): 127-86.

（119）*Ibid.*

（120）Burke, William T, High Seas, and Copyright Information（1990）"Regulation of Driftnet Fishing on the High Seas and the New International Law of the Sea," *Georgetown International Environmental Law Review* 3: 265-310.

（121）その実施は二国間協定による。Chang, Elaine（1992）"Driftnet Fishing in the North Pacific: Environmental and Foreign Policy Dimensions," *Fletcher F. World Aff.* 16: 139-62.

（122）日本のサケ流し網漁にアメリカが入漁許可を与えなかったのは、海産哺乳類保護法の規定による。Chang, Elaine. *Ibid.*

（123）アラスカ州漁業狩猟局（ADF&G）はカラフトマスについて1988年に3800万尾の河川への回帰を予想していたが、わずか800万尾しか戻らなかった。1989年の回帰はやや持ち直したものの、143万尾放流されたギンザケの回帰率はわずか1・26%にとどまった。Rich Roberts "A Group Policing the Sea," *Los Angeles Times*, June 22, 1990.

（124）Chang, Elaine *Op. cit.*

（125）Chang, Elaine *Op. cit.*

（126）Miyaoka, Isao（2004）*Legitimacy in International Society: Japan's Reaction to Global Wildlife Preservation*, Palgave Macmillan.

（127）清水靖子（1989）「検証・太平洋諸島への日本のODA：太平洋への援助ここが問題だ」『反核太平洋パシフィカ』（185）：14－21ページ。

（128）Miyaoka, Isao（2004）*Legitimacy in International Society: Japan's Reaction to Global Wildlife Preservation*, Palgave

Macmillan.

(129) 平沢豊『２００海里時代と日本漁業：その変革と再生の道』北斗書房、１９７８年。

(130) 「この人に聞きたい：第２２１回『仕掛けた変化　断じてやり切る』日本水産（株）社長・垣添直也」『週刊水産タイムス』２００９年12月14日〈http://www.suisantimes.co.jp/cgi-bin/interview.cgi?n=221〉２０１８年11月８日アクセス。水産庁50年史編集委員会『水産庁50年史』水産庁50年史刊行委員会、１９９８年。

(131) 日魯漁業株式会社編『日魯漁業経営史』（第1巻、第2巻）水産社、１９７１年。

(132) 藤田巌追悼録刊行会幹事会『藤田巌』藤田巌追悼録刊行会、１９８０年。

(133) 同前。

(134) 平沢豊『２００海里時代と日本漁業：その変革と再生の道』北斗書房、１９７８年。

(135) 同前。

(136) 経緯としては、２０１７年４月に自民党水産基本委員会が中心となり作成した新しい水産基本計画で資源管理強化が明確に打ち出され、２０１８年６月に出された内閣府規制改革推進会議の第３次答申のなかでより具体的な資源管理のあり方が規定され、２０１８年10月に始まった臨時国会で漁業法改正案が上程され、同年12月に採択された。

第6章　ワシントン条約と魚

日本はかつて世界1位の漁業国であったが、実は1979年から2004年までは世界1位（重量ベース）の水産物輸入国でもあった。現在でも、アメリカに次ぐ第2位の輸入マーケットである[1]。200海里体制による外国漁場からの排除、沿岸資源の枯渇による水揚げ減少の穴を輸入により埋めてきた結果である。水産物の供給を確保するために、関税は基本3・5％（WTO加盟国ベース、ニシン、スケトウダラなど1部品目では6％）にまで下げられている。

日本人の国民1人当たりの消費量も先進国の中で突出して多い[2]。魚を愛してやまない大輸入国の日本は世界の水産資源に大きな悪影響を及ぼしている。これまで日本人の好物となった魚はことごとく枯渇していった。トロが高く取引されたクロマグロ類（大西洋クロマグロ、ミナミマグロ、太平洋クロマグロ）、土用丑の日に大量消費されるウナギ類（ニホンウナギ、ヨーロッパウナギ、アメリカウナギ）は、いずれも国際自然保護連合（IUCN）により絶滅危惧種に指定されている。大西洋クロマグロやヨーロッパウナギ、アメリカウナギは日本が主な漁獲国ではないが、他のクロマグロ類、ウナギ類と同様に、主に日本で消費されていた。

違法漁獲も深刻である。現在はほぼ適正化されたものの大西洋クロマグロとミナミマグロでは過去大規模な違法漁獲ないし未報告漁獲が発覚している。シラスウナギは「白いダイヤ」と呼ばれるほど取引価格が跳ね上がった結果、ウナギ3種とも密漁や違法取引がいまも蔓延している[3]。多くは中国で養殖されたあと日本に輸出される。ニホンウナギのシラスも、日本での極端な不漁とキロ数百万円にまで高騰した価格のため、香港から日本への輸出が最近急増している。もっとも、香港ではシラスウナギはとれないため、輸出が禁止されている台湾から違法に持ち出されたものと考えられている[4]。こういったブラックな魚も日本では、ごく普通に販売され、喜んで消費されてきた。このような日本がたびたび槍玉に挙がっているのが本章のテーマであるワシントン条約である。

1　水産種提案の増加

ワシントン条約（略称でCITESとも呼ばれる）は、国際取引により野生生物が絶滅のおそれにさらされることを防止するために1973年に締結された条約である。ワシントン条約といえば、サイ、トラ、ワニなどの絶滅危惧種が連想されるように、もともとは陸上や淡水の動植物、海産の哺乳類・爬虫類などを想定して制定された条約であった。水産種も規制されていたが、キャビアのために乱獲されていたチョウザメ類[5]など、ごく一部の種に限定されていた[6]。しかし、マグロやウナギ類の枯渇に見られるように地域漁業管理機関や各国政府による資源管理が機能せず、水産資源の枯渇が進んでいったため、近年ワシントン条約による国際取引規制によって、資源管理の失敗を補完しようとする動きが強まっている（表6－1、表6－2）。

これに対して、国内では『マグロは絶滅危惧種か』[7]に見られるように、マグロの絶滅の可能性は科学的にあり得ないのだから、ワシントン条約に掲載しようとするのはおかしいとの議論が展開されてきた。しかし、このような見方は環境条約の発展に対する不十分な理解に根ざしているように見える。すなわち、条約はいったん成立すると、それを改正するには再度条約の批准手続きが要求され、非常に長い年月を必要とする。一例を挙げると、ワシントン条約でも１９８３年にハバローネで開催された第４回締約国会議（ＣＯＰ４）でＥＵなどの地域経済統合機構の加盟を可能にする改正が採択されたが、発効は２０１３年と、実に30年を要した[8]。そのため、環境条約では条約改正が避けて通れない場合を除き、決議により、新たな課題を取り入れたり、時代の要請を受けて条約の目的を事実上修正ないし拡大したりすることで社会状況の変化に対応していく場合が非常に多いのである。

また、１９７１年に採択されたラムサール条約は、正式名が「特に水鳥の生息地として国際的に重要な湿地に関する条約」と、主に渡り性の水鳥の生息地として重要な湿地の保護を意図してつくられたものである。しかし、条約の発展の過程で「国際的に重要な湿地」のスコープを決議により徐々に広げて行き、魚類を含む様々な種にとって重要な湿地を保護するようになった。そのため現在では、条約のロゴから水鳥マークも外している[9]。

国際取引により種が絶滅の危機に瀕することを防止するために制定されたワシントン条約も、ＣＯＰ８（京都、１９９２年）から持続的な利用を条約の目的に取り込むようになり、単に絶滅の危機という極限的な問題に対応する条約ではなくなってきた[10]。水産種も、絶滅のリスクの観点からではなく、地域漁業管理機関や各国政府による資源管理の失敗を補完し、管理を促すことを目的として提案

表6－1　CITESにおける水産種提案（1992年〜2002年）

COP（年）	掲載提案種	付属書	事務局勧告	日本		結果
				立場	留保	
COP8（1992）	大西洋クロマグロ（西・東ストック）	Ⅰ・Ⅱ	反対	反対	—	×
	大西洋ニシン	Ⅱ	反対	不明	—	×
	クイーンコンク	Ⅱ	反対	不明	なし	○
COP9（1994）	（サメ決議）	—	—	反対	—	○
COP10（1997）	チョウザメ目全種	Ⅱ	賛成	不明	なし	○
	ノコギリエイ目全種	Ⅰ・Ⅱ	反対	反対	—	×
	（海産魚種作業部会の設置）	—	—	反対	—	×
COP11（2000）	ジンベイザメ	Ⅱ	賛成	反対	—	×
	ホオジロザメ	Ⅰ	反対（Ⅱは賛成）	反対	—	×
	ウバザメ	Ⅱ	賛成	反対	—	×
	シーラカンス	Ⅰ	賛成	不明	—	×
COP12（2002）	ジンベイザメ	Ⅱ	賛成	反対	留保	○
	ウバザメ	Ⅱ	賛成	反対	留保	○
	タツノオトシゴ	Ⅱ	条件付き賛成	反対	留保	○
	ナポレオンフィッシュ	Ⅱ	賛成	反対	—	×
	メロ	Ⅱ	ほぼ中立	反対	—	×

出所：条約会議議事録に基づき筆者作成。

されるようになってきたのである。

水産種では、不十分な漁獲規制（マグロ類、サメ類など）、違法漁獲、違法取引等の問題を抱える水産種（マグロ類、ウナギ類など）、成熟ないし成長が遅く脆弱性が高い種（サメ類、サンゴ類など）がターゲットとなっている。背後にはもちろん海洋の生態系保全に取り組む環境NGOが存在する。世界全体で水揚げさ

表６－２　CITESにおける水産種提案（2004年～2016年）

COP（年）	掲載提案種	付属書	FAO勧告	事務局勧告	日本		結果
					立場	留保	
COP13（2004）	ホホジロザメ	Ⅱ	評価できず	条件付賛成	反対	留保	○
	ナポレオンフィッシュ	Ⅱ	基準適合	賛成	不明	なし	○
	ヨーロッパシギノハシガイ	Ⅱ	基準不適合	反対	反対	なし	○
COP14（2007）	ニシネズミザメ	Ⅱ	基準不適合	賛成	反対	—	×
	アブラツノザメ	Ⅱ	基準不適合	賛成	反対	—	×
	ノコギリエイ科全種	Ⅱ	基準適合	賛成	賛成	なし	○
	ヨーロッパウナギ	Ⅱ	基準適合	賛成	賛成	なし	○
	アマノガワテンジクダイ（観賞用）	Ⅱ	基準不適合	反対	反対	—	×
	アメリカイセエビ・アメリカミナミイセエビ	Ⅱ	基準不適合	反対	—	—	COP前に撤回
	ヤギ目サンゴ科全種	Ⅱ	基準不適合	賛成	反対	—	×
COP15（2010）	大西洋クロマグロ	Ⅰ	基準適合*	賛成	反対	—	×
	アカシュモクザメおよび類似種として他４種	Ⅱ	基準適合（類似種２種不適合）	賛成（類似種２種は反対）	反対	—	×
	ヨゴレ	Ⅱ	基準適合	賛成	反対	—	×
	ニシネズミザメ	Ⅱ	基準適合	賛成	反対	—	×
	アブラツノザメ	Ⅱ	基準不適合	賛成	反対	—	×
	サンゴ科全種	Ⅱ	基準不適合	賛成	反対	—	×
COP16（2013）	ヨゴレ	Ⅱ	基準適合	賛成	反対	留保	○
	アカシュモクザメおよび類似種として他２種	Ⅱ	基準適合	賛成	反対	留保	○
	ニシネズミザメ	Ⅱ	基準適合	賛成	反対	留保	○
	コモン・ソーフィッシュ（淡水エイ）	Ⅰ	基準適合	賛成	疑義表明	なし	○
	オニイトマキエイ類	Ⅱ	情報不十分	賛成	反対	なし	○
	マユゲエイ（淡水エイ）	Ⅱ	基準不適合	反対	不明	—	×
	モトロ（淡水エイ）		情報不十分	情報不十分	不明	—	×
COP17（2016）	クロトガリザメ	Ⅱ	基準不適合	賛成	反対	留保	○
	オナガザメ類	Ⅱ	基準不適合	反対	反対	留保	○
	イトマキエイ類	Ⅱ	基準適合	賛成	反対	なし	○
	（ウナギ類の保全と取引に関する決議）	—	—	—	賛成	—	○

出所：以下の資料に基づき筆者作成。

・Cochrane, Kevern（2015）“Use and Misuse of CITES as a Management Tool for Commerically-Exploited Aquatic Species,” *Marine Policy* 59: 16-31, Appendix I and Appendix II.

・真田康広「ワシントン条約69回常設委員会報告：海産種とワシントン条約」『JWCS通信』83号、2017掲載図および真田氏提供ファイル

・条約会議議事録

れた魚の4割近くは国際貿易に回されているため、[11] ワシントン条約による国際取引規制は、地域漁業管理機関や各国政府の規制の失敗を補完する有効な手段となる。この動きに先頭に立って反対しているのがまたも水産庁がリードする日本であった。日本は、環境NGOの影響力が強く主に環境省庁が中心となり政府代表が送り込まれるワシントン条約ではなく、地域漁業管理機関やFAOで水産種の問題を扱うべきであるとの立場をとっている。[12] しかし、条約は商業的に重要な水産種の掲載を明示的に除外していないため、条約を改正しない限り、こういった動きを止めることは不可能である。また、あまりに頑なな姿勢は、NGOの活動をむしろ勢いづけてしまい、外交的にも賢明ではない。残念ながら水産庁は21世紀になってもこのことが理解できないままでいる。

2 クロマグロ狂騒曲

ワシントン条約での規制は付属書により行われ、国際取引により絶滅のおそれがある種は付属書Iに掲載され商業取引が禁止される。現在は必ずしも絶滅のおそれはないが国際取引を規制しなければ将来絶滅のおそれがある種は付属書IIに掲載され、商業取引に輸出国政府発行の輸出許可書が必要となる。なお、付属書II掲載種に輸出許可書を発行する際、輸出国の管理当局は科学当局から「無害証明」（NDF）――その輸出が輸出対象となっている野生生物種の存続に有害でないという忠告――を得る必要がある。[13]

NDFは、輸出許可書が乱発されることを防止するための制度であり、付属書II掲載種の持続的利用を確保するため非常に重要な位置づけを担う。水産種提案のほとんどがこの付属書Ⅱ掲載提案である。なお、付属書Ⅰ、Ⅱへの掲載には3分の2の多数の賛成が必要となる。

このワシントン条約で商業的に大規模に漁獲される水産種の付属書掲載提案が初めて提出されたのは、スウェーデンが大西洋クロマグロの西ストックを付属書Ⅰに、東ストックを付属書Ⅱに掲載する提案を提出した1992年に京都で開催されたCOP8でのことである。提案は全米オーデュボン協会やWWFの働きかけで提出されたものだが、大西洋クロマグロはほとんどが日本に輸出されていたため、国内では「トロが食べられなくなる?」「クロマグロはシーラカンスか?」とメディアが大騒ぎした(14)。

日本の漁船による大西洋クロマグロの漁獲量は小さかったため、主に輸入国としての責任が問われたが、環境NGOが力を持つワシントン条約に非常な脅威を感じた水産庁は、大西洋クロマグロはワシントン条約ではなく大西洋まぐろ類保存国際委員会（ICCAT）が管轄すべきであるとの立場を表明した。

しかし、科学的には西ストックは10歳以上の資源量が1970年の23万4900トンから1990年のわずか1万3300トンへと激減していた。東ストックは深刻な資源状態ではなかったが、漁獲圧が上昇していた。だが、データ不足のため十分な資源評価ができず、また両ストックとも非加盟国による漁獲が広がっていた。

もちろん、大西洋クロマグロは生物学的な意味での絶滅が危惧される状況にはなかったが、ICCATの規制が効果的でない以上、これ以上の資源の枯渇を防ぐためにワシントン条約で規制をかけようという考えは検討に値するものであった。また、ワシントン条約は大部分の国が加盟しているため、ICCAT非加盟国による規制逃れ——船籍を便宜的に非加盟国に移す便宜置籍船問題を含む——の問題にも対処できた[15]。

ところが、日本はワシントン条約の表の会議で議論を交わすよりも、舞台裏の交渉で提案を葬り去ろうとした。すなわち、外交ルートを通じて多数派工作を進め、スウェーデンにはCOP8前に訪日したディンケンスピール貿易大臣に渡辺美智雄外務大臣が直接提案撤回を求めるなど強力に働きかけた。スウェーデン代表団のヨハンソン（Sven Johansson）が「日本の攻勢が激しく、ノイローゼになりかけた」と語るほどであった[16]。日本政府代表団代表として参加した外務省地球環境大使の赤尾信敏も提案採択阻止のために奮闘していた[17]。

最終的に、スウェーデンは、日本、アメリカ、カナダ、モロッコが、ICCATで資源管理と漁獲規制を強化することを保証したため提案撤回に応じたが、クロマグロ提案のメリット、デメリットについて会議ではほとんど議論されず極めて透明性にかける結末となった。この点に関連して、国立科学博物館の宮崎信之主任研究官（役職は当時）が『トロとマグロ』（NHK取材班、1992年）の中で行った以下の指摘は示唆に富んでいる[18]。

クロマグロ資源の合理的で永続的な利用を考える際には、スウェーデンの提案内容をまじめに検討するに値すると思われる…第一は、提案理由の大部分は、科学的知見に基づいて論理を構成していることである。ここで使用された科学的情報の多くはICCATの資料で、それ以外は自分たちの考えを支持してくれる研究者やスポーツ・フィッシング船の船長の話を織り混ぜて組み立てている。

従って、スウェーデン政府が主張しているクロマグロの資源の枯渇に関して、日本も科学的対応ができるように十分に準備するだけでなく、自分たちの主張が国際的に多くの国々から支持されるような努力を重ねておく必要がある。こうした抜本的な対策を立てない限り、将来、同様な問題が国際舞台で提起された場合、十分に対処できないのではないかと思われる。

宮崎氏の警鐘は後に的中することになる。

たしかにＩＣＣＡＴではＣＯＰ８後に西ストックの漁獲枠が大きく削減された。しかし、日本でのトロ需要の増大を受けて、東ストックの漁獲量は１９９６年には５万トンと、１９９１年の漁獲量の２倍を超える水準に急増する。ＩＣＣＡＴの科学委員会である調査統計委員会（ＳＣＲＳ）の勧告（１９９６年）では、20年以内に最大持続生産量（ＭＳＹ）に資源を回復させるには、漁獲を２万トンに制限する必要があった。明らかな乱獲である。

さらに１９９０年代後半から地中海で急増したクロマグロの畜養操業――巻き網漁船により漁獲された小型のクロマグロを生け簀で太らせ出荷するもの――で未報告漁獲が大量に発生していたＩＣＣＡＴでは１９９９年から東ストックにも漁獲枠が設定されるようになったが、ＳＣＲＳの２万５０００トン以下勧告に対し、３万２０００トンの漁獲枠が設定された。しかも、未報告分を含めると実際の漁獲量は５万トンと推定された。資源量の悪化を受けてＳＣＲＳは２００７年には１万５０００トン以下を勧告したが、漁獲枠は２万９５００トン、実際の漁獲量は推定６万１０００トンと勧告の４

倍の有様であった[19]。

このようにCOP8後にICCATが東ストックの管理を怠ったことは明白であった。そして、2009年についにモナコが大西洋クロマグロ（西ストック、東ストックとも）を付属書Iに掲載する提案を提出したのである。メディアはまたも「クロマグロが食べられなくなる」と大騒ぎしたが、依然として消費国としての責任感の欠如が甚だしかった。モナコ提案は2010年3月に開催されたCOP15（ドーハ）にかけられたが、日本はここでも提案の是非を合理的に議論するのではなく、舞台裏の駆け引きで潰しにかかる。COP8での「保証」を忘れたかのように。

クロマグロについての議論が始まった3月18日の会議でモナコ提案が導入されると、畜養国のスペイン（EUを代表）が、国際取引が大西洋クロマグロ資源の管理を困難にしていることを認め、提案に支持を表明した上で、2011年5月まで付属書I掲載措置の発効を遅らせ、2009年に採択されたICCATの資源回復措置――ワシントン条約での動きを受けて急遽漁獲枠を1万3500トンに削減していた――の実施と完全な遵守が確認された場合は郵便投票で付属書IIに戻す修正提案を提出した。EUはICCATでの東ストックの漁獲割当の7割を占める地域であるにもかかわらず、生産国地域としての責任ある態度を示していた。

資源管理の先進国であるノルウェーは、ICCATの管理が失敗していることを認め、提案を支持したが、10年後の付属書IIへの自動的ダウンリストを条件とすべきと発言した。付属書Iから付属書IIに戻すには3分の2の賛成が必要なため、資源回復後も取引を再開できない事態を回避するためであった。制度的に自動ダウンリスティングが認められるかどうかの問題が残るものの、ノルウェーは漁業国として理性的な姿勢を取っていたと言える。このほかアメリカとケニアが提案に明確な賛意を示した。

反対の声は、チュニジア、モロッコ、トルコ、リビアなどの地中海諸国と、韓国、チリ、インドネシアなどの漁業国から発せられた。その後、リビアが早くも審議を打ち切り、即座に投票にかけることを要求し、その動議が投票で採択されてしまう。リビアは当初あまり関心を持っていなかったが、2月に水産庁の宮原正典審議官（役職は当時のもの）が極秘裏に訪問し、日本支持を働きかけていたのである。[20]リビアの動議に対して、モナコは提案修正の機会を求めたが、その要求は受け入れられず、EU修正案は賛成43、反対72、棄権14、モナコ提案は賛成20、反対68、棄権30でともに否決された。こうして、付属書Ⅱでの規制の可能性など十分な審議を尽くすことなく重大提案が葬り去られてしまったのである。否決後、赤松広隆農林水産大臣は、国内メディアとの記者会見に満面の笑みで望み、「我々が想像した以上の良い結果が出た」と日本の作戦勝ちをアピールしたが、[21]大臣も消費国としての責任はどこ吹く風であった。

3　FAOとの協力体制の構築と日本の対応

COP15では、シュモクザメ類（アカシュモクザメ、ヒラシュモクザメ、シロシュモクザメ）、ヨゴレ、ニシネズミザメ、アブラツノザメ、サンゴの海産種提案も出されていたが、すべて否決された。いずれも輸出許可書があれば商業取引が認められる付属書Ⅱへの掲載提案にもかかわらず、クロマグロ提案否決の流れで付属書掲載のための基準を満たすかどうかを問わず、すべて否決されてしまったのである。海産魚種の提案がすべて否決されたとき、日本政府代表団の中には「男泣き」する者もいた[22]。環境NGOとの長い長い「戦い」に苦しんできた水産庁の積もり積もった鬱憤が晴らされた瞬間であった。このとき、ワシントン条約でその後負け戦が続くとは水産庁は微塵も予想できなかったであろう。

しかし、科学を完全に無視して提案を葬り去る姿勢を明確にすれば、格好の「悪役」の登場にNGOは勢いづくことになる。特にワシントン条約がFAOの働きかけを受けて構築してきた水産種提案の「正当なプロセス」――後述の通り日本が全面的に関わり構築されたもの――を日本がCOP15で完全に無視する姿勢をとったことは致命的であった。水産庁関係者は、しばしばワシントン条約はポリティクスの場であると指摘するが、そこには大きな誤解がある。ポリティクスであっても各国は科学や条約の規範に訴えながら、合理的な議論を通じてその立場の正当化を図るのである。水産種だからという理由で、FAOの勧告も無視して片っ端から否決に追い込もうとした国は、ワシントン条約史上、日本だけである。

FAOは、かなり早い段階からワシントン条約に、特に付属書掲載基準について働きかけを行っていた。これはCOP9（フォートローダーデール、1994年）で採択された付属書掲載のための新基準が、水産種に適用するには不具合が大きかったためである。

特に問題となったのが、個体数減少率「5年・2世代の長い方の期間に50%以上減少」である。浮魚（イワシ、サバなど）に典型的に見られるように、海の魚は比較的短期間で大きく資源量が上下するものが多い。こういった種は環境要因（水温など）が悪化するとたとえ禁漁にしても個体数は激減し、減少率の基準を容易に満たしてしまう。さらに、未開発資源や過少利用状態にある資源の場合は、最大持続生産量（ＭＳＹ）での漁獲で減少率の基準を満たすこともあり得た。

一般に、初期資源量（漁業が始まる前の推定資源量）の30％から60％程度の範囲でＭＳＹ水準の親魚資源量が設定される。[23]つまり、国連海洋法条約やＦＡＯの責任ある漁業のための行動規範などで国際規範として確立されている持続的な資源管理で付属書Ⅰないし付属書Ⅱの掲載基準を満たしてしまうのである（表６－３）。

このように水産種には不適切な基準のもとで、ワシントン条約に提出される水産種提案が増えてきたため、ＦＡＯは独自に水産種の基準案づくりを進め、２００１年にワシントン条約事務局に基準案を送付した。ワシントン条約はこれをベースにＣＯＰ13（バンコク、２００４年）で採択された改正新基準に水産種の特別基準を取り込んだのである。[24]

この水産種の特別基準は、「Ｃ．個体数の減少」に関する基準に「注釈」として付記されたもので、当該種の生産性（回復力の代理変数）の高中低に応じて、もともとの資源量に対して５～20％の資源量を付属書Ⅰの掲載基準（過去の著しい減少）とした。付属書Ⅱは付属書Ⅰのガイドラインに５～10％上乗せした数値をガイドラインとした（表６－４）。ＦＡＯが中心となり進められた水産基準の策定作業は、日本の全面的な財政的支援を受けて進められ、[25]また水産庁担当官、日本の研究者・専門家が数多く参加していた。[26]

採択された基準は、ＦＡＯ水産委員会でも歓迎され、[27]水産庁の傘下の水産総合研究センター（現・

表6－3　ワシントン条約の付属書掲載基準

基準名	付属書Ｉ	付属書Ⅱ
新基準 （1994年）	A．小さい個体群（＜5000） B．限定分布面積（＜10,000㎢） C．個体数減少率（５年・２世代の長い方の期間に50％以上減少） D．５年以内に、A、B、Cを満たす。	２ａ．A．近い将来、付属書Ｉの A、B、C、Dを満たす。 B．過剰捕獲、脆弱性 ２ｂ．A．識別困難種 B．その他説得に足る理由
改正新基準 （2004年）	A．小さい個体群（＜5000） ｉ）個体数、面積の減少、ⅱ）小さい下位個体群、ⅲ）地理的集中 Ⅳ）個体数の短期変動、Ⅴ）脆弱性 B．限定分布面積（＜10,000㎢） ｉ）分断、ⅱ）面積、下位個体群変動、ⅲ）脆弱性、Ⅳ）減退 C．個体数の減少 ｉ）現在または過去発生した減少 ①過去の著しい減少：ベースラインの個体数の５％～30％までに減少 ②最近の著しい減少：10年・３世代の長い方の期間に50％以上減少 ⅱ）以下のいずれかによる減少の推量または予測 ①生息地面積の減少、②生息地の質の劣化、③捕獲採取のレベルまたはパターン、④内的または外的脆弱性による高い脆弱性、⑤加入量の減少	２ａ．A．近い将来、付属書Ｉの A、B、C、Dを満たす。 B．過剰捕獲、脆弱性 ２ｂ．A．識別困難種 B．その他説得に足る理由

出所：金子与止男「ワシントン条約（CITES）とは」中野秀樹、高橋紀夫編「魚たちとワシントン条約：マグロ・サメからナマコ・深海サンゴまで」文一総合出版、2016年、20ページ、表５を元に、ワシントン条約締約国会議報告書およびTRAFFIC East Asia-Japan「第13回ワシントン条約締約国会議2004年10月２日～14日バンコク（タイ）決議文和訳」『TRAFFIC East Asia-Japan Newsletter』21号、2005年を参照し、筆者作成。

水産研究・教育機構）のマグロ類の研究者・西田勤からも今までのワシントン条約の基準と比較して「現実的で柔軟な新しい概念とした流れへの変化として非常に評価できる」と高く評価されたものであった[28]。

さらに、COP13からは、FAOは水産種の付属書掲載提案について、事前に専門家諮問パネル会合を開き、ワシントン条約に勧告を提出するようになった（前出表6－2）。

表６－４　水産種の特別基準（改正新基準「C. 個体数の減少」への注釈として）

基準名	付属書Ⅰ	付属書Ⅱ
商業利用される水生生物種への「個体数の減少」の適用 （2004年基準への注釈）	2004年基準における「C．個体数の減少」への注釈として ①過去の著しい減少（ベースラインの個体数に対して） ・生産性が高い種：５～10％水準への減少 ・生産性が中程度の種：10～15％水準への減少 ・生産性が低い種：15～20％水準への減少 ②最近の著しい減少 ・約10年以内に上記ガイドライン（５％～20％）まで個体数を引き下げるような減少 ・最近の減少率が極端に高い場合を除き、歴史的減少率が50％未満の個体群については、滅多に心配する必要はない。	・付属書Ⅰのガイドライン①に近ければ、付属書Ⅱへの掲載を考慮することができる。 ＊「近い」＝ガイドラインにプラス５％から10％の範囲 ・付属書Ⅱへの掲載については歴史的な減少の程度と最近の減少率を合わせて考慮する必要がある。歴史的減少が大きく種の生産性が低い場合ほど、最近の減少率が重要になる。

出所：TRAFFIC East Asia-Japan「第13回ワシントン条約締約国会議2004年10月２日～14日バンコク（タイ）決議文和訳」『TRAFFIC East Asia-Japan Newsletter』21号、2005年1-82ページに基づき筆者作成。

ＣＯＰ14（ハーグ、２００７年）からは、ワシントン条約とＦＡＯ間で交わされた覚え書き（ＭＯＵ）に基づく公式のプロセスとしてＦＡＯの勧告を踏まえてワシントン条約事務局が各提案に対する勧告を作成することになった。

このＭＯＵの締結は非常に長く複雑な交渉の結果採択されたものであるが、ここでも日本が全面的に関わっていた[29]。まず、ＣＯＰ12（サンチャゴ、２００２年）で日米共同提案[30]としてＭＯＵの締結が承認されたことを受けて[31]、条約事務局が中心となり、相互補完的観点から水産種提案の科学的評価においてＦＡＯとの関係を強化することを趣旨とした草案の作成が進められた。

ＦＡＯでは２００４年２月の水産物貿易小委員会にて日米共同議長による作業部会で作成された「日米妥協テキスト」が採択された[32]。日米妥協テキストは、ワシントン条約事務局は勧告を作成する際に、ＦＡＯが行う水産種の付属書掲載提案に対する科学的・技術的レビューの結果を、最大限可能な範囲で「取り入れる」（incorporate）と規定しており、この日米妥協テキストをベースにワシントン条約事務局とＦＡＯ事務局の間の「交渉草案」[33]が作成され、ＣＯＰ13の開催中に開かれたワシントン条約常設委員会に提出され、修正を加えた上で２００５年６月に開催された常設委員会で承認された。

承認されたＭＯＵ文面では、条約事務局の付属書掲載提案についての勧告の作成に当たってＦＡＯのレビューを「十分に考慮」（taking due account）との表現が採用されていた。日本は、２００４年にＦＡＯ水産物貿易小委員会で採択された「日米妥協テキスト」がより望ましいと考えたが、合意をブロックしなかった[34]。翌年ＦＡＯ水産物貿易小委員会でも承認されたことで、ついにＭＯＵが妥結したのである[35]。

このＭＯＵはＣＯＰ14に提出された水産種の付属書掲載７提案（すべて付属書Ⅱ）から適用されることになったが、不幸にも改訂新基準の適用をめぐる解釈のちがいからＦＡＯ専門家諮問パネルの勧告と条約事務局の勧告が大きく食い違い（前出表６－２）――ＦＡＯが基準不適合を勧告した４提案に条約事務局は賛成を勧告――ＦＡＯから激しい抗議を受けることになった[36]。

この食い違いは、ＣＯＰ15では縮小し、ＣＯＰ16ではほぼ一致し、ＣＯＰ17でも食い違いは３提案中１つにとどまる。事実上ワシントン条約事務局がＦＡＯの勧告を「取り入れる」判断をしたことで両者の間の緊張関係は解消されていった。

当然、水産特別基準やＭＯＵの策定に全面的に関わっていた日本は、少なくともＦＡＯの勧告をできるかぎり尊重する姿勢を示す必要があった。実際、COP14では100%FAOの勧告に従った投票を行っていた。ところが、大西洋クロマグロ提案が再登場したCOP15では、表6－2でわかる通りFAOが基準適合勧告を行った3種（大西洋クロマグロ、ヨゴレ、ニシネズミザメ）にもすべて反対した。大西洋クロマグロの勧告については少数の委員は不適合との見解をとりコンセンサスではなかったため勧告としてはやや弱いと言えよう(37)。

しかし、それでも付属書Ⅱについては水産研究・教育機構の魚住雄二を含む委員のコンセンサスで基準を満たすとの勧告が出されていた(38)。よって、付属書Ⅰ掲載については見送るものの、付属書Ⅱ掲載へ提案を修正し、採択することも考えられた。日本がリビアと組んで、早々にクロマグロ提案を葬り去ろうとしたのは、議論を続けると採択される可能性がより高い付属書Ⅱ掲載に修正した提案が出てくるおそれがあったからであろう。付属書Ⅱでも輸出許可書により商業取引は認められていたが、無害証明（NDF）の要求により持続可能な範囲でしか取引はできなくなる。COP8での保証を考えると、それのどこに不都合があるのか理解し難いが、日本はCOP15で、みずから中心となり関わるかたちで策定された水産基準やFAOの勧告プロセスを完全に無視してしまったのである。外交では他国の信頼を失う禁じ手である。

この道理を欠いた力任せの行動により日本は大きな代償を払うことになる。すなわち、COP16では淡水エイ2種（マユゲエイ、モトロ）を除く5提案が採択され、COP17では全3提案が採択された（前出表6－2）。8提案のうち5つはFAOが基準に適合すると勧告していたが、日本はこの8提案のほぼすべてに声高に反対を唱えた。しかし、COP17ではFAOが基準不適合と勧告したクロトガリザメとオナガザメ類も採択されてしまった。

会議では声高に反対すればするほど、日本は孤立感を強めていった。提案が採択されても次々と留保を宣言し、条約の決定を拒絶した。サメのフカヒレの最大の輸入国である中国が提案に反対しながらも条約の決定を尊重する意思を示し、留保をまったく行わなかったのとは対照的である。

このように、原理的にワシントン条約が海産魚種に関わることを拒否する姿勢をとったのは日本のみで、「エクセプト・ワン」の再来である。COP18（コロンボ、2019年）以降の水産提案の帰結を予測することはできないが、道理に沿った行動をとらなければ「玉砕」コースをたどることになろう。いや、すでにワシントン条約でも玉砕しているのかもしれない。

4　どのような対応が日本の国益につながるか

本章でも、水産庁がワシントン条約に極めて非生産的な姿勢をとり続けることで、またもや玉砕の道を歩んでいることを見てきた。ワシントン条約は、取引を禁止する条約であるかのような誤解が国内では依然として存在するが、そのような見方は正しくない。すでに見てきたように、水産種の提案のほとんどが付属書Ⅱの掲載提案である。付属書Ⅱでは輸出許可書により商業取引が認められており、持続的な利用の確保にも有益である。水産関係者の間では、輸出許可書の発行にはNDFが要求されるため付属書Ⅱであっても反対であるとの意見が聞かれるが、そもそもNDFがとれないものを取引し続けることは、日本がワシントン条約で強く主張してきた持続的な利用の理念と一致しない。

また、ＥＵやアメリカが、漁獲証明制度を導入し、水産物の輸入に漁獲の合法性証明を求めるようになった結果、違法に漁獲された水産物はますます日本や中国などの規制の緩い国を目指すようになっている。その数値の信頼性に論争があるものの、*Marine Policy* に掲載された論文では、日本の輸入水産物の３割程度がＩＵＵ漁業のものであると推定されている。[39] ２０１８年10月29日の内閣府規制改革推進会議水産ワーキンググループで水産庁は漁獲証明制度の導入のための法整備を進める方針を示したが、[40] 特にＩＵＵ漁業や違法取引が蔓延している水産物については、日本としても積極的にワシントン条約への掲載を支持すべきであろう。最近、水産庁が密漁が相次ぐナマコをワシントン条約の付属書Ⅲ（原産国での管理のために輸入国の協力が必要な種を原産国の申請で掲載）に掲載することを検討しているが、[41] 前向きな関与の兆しとして歓迎したい。

さらに一歩踏み込んで、ＦＡＯが付属書掲載基準を満たすと勧告した提案については、積極的に賛成する姿勢を期待した。こういったポジティブな条約への関与により、ワシントン条約での孤立から脱し、日本の落ちた評判を回復させることが、サメ漁などを原理的に禁止したい一部のＮＧＯの勢いを削ぐことにもつながる。捕鯨外交の破綻の歴史が示すように、「悪役」になることは禁止派を勢いづけ、みずからを玉砕へと導く行為となる。ワシントン条約においても理性的で建設的な対応こそ、日本の国益を守る外交姿勢である。

【第6章　注と参考文献】

（1）粗輸入量では水産物の加工拠点となっている中国が世界第1位。水産庁『平成29年度水産白書』「（3）世界の水産物貿易」。〈http://www.jfa.maff.go.jp/j/kikaku/wpaper/h29_h/trend/1/t1_2_3_3.html〉２０１８年11月7日アクセス。

（2）２００６年に韓国に、２０１０年にノルウェーに抜かれたものの、依然として先進国でトップクラスである。水産庁『平成29年度水産白書』「（2）世界の水産物消費」。〈http://www.jfa.maff.go.jp/j/kikaku/wpaper/h29_h/trend/1/t1_2_3_2.html〉２０１８年11月7日アクセス。

（3）CITES, AC30 Doc.18.1 Annex I and Annex II, 16-21 July 2018.

（4）『毎日新聞』２０１８年4月23日大阪夕刊。

（5）チョウザメ類の一部は条約が発効した１９７５年の時点ですでに付属書Ⅰに掲載されている。

（6）金子与止男（２００７）「水産資源規制に乗り出すワシントン条約」『エコノミスト』３９１２号：46－49ページ。

（7）魚住雄二『マグロは絶滅危惧種か』成山堂書店、２００３年。

（8）CITES, "CITES opens to accession by regional economic integration organizations Gaborone amendment to enter into force 30 years after its adoption. European Union may now accede to CITES," 3rd October 2013. 〈https://www.cites.org/eng/news/pr/2013/20131003_gaborone.php〉２０１８年10月2日アクセス。

（9）阪口功「野生生物の保全と国際制度形成」池谷和信、林良博編『野生と環境』岩波書店、２００８年、２４３－２６８ページ。

（10）たとえば、アフリカ象の保護の問題に関連して、ＣＯＰ８の開幕演説でＵＮＥＰ事務局長のMostafa K. Tolbaが「ワシントン条約を持続的な利用を促進するために利用する」ことを訴え、また決議８・３「野生生物の取引の利益の認識」で、商業取引が種の生存に悪影響のないレベルで行われた場合、種の保全と地元民の発展にとって利益となることが認定された。これ以降、ワシントン条約は持続的利用の促進を通じて生息地の破壊などの、より長期的な課題も考慮に入れた取組みを模索するようになる。阪口功『地球環境ガバナンスとレジームの発展プロセス－ワシントン条約とＮＧＯ・国家』国

際書院、２００６年。魚住前掲書、２００３年。

（11）FAO（2016）*The State of World Fisheries and Aquaculture*, Rome.

（12）たとえばＣＯＰ12でのサメ提案に対する日本の発言。CITES, COP12 Doc. 66, Santiago, Chile, 3–15 November 2002. 〈https://www.cites.org/sites/default/files/eng/COP/12/doc/E12-66.pdf〉２０１８年10月２日アクセス。

（13）金子与止男「国際自然保護連合とワシントン条約」『森林野生動物研究所』39号、２０１４年、51－58ページ。

（14）ＮＨＫ取材班『トロと象牙』日本放送出版協会、１９９２年。

（15）宮崎信之「ワシントン条約から何を学ぶか」ＮＨＫ取材班『トロと象牙』日本放送出版協会、１９９２年、１６３－１９７ページ。

（16）ＮＨＫ取材班『トロと象牙』日本放送出版協会、１９９２年。

（17）赤尾信敏『地球は訴える：体験的環境外交論』世界の動き社、１９９３年。

（18）宮崎信之「ワシントン条約から何を学ぶか」ＮＨＫ取材班『トロと象牙』日本放送出版協会、１９９２年、１６３－１９７ページ。

（19）ＩＣＣＡＴの各年度の報告書及びDG Webster, *Adaptive governance: the dynamics of Atlantic Fisheries Management*. Cambridge: MIT Press, 2009.

（20）『読売新聞』２０１０年３月20日朝刊。

（21）『読売新聞』２０１０年３月19日朝刊。『読売新聞』２０１０年３月19日夕刊。

（22）『読売新聞』２０１０年３月26日朝刊。

（23）Gabriel, Wendy L., and Pamela M. Mace（1999）"A Review of Biological Reference Points in the Context of the Precautionary Approach," In Proceedings, 5th NMFS NSAW, NOAA Technical Memo. NMFS-F/SPO-40.

（24）松田裕之、矢原徹一、石井信夫、金子与止男（２００４）『ワシントン条約附属書掲載基準と水産資源の持続可能な利用』自然資源保全協会。

（25）FAO, Report of the Technical Consultation on the Suitability of the Cites Criteria for Listing Commercially-exploited Aquatic Species, Rome, Italy, 28–30 June 2000, FAO Fisheries Report No. 629〈http://www.FAO.org/docrep/meeting/003/

x8620t/X8620t00.htm#TopOfPage〉２０１８年10月2日アクセス。FAO, "Second Technical Consultation on the Suitability of the Cites Criteria for Listing Commercially-exploited Aquatic Species, Windhoek, Namibia, 22-25 October 2001, FI:SLC2/2001/2〈http://www.FAO.org/docrep/meeting/003/Y1455E.htm〉２０１８年10月2日アクセス。Rome, Italy, 28-30 June 2000.

(26) 金子与止男（２０１６）「ワシントン条約（CITES）とは」中野秀樹、高橋紀夫編『魚たちとワシントン条約：マグロ・サメからナマコ・深海サンゴまで』文一総合出版、７－27ページ。

(27) Cochrane, Kevern (2015) "Use and Misuse of CITES as a Management Tool for Commercially-Exploited Aquatic Species," *Marine Policy* 59: 16-31.

(28) 松田裕之、矢原徹一、石井信夫、金子与止男編（２００４）『ワシントン条約附属書掲載基準と水産資源の持続可能な利用』自然資源保全協会。

(29) この過程についての記述は、次の文献を元にしている。Young, Margaret A. (2011) *Trading Fish, Saving Fish*, Cambridge: Cambridge University Press.

(30) もともとは日本とアメリカが別々に提案を出していた。アメリカ提案が一般的な協力枠組みの構築を提案したのに対して、日本提案はＦＡＯと地域漁業管理機関が漁業管理のための適切な機関であり、ワシントン条約の関与は管轄機関が存在しないようなときに限定することを意図したものであった。COP12 Doc. 16. 2. 2, Santiago, Chile, 3-15 Nov. 2002. COP12 Doc. 16. 2. 1, Santiago, Chile, 3-15 Nov. 2002.

(31) COP12 Com. II Rep. 8 (Rev.), Santiago, Chile, 3-15 Nov. 2002.

(32) これに先立ち、２００３年にローマで開かれたＦＡＯ水産委員会（ＣＯＦＩ）では、議長が中心となりワシントン条約の水産種の管轄権を制限する独自のＭＯＵ草案（ＣＯＦＩ議長案）を作成したが、水産委員会で合意を得るに至らなかった。

(33) 日米共同テキストでは条約事務局はＦＡＯのレビューを最大限可能な範囲で取り入れる（incorporate）と規定されていたのが、交渉草案では「検討する」（consider）に置き換えられ、ワシントン条約事務局側の裁量性をより広く認める表現となっていた。

(34) SC53 Summary Record (Rev. 1), Geneva, Switzerland, 27 June - 1 July 2005.

（35）　最終的に採択されたＭＯＵについては、Memorandum of Understanding between the Food and Agriculture Organization of the United Nations（FAO）and the Secretariat of the Convention on International Trade in Endangered Species（CITES）〈https://www.cites.org/sites/default/files/eng/disc/sec/FAO-CITES-e.pdf〉２０１８年10月３日アクセス。

（36）　ＦＡＯは改正新基準の「C. 個体数の減少」に対する「注釈」として導入された水産種の特別基準（表６－４）が付属書Ⅱ掲載に関する改正新基準の２ａのＡ（近い将来、付属書ⅠのＡ、Ｂ、Ｃ、Ｄを満たす）と２ａのＢ（過剰捕獲、脆弱性）双方にかかると判断したのに対して、ワシントン条約事務局はこれを２ａのＡのみにかかると判断したことによる。COP14 Inf. 26, 3-15 June 2007.

（37）　委員の多数派は個体数減少率のベースラインについて、漁獲が始まる前の初期資源量（B_0）の推定値を採用し、適合とみなしたが、少数の委員は資源量が推定されている１９７０年以降の最大の親魚資源量（Bmax）をベースラインにすべきと考え、不適合とした。

（38）　COP15 Doc. 68 A3, 13-25 March, 2010.

（39）　Pramod, Ganapathiraju, Katrina Nakamura, Tony J. Pitcher, and Leslie Delagran（2017）“Estimates of Illegal and Unreported Seafood Imports to Japan,” *Marine Policy* 84: 42-51.

（40）　『水産経済新聞』２０１８年10月31日。

（41）　『みなと新聞』２０１８年10月16日。

あとがき

日本では漁業・養殖について語るとき「管理」ということばが一般的に使われている。これは公的な規制や自主的な管理（漁業組合や業界団体が主体）を指す言葉である。本書では主に「管理」について語ってきた。これに対して、政治学では20年ほど前から「ガバナンス」という言葉が広く使われるようになってきた。ガバナンスは生産現場の公的管理、自主管理を超え、科学やマーケットを包摂して問題解決にアプローチする概念である。海外ではFisheries Governanceをタイトルに持つ論文が無数に刊行されているが、興味深いことに、日本では水産ガバナンス、漁業ガバナンスをタイトルに持つ論文は皆無に等しい（google scholar 検索では0件）。

このガバナンスの視点では、日本の水産業がここまで衰退してしまった原因として、高すぎるＴＡＣの設定や自主管理を中心とする資源管理政策だけにあるわけではなく、資源管理の基盤を形成する科学やそれを促すマーケットにも存在することが見えてくる。まさしく日本の水産科学の問題は、水産学者ではない筆者たちがこのような本を書いていること自体にある。そもそもここまで日本の水産業が衰退する前に水産学が健全な問題提起を行っていたなら、現行の管理枠組みの欠陥をしっかりと問題提起していたなら、本書は必要とされなかったであろう。

日本の極めて奇異なところは、何十年も水揚げが減り続け、水産研究・教育機構の甘い資源評価でも沿岸資源の半数が「低位」にあっても、既存の資源管理政策や枠組みの欠陥について指摘する声は、勝川俊雄氏（東京海洋大学）や小松正之氏（東京財団）などごく一部の専門家――彼らは日本では異端視されるところがある――を除くと、ほとんど聞こえてこない点である。

他方で、「資源の減少は環境要因による」「水揚げの減少は漁業者が減ったからである」（＝資源の過少利用）、「水揚げの減少は消費者の魚離れのためである」（＝需要の減退）というような声が水産学者から盛んに指摘される。あたかも日本には乱獲は存在しないかのような声ばかりである。しかし、多くの魚種で資源が低位になっていること、サバ、アジ、ホッケ、アカムツ（ノドグロ）など多くの魚種で漁獲対象の中心が幼魚となっていること（＝成長乱獲）、資源に対して過大な漁獲能力状態にあること[1]、国際水産物だけでなく国内の水産物についても魚価は上昇を続けていること、日本以外の多くの主要漁業国では漁業が成長産業となっていることなどを考えると、こういった議論には首を傾げざるを得ない。

コモンズ（共有資源）の自主管理・共同管理の研究で２００９年にノーベル経済学賞を受賞したＥ・オストロムに言及しながら日本の漁業者による自主的な管理を賞賛する声も学会では根強い。しかし、オストロムが提示した自主管理の成功条件（コモンズの境界と利用者が明確、監視と段階的な制裁システム、紛争解決制度など７つ）はかなり厳しいものであり、容易に成立するものではない[2]。また、オストロムが提示した管理の成功に関する19の変数を世界中の水産資源の共同管理に適用したＮ・Ｌ・ギテレスらの画期的な研究（２０１１年）でも、共同体のリーダーの存在、漁獲割当制度、強力な社会的凝集性、保護区の設置、長期的な資源管理計画、監視・管理体制、違反に対する執行メカニズム、マーケットでの漁業者の影響力の8条件を満たさなければ、共同管理の成功は極めて困難であることが明らかにされている。(3) つまり、自主管理ないし共同管理とはそう簡単に成立するものではないのだ。科学に基づいた長期的な資源管理計画がなかなか見当たらない日本の自主管理制度は、「世界に冠たる自主管理」とはおよそかけ離れたものとなっている。(4)

実際、ＴＡＣが導入されている沖合漁業資源だけでなく、自主管理に委ねられている沿岸漁業資源の枯渇も同レベルで、あるいは沖合漁業資源以上に深刻であることからも、(5) 多くの場合自主管理が機能していないことがわかる。にもかかわらず、日本の自主管理を褒め称える声は聞こえても、欠陥を指摘する声はほとんど聞こえてこない。これは非常に奇異である。

このようなことを、水産学者でもない筆者たちが本書で指摘しなければならないことそのものが、政策への健全なインプットを日本の水産学が提供できていないことを示唆する。そういった日本の水産学を取り囲む構造を変革し、本来あるべき姿を取り戻さない限り、改正漁業法は成立したものの、持続的な漁業への道は前途多難であろう。水産庁の影響が強すぎる水産研究・教育機構を改革し、所属研究者の科学的な独立性を保証する政策が必要となることは言うまでもない。水産系の学会また大学においてもそのあるべき姿をみずから希求する姿勢が求められる。まさしく日本の水産学の社会的存在意義が問われていると言えよう。

さらに持続性も合法性も気にすることなく販売・消費し続ける日本の水産物マーケットも問題である。密漁・違法取引が相次ぎ、国際自然保護連合（ＩＵＣＮ）から絶滅危惧種指定を受けたニホンウナギが土用丑の日に日本全国でごちそうとして販売され、消費される姿は奇異である。同じように絶滅危惧種指定を受けた太平洋クロマグロが夏の産卵期に大量に漁獲され、スーパーや回転寿司屋で大量に販売され、消費者が喜んで食べる姿も奇異である。

マーケットが日本よりもはるかに啓発されている欧米では、こんなことはあり得ない。むしろMSC（天然）やASC（養殖）などの国際認証を取得した水産物を積極的に販売している。それが現場での管理強化のインセンティブとなっている。日本の水産物マーケットが、乱獲された水産物でも違法に漁獲された水産物でも気にせずに吸収する限り、資源管理強化の動きを加速させることは困難である。つまり、日本では持続可能な水産ガバナンスの重要なパーツがマーケットサイドでも欠落しているのである。

マーケットの変革について、興味深いことに水産庁は国際認証には冷淡で、認証取得を目指す漁業者への協力にも消極的である。むしろ、水産庁は日本のローカル認証制度であるMEL（天然）やAEL（養殖、東京五輪後にMELに吸収される予定）の取得を補助金を出して推奨している。ともに行政と水産業界が主導する認証制度である。しかし、MELとAELの審査を担当しているのは、水産庁や水産業界と強い関係にある機関であり、審査の独立性が担保されておらず、身内審査の状況である。

そのため、申請すればほぼ確実に認証が取得できる。実際、クロマグロ幼魚の漁獲枠を大幅に超過した定置網漁業に対する認証もそのまま維持されている。低位かつ減少で加入乱獲と成長乱獲が同時に起きているとみられるキンメダイ漁業にも認証が出ている。補助金のためMEL、AELとも認証数が激増しているが、最近では審査の概要（要旨）すら公開されなくなっている。FAO水産認証ガイドラインでは概要の公開は明示的に求められている。これまでは審査が適当であっても、概要は公開されていたため、審査の具合は把握できた。しかし、今はどういった審査を行ったのかも、果たして審査報告書を作成しているのかもわからない状況である。海外は言うまでもなく、日本の大手リテイルや水産会社からさえ信頼されないのも当然であろう。

こういった持続性の証明としては機能しないローカル認証制度の取得を国民の税金を使って推奨することで、行政は何をしたいのかが見えてこない。本来なら認証制度は啓発されたマーケットの力で資源管理を促す仕組みとして機能しなければならない。しかし、努力しなくても、改善しなくてもほぼ確実に認証がもらえる制度では、認証を通じて漁業者・養殖業者の取り組みを促すこともできなければ、消費者を持続的な購買へと、リテイルや水産会社を持続的な調達へと導くことはできない。むしろ、非持続的な消費・調達へと導いてしまうおそれがある。これでは乱獲をさらに推奨する仕組みとなりかねない。

背景には、これまで行政が長年にわたり資源管理に消極的であり続け、国連海洋法条約で規定されたMSYに基づくTACやFAOの責任ある漁業のための行動規範で規定された管理基準値に基づく資源管理を拒絶してきたことがある。国際的な規範やルールに基づいて運営されている国際認証は、資源管理に否定的なこれまでの行政にとっては不都合だったのであろう。国際認証では日本の既存の資源管理の枠組みを変えないと認証取得が難しいからである。特に天然漁業ではこの問題が顕著である。

これに対してローカルな認証制度は、既存の管理のままで認証が取得できるため、行政としては特に対応を迫られることはない。しかし、今まさしく改正漁業法が国会で成立し、国際基準の資源管理と資源評価を行おうとしているときに、日本の持続可能な水産物マーケットの将来に対する行政の姿勢がこれでよいのだろうか。

水産学の強力なサポートも啓発されたマーケットのプッシュもない中、改正漁業法が持続的な資源管理を実現できるのか、漁業を成長産業化に変革することができるのか、はなはだ疑問である。漁業を取り巻く科学、マーケットを含めた全体の構造を適正化できなければ、水産業の衰退に歯止めをかけ、継続的な発展へとつなげることは難しい。前途多難な状況であるが、改革を推進する当事者たちには、ガバナンス的観点から広い視野に立った取り組みが切望される。

日本の水産外交については本書の編集の最終段階で大きな動きがあった。すなわち2018年12月26日に政府が国際捕鯨委員会（IWC）から脱退し、2019年7月から日本の排他的経済水域内で商業捕鯨を再開することを表明したのである。(6) 日本の国際機関からの離脱は異例のことであり、国内的にも賛否両論が渦巻いている。南極海で商業捕鯨を再開しないのは、日本も加盟する「環境保護に関する南極条約議定書」の規定により、南極海での捕鯨は国際捕鯨取締条約の措置に基づく場合を例外に禁止されているためである。このことを踏まえた上、無益な南極海での調査捕鯨からの「名誉ある撤退」を実現するために戦略的に行われたのであれば、今回の脱退もよしとしたい。南氷洋では商業捕鯨を再開する意思のある企業は存在しないなか、唯一の母船の日新丸は老朽化が著しく進んでいた。(7) 国民の税金による母船の新造船などあってはならない。しかし、自民党捕鯨議員連盟など政治家の間で反捕鯨運動やそれを主導するＮＧＯへの強い反発があるなか、国の「メンツ」を守りながら撤退するのは容易ではない。脱退は国際的に非難を浴びるものの、国内的には南極海からの（彼らにとっての）「名誉ある撤退」を可能にする。

しかし、沿岸の商業捕鯨のみを再開したいのなら、必ずしも脱退する必要はなかった。ＩＷＣでは過去何度か日本の南極海での調査捕鯨の撤退を条件に沿岸の商業捕鯨を認める妥協案が出され、交渉が行われた。特に２０１０年の際には日本が賛成し、精力的に交渉に当たっていれば4分の3をクリアできた可能性が十分にあったのだ。[8] 反捕鯨国との唯一の落としどころを拒絶し、調査捕鯨について国際司法裁判所で敗訴したあげくにＩＷＣ脱退のかたちで沿岸商業捕鯨を再開することになったのは、外交的には大いなる失態である。もとより商業捕鯨のモラトリアムの採択も、異議申立を撤回したために調査捕鯨でしか捕鯨を継続できなくなったことも、水産外交の大失態によるものであった。失態に失態を重ねた上で、ついに南極海の調査捕鯨から撤退することになった。日本の水産外交はまたも「玉砕」に終わったのである。

最後に、５章と6章（阪口担当）の執筆にあたってはアメリカ Pew Marine Fellowship の研究助成（助成期間：２０１7年11月〜２０２０年11月）を受けた。執筆にあたっては真田康弘氏（早稲田大学）、児矢野マリ氏（北海道大学）から貴重な助言と情報の提供を受けた。心より謝意を申し上げたい。また、重なる海外出張等の理由から、当初の予定より原稿の完成が大幅に遅れ、編集担当の増山修氏には多大なご迷惑をおかけした。伏してお詫び申し上げるとともに、忍耐強く原稿の完成を待っていただいたことに深く感謝申し上げたい。

２０１９年1月吉日

阪口功（5、6章担当）

【あとがき　注と参考文献】

（1）Yagi, Michiyuki and Shunsuke Managi（2011）“Catch Limits, Capacity Utilization and Cost Reduction in Japanese Fishery Management,” *Agricultural Economics* 42（5）: 577–92.

（2）Ostrom, Elinor（1990）*Governing the Commons: the Evolution of Institutions for Collective Action*, Cambridge University Press. Elinor Ostrom（2009）“A General Framework for Analyzing Sustainability of Social-Ecological Systems,” *Science* 325（5939）: 419–22.

（3）Gutiérrez, Nicolás L., Ray Hilborn, and Omar Defeo（2011）“Leadership, Social Capital and Incentives Promote Successful Fisheries,” *Nature* 470（7334）: 386–89.

（4）２０１６年12月14日に自由民主党の行政改革推進本部行政事業レビューチームから提出された提言書でも、資源管理計画１４４９件の評価・検証したところ、資源状態の評価基準としては不十分な漁獲量や魚価などによる管理計画が８割近くにも及ぶなど科学的なデータ根拠、エビデンスに基づく管理が推進されているとはいえず、資源管理計画の評価・検証の妥当性をチェックすべきであると指摘されている。

（5）Ichinokawa, Momoko Hiroshi Okamura, and Hiroyuki Kurota（2017）"The Status of Japanese Fisheries Relative to Fisheries around the World," *ICES Journal of Marine Science* 74（5）: 1277-87.

（6）「商業捕鯨、展望見えず　ＩＷＣ脱退へ　豪州など非難」『日本経済新聞』２０１８年12月26日付（https://www.nikkei.com/article/DGXMZO39409090W8A221C1EA2000/）２０１９年1月7日アクセス。

（7）「『商業捕鯨再開へ方針揺るがず』水産庁・長谷長官」『日本経済新聞』２０１８年9月19日付（https://www.nikkei.com/article/DGXMZO35509460Z10C18A9000000/）２０１９年1月7日アクセス。

（8）『毎日新聞』２０１０年6月24日付朝刊。

【著者略歴】

片野　歩（かたの・あゆむ）

1963年生まれ。早稲田大学商学部卒業、水産会社勤務。90年から北欧を中心とした水産物の買付業務に従事。95～2000年、ロンドンに駐在し、欧州を主体とする世界の漁業事情に精通。また、20年以上、毎年ノルウェーをはじめとした北欧諸国に通い、検品・買付交渉を続けてきた。2015年、水産物の持続可能性を議論する国際会議「シーフードサミット」で日本人初の政策提言部門最優秀賞を受賞。著書に『日本の水産業は復活できる！』（日本経済新聞出版社）『魚はどこに消えた？』（ウエッジ）『日本の漁業が崩壊する本当の理由』（ウエッジ）がある。

阪口　功（さかぐち・いさお）

1971年生まれ。2004年東京大学大学院総合文化研究科国際社会科学専攻・博士（学術）取得。イェール大学国際地域研究センター客員研究員、日本学術振興会特別研究員などを経て2005年学習院大学法学部政治学科助教授。06年同大法学部政治学科教授、現在に至る。17年、ピュー・チャリタブル・トラスツの海洋フェロー賞を受賞。2016～18年、モントレー国際大学院ブルーエコノミーセンター客員研究員。「みなと新聞」などに連載を持つ。主な業績に『地球環境ガバナンスとレジームの発展プロセス』（国際書院）『グローバル社会は持続可能か』（共著、岩波書店）などがある。

日本の水産資源管理
——漁業衰退の真因と復活への道を探る

2019年2月15日　初版第1刷発行

著　者————片野歩・阪口功
発行者————古屋正博
発行所————慶應義塾大学出版会株式会社
〒108-8346　東京都港区三田2-19-30
TEL〔編集部〕03-3451-0931
〔営業部〕03-3451-3584〈ご注文〉
〔　〃　〕03-3451-6926
FAX〔営業部〕03-3451-3122
振替　00190-8-155497
http://www.keio-up.co.jp/
装　丁————坂田政則
組　版————株式会社キャップス
印刷・製本——中央精版印刷株式会社
カバー印刷——株式会社太平印刷社

Printed in Japan　ISBN978-4-7664-2580-2